세상의 모든 원소 118

THE Elements

시어도어 그레이 지음 | 닉 만 사진 | 꿈꾸는 과학 옮김

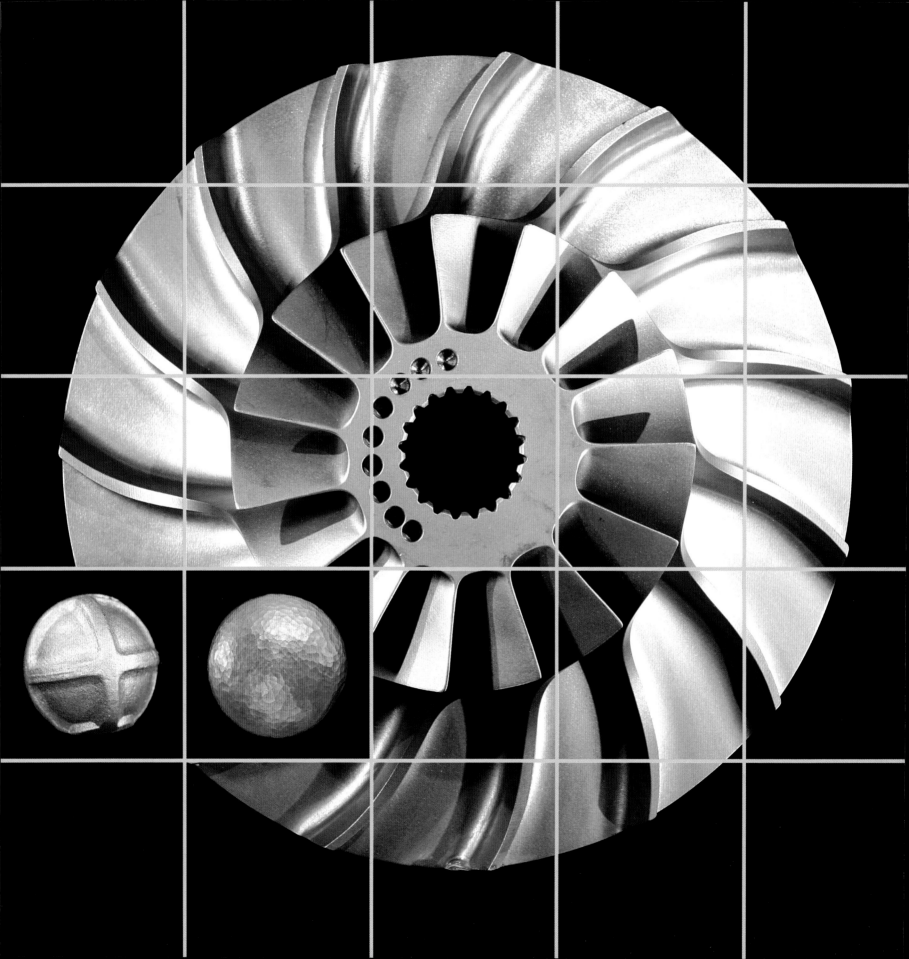

세상의 모든 원소 118
The Elements 눈으로 보는 세상의 모든 원소들

시어도어 그레이 지음
닉 만 사진
꿈꾸는 과학 옮김

영림카디널

지은이 _ 시어도어 그레이 Theodore Gray

《매드 사이언스(Mad Science)》의 저자이며, 〈파퓰러 사이언스(Popular Science)〉에 연재되는 칼럼 '그레이 매터(Gray Matter)'를
쓰고 있다. 그는 periodictable.com의 운영자이며 학교, 박물관, TV프로그램에서 볼 수 있는 사진 주기율표 포스터의 제작자이기도 하다.
그는 또한 세계적인 소프트웨어 시스템인 매스매티카(Mathematica)와 울프럼 알파(Wolfram Alpha)를 탄생시킨
울프럼 연구소의 공동 창립자이다. 현재 미국 일리노이 주의 어바나 샴페인에 살고 있다.
http://www.periodictable.com

사진 _ 닉 만 Nick Mann

센트럴 일리노이에서 프리랜서 사진 작가로 일하고 있다. 그는 뛰어난 풍경, 스포츠, 이벤트 사진 작가이다.
하지만 세상의 어떤 것보다도 원소를 더 많이 촬영했다.

옮긴이 _ 꿈꾸는 과학

일명, '몽사이(夢-SCI)'. 대중적 과학 글쓰기와 일러스트에 관심 있는 이공계 대학생들의 글쓰기 공동체이다.
2003년 카이스트 바이오및뇌공학과 교수 정재승이 만들었으며 매주 함께 모여 톡톡 튀는 발표와 열린 토론 등
다양한 방식을 통해 과학적 상상력과 비판적 사고를 키워 가고 있다. 이들의 원대한 꿈은 '자연의 경이로움과
이를 밝혀내는 과학의 즐거움을 세상 모든 사람들과 함께 공유하는 것'이다.
http://cafe.naver.com/scidreams

세상의 모든 원소 118

2010년 11월 20일 1판 1쇄 발행
2012년 1월 31일 2판 1쇄 발행
2023년 12월 30일 3판 1쇄 발행
2024년 10월 20일 3판 4쇄 발행

지은이 | 시어도어 그레이
옮긴이 | 꿈꾸는 과학
펴낸이 | 양승윤

펴낸곳 | (주)와이엘씨
          서울특별시 강남구 강남대로 354 혜천빌딩 15층
          (전화) 555-3200 (팩스) 552-0436

출판등록 | 1987. 12. 8. 제1987-000005호
http://www.ylc21.co.kr

값 38,000원

ISBN 978-89-8401-262-2 03430

무(無)로 되돌아가는 것은 아무것도 없다.
그러나 모든 것은 그들의 원소로 분해되어 되돌아간다.

- 루크레티우스(Lucretius), 《만물의 본성에 대하여(De rerum natura)》

주기율표는 당신의 발 위에 떨어뜨리면 닿는 모든 것을 모아 놓은 목록이다. 세상에는 빛이나 사랑, 논리, 시간처럼 주기율표에는 없는 것들도 존재한다. 하지만 그중 어느 것도 당신의 발 위에 떨어뜨릴 수 없다.

지구, 이 책, 당신의 발 등 만질 수 있는 모든 것들은 원소로 이루어져 있다. 당신의 발은 대부분 상당수의 탄소와 결합된 산소로 구성되어 있고, 이는 당신을 유기체라고 정의할 수 있는 유기분자 구조를 형성한다. (만약 당신이 탄소로 이루어지지 않았다면, 우리 별에 온 것을 환영한다! 발이 있다면 부디 책을 그 위에 떨어뜨리지 않길 바란다.)

산소는 깨끗하고 색이 없는 기체이지만 당신 몸의 60%는 산소로 이루어져 있다. 이런 일이 어떻게 가능할까?

원소는 두 얼굴을 가지고 있다. 하나는 순수한 원소 상태, 다른 하나는 다른 원소들과 결합해 만들어내는 다양한 화합물이다. 산소는 순수한 상태에서는 기체이지만 규소와 반응하면 지각의 주요 성분인 튼튼한 규산염 광물이 된다. 산소가 수소, 탄소와 결합하면 물, 일산화탄소, 설탕까지 모든 것이 될 수 있다.

전혀 산소처럼 보이지 않는 물질 속에도 여전히 산소 원자는 존재한다. 그리고 언제든지 화합물에서 산소 원자를 추출해 순수한 기체 상태로 되돌려놓을 수 있다.

하지만 (핵이 붕괴되지 않는 한) 각각의 산소 원자는 더 이상 쪼개지거나 분해될 수 없다. 원소는 더 이상 나누어질 수 없기 때문에 원소(元素)인 것이다.

나는 이 책에서 각 원소의 두 가지 모습을 모두 보여주려고 노력했다. 먼저 (물리적으로 가능한 경우에) 순수한 원소의 커다란 사진을 실어 놓았다. 맞은편 면에서는 대표적인 화합물과 생활에 응용되는 예를 통해 원소가 세상에서 어떻게 활용되는지 살펴보게 될 것이다.

각각의 원소에 대해 본격적으로 이야기하기 전에 주기율표가 어떻게 구성되어 있는지 전체적으로 살펴볼 필요가 있다.

1																	2
3	4											5	6	7	8	9	10
11	12											13	14	15	16	17	18
19	20	21	22	23	24	25	26	27	28	29	30	31	32	33	34	35	36
37	38	39	40	41	42	43	44	45	46	47	48	49	50	51	52	53	54
55	56		72	73	74	75	76	77	78	79	80	81	82	83	84	85	86
87	88		104	105	106	107	108	109	110	111	112	113	114	115	116	117	118

57	58	59	60	61	62	63	64	65	66	67	68	69	70	71
89	90	91	92	93	94	95	96	97	98	99	100	101	102	103

주기율표의 고전적인 형태는 세계적으로 잘 알려져 있다. 주기율표는 나이키 로고나 타지마할, 아인슈타인의 헤어스타일만큼 쉽게 알아볼 수 있는 우리 문명의 아이콘이다.

주기율표의 기본적인 구조는 예술이나 변덕, 우연에 의한 것이 아니라 기본적이고 보편적인 양자역학의 원리에 따라 결정된다. 메탄으로 호흡하는 콩깍지 생물의 문명에서는 네모 로고를 단 콩깍지 신발을 광고하겠지만 주기율표만은 우리와 같은 논리 구조를 가질 것이다.

모든 원소는 1부터 118까지의 정수인 원자번호로 정의된다. (지금까지는 118가지다. 틀림없이 곧 다른 원소들이 발견될 것이다.) 원소의 원자번호는 원자핵에 들어 있는 양성자의 수이며 양성자의 수는 핵 주위에서 몇 개의 전자가 궤도를 돌 것인지를 결정한다. 바로 이 전자들, 특히 맨 바깥쪽(최외각) '껍질'이 원소의 화학적 성질을 결정한다. (전자껍질에 대해서는 12쪽에 자세히 설명해 놓았다.)

주기율표는 원소들을 원자번호에 따라 순서대로 나열한다. 가끔 빈 칸을 건너뛰는 방식이 제멋대로인 것처럼 보이지만 물론 그렇지 않다. 빈 칸들은 각 세로줄이 같은 수의 최외각 전자를 가진 원자들로 나열될 수 있도록 해준다.

그리고 이것은 주기율표에 관한 가장 중요한 사실을 보여준다. 같은 세로줄에 있는 원소들은 비슷한 화학적 성질을 가지는 경향이 있다는 것이다.

주기율표에 나타나 있는 세로줄의 배열에 따라 중요한 그룹(족)들을 살펴보자.

일러두기

원소 이름은 널리 사용되는 명칭으로 표기했으며, 최근 개정된 과학 교과서를 참고해 변경된 원소 이름을 병기했다.

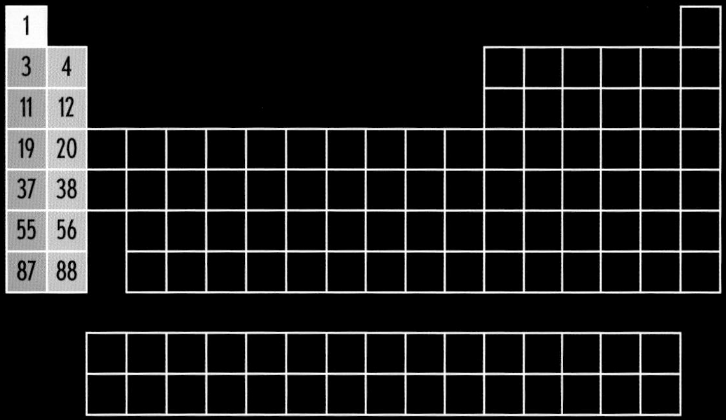

1

3 4

11 12

19 20

37 38

55 56

87 88

맨 첫 번째 원소인 수소는 규칙에서 약간 벗어나 있다. 수소는 맨 왼쪽 세로줄에 위치해있어 수소의 몇몇 특징들은 같은 세로줄의 원소들과 비슷하다. (수소가 화합물에서 H^+이온이 되기 위해 전자 하나를 잃어야 하고 원소번호 11번인 나트륨도 Na^+가 되기 위해 전자 하나를 잃어야 하는 것처럼 말이다.) 하지만 첫 번째 세로줄의 원소들이 무른 금속인 반면, 수소는 기체다. 그래서 몇몇 주기율표에서는 수소를 따로 떼어내 분류하기도 한다.

수소를 제외한 첫 번째 세로줄의 원소들은 알칼리 금속이라고 불리는데 이들을 호수에 던지면 재미있는 현상이 벌어진다. 알칼리 금속은 물과 반응하면 불이 잘 붙는 수소 가스를 방출한다. 큰 나트륨 덩어리를 호수에 던지면 몇 초 후 커다란 폭발이 일어날 것이다. 얼마나 적절한 준비를 했느냐에 따라 스릴 있고 신나는 경험이 될 수도 있고, 녹은 나트륨이 당신 눈에 분사되어 장님이 되어 인생이 끝날 수도 있다.

화학은 원래 이런 녀석이다. 세상에서 위대한 일을 할 수 있을 만큼 강력하지만 동시에 너무 위험해 참사도 쉽게 일어날 수 있다. 신중하지 않으면 화학은 날카로운 이빨로 당신을 깨물어버릴 것이다.

두 번째 세로줄은 알칼리 토금속(earth metals)이라고 한다. 알칼리 금속과 마찬가지로 이들은 상대적으로 무른 금속이기 때문에 물과 반응하면 수소 가스를 방출한다. 그러나 알칼리 토금속은 알칼리 금속들이 폭발적으로 반응할 때 이것들을 길들이는 역할을 한다. 알칼리 토금속은 수소가 자연 발화하지 않도록 충분히 천천히 반응하는데 칼슘(20)을 휴대용 수소 발전기에 사용하는 것이 그 예다.

		21	22	23	24	25	26	27	28	29	30						
		39	40	41	42	43	44	45	46	47	48						
			72	73	74	75	76	77	78	79	80						
			104	105	106	107	108	109	110	111	112						

주기율표의 넓은 중앙부는 전이 금속(transition metals)으로 알려져 있다. 이들은 산업 분야에서 많은 일을 한다. 수은(80)을 제외한 모든 전이 금속은 무척 딱딱하고 구조적으로 튼튼한 금속이다. (수은도 충분히 냉각시킨다면 50번 원소인 주석과 흡사한 모양으로 단단해진다.) 이 구역에서 유일하게 방사성 원소인 테크네튬(43)조차 주변 금속들처럼 튼튼하다. 그러나 포크를 만들 때 확실히 쓰고 싶은 금속은 아니다. 쓸 수는 있겠지만 굉장히 비쌀 것이고 방사선으로 당신을 서서히 죽일 것이기 때문이다.

　　모든 전이 금속은 공기 중에서 비교적 안정적이지만 몇몇은 천천히 산화된다. 가장 주목해야 할 예는 당연히 철(26)이다. 녹이 스는 철의 성질은 지금까지 가장 파괴적이며 우리가 결코 원하지 않는 화학 반응이다. 금(79)이나 백금(78)과 같은 다른 원소는 부식에 강해 높은 평가를 받는다.

　　왼쪽 아래에 있는 두 개의 빈칸은 란탄족과 악티늄족 원소이고 11쪽에 강조해 두었다. 주기율표의 논리에 따르면 14개 원소에 해당하는 넓이의 간격은 두 번째, 세 번째 세로줄 사이에 들어가야 하며, 란탄족과 악티늄족이 그 빈칸에 해당한다. 하지만 이렇게 되면 주기율표가 터무니없이 넓어지므로 보통 그 간격을 닫고 아래 두 줄에 희토류 금속을 따로 표기한다.

5 6 7 8
13 14 15 16
31 32 33 34
49 50 51 52
81 82 83 84
113 114 115 116

왼쪽 아래 삼각형은 전형 금속(ordinary metals) 원소로 알려져 있지만 사실 사람들이 전형적이라고 생각하는 금속의 대부분은 바로 전에 언급했던 그룹에 속하는 전이 금속이다(지금쯤 당신은 원소의 대부분이 하나 또는 다른 종류의 금속임을 눈치챘을 것이다).

오른쪽 위 삼각형은 비금속(nonmetal)으로 알려져 있다(다음 두 개의 족에 해당하는 할로겐과 불활성 기체도 금속이 아니다). 모든 금속은 어느 정도 전기를 통과시키는 반면, 비금속은 절연체다.

금속과 비금속 사이의 대각선은 준금속(metalloid)이라고 불리는 기회주의자들이다. 이름에서 짐작할 수 있듯이 이 원소들은 금속인 것 같기도 하고 아닌 것 같기도 하다. 특히 준금속은 전기를 통과시키지만 금속만큼 잘하지는 못한다. 이런 성질은 현대 사회에서 매우 중요한 반도체에 활용된다.

대각선 모양의 직선은 세로줄의 원소들이 같은 성질을 가진다는 일반적인 법칙에서 벗어난다. 글쎄, 그건 단지 일반적인 규칙일 뿐이다. 화학은 너무 복잡해 어떤 규칙이든 변하지 않고 완벽해지기는 힘들다. 금속과 비금속의 경계의 경우, 여러 요인들이 서로 경쟁해 원소가 둘 중 어느 쪽인지를 결정한다. 주기율표 아래쪽으로 내려갈수록 이 균형은 왼쪽에서 오른쪽으로 기운다.

17번째(오른쪽 끝에서 두 번째) 세로줄은 할로겐이라고 불리며 여기에 속한 것들은 순수한 형태일 때는 상당히 끔찍하다. 여기에 속한 모든 원소들은 반응성이 매우 높으며 지독한 냄새를 내뿜는다. 순수한 불소(플루오린(9))는 거의 모든 것을 공격하는 것으로 유명하고 염소(17)는 제1차 세계대전 당시 독가스로 사용되었다. 하지만 가정에서는 불소가 함유된 치약이나 소금(염화나트륨)과 같은 화합물 형태로 쓰인다.

맨 마지막 세로줄은 불활성 기체(noble gases)다. 고귀한 신분의 불활성 기체(불활성 기체를 지칭하는 'Noble'은 귀족을 나타낸다)는 다른 원소들과 잘 어울리지 않기 때문에 화합물을 거의 생성하지 않는다. 또한, 불활성 기체는 반응을 잘 하지 않기 때문에 종종 반응성이 높은 원소를 보호하는 데 사용된다. 불활성 기체의 보호 하에서는 그 어느 것과도 반응할 수 없기 때문이다. 화학약품 회사에서 나트륨을 사면 아르곤(18)으로 가득 찬 밀폐 용기에 포장되어 올 것이다.

57	58	59	60	61	62	63	64	65	66	67	68	69	70	71
89	90	91	92	93	94	95	96	97	98	99	100	101	102	103

여기 두 그룹은 희토류(rare earth)로 알려져 있지만 몇몇은 전혀 희귀하지 않다. 란타늄으로 시작하는 위쪽 줄은 란탄족으로 알려져 있다. 그렇다면 악티늄으로 시작하는 아래쪽 줄이 악티늄족이라는 것을 금방 알 수 있을 것이다.

루테튬(71)에서 알게 되겠지만 란탄족은 화학적으로 비슷하기로 악명 높다. 몇몇은 너무 비슷해 사람들이 다른 원소인지 아닌지 수년 동안 다투기도 했다.

모든 악티늄족은 방사성 원소인데 그중에서 우라늄(92)과 플루토늄(94)이 가장 유명하다. 주기율표의 기본적인 틀에 악티늄족을 끼워 넣은 것은 글렌 시보그(Glenn Seaborg)의 책임이다. 악티늄족 계열의 원소들을 너무 많이 발견해 새로운 가로줄 하나가 필요해졌기 때문이다. (많은 사람들이 새로운 원소를 발견했지만 시보그는 발견한 원소들을 모두 진열하기 위해 가로줄을 만들어야 했던 유일한 인물이다.)

지금까지 주기율표를 전체적으로 그리고 부분적으로 살펴보았다. 이제 우리는 야성적이고 아름답고 들쭉날쭉하고 재미있고 무서운 원소의 세계로 여행을 떠날 준비가 되었다.

원소는 어디에나 있다. 지금 내가 있는 곳에서 팀북투(Timbuktu, 아프리카 말리 중부에 있는 역사도시로, 매우 먼 곳을 의미한다)까지 그리고 팀북투를 포함한 모든 것이 하나 또는 그 이상의 원소로 이루어져 있다. 화학이라는 이름의 수많은 결합과 재결합은 물질세계를 건설하는 벽돌이자 짧고도 기억할 가치가 있는 주기율표에서 시작과 끝을 함께한다.

당신이 이 책에서 보게 될 모든 것은 내 사무실에 놓여 있다. 연방수사국(FBI)이 압수한 한 가지와 몇몇 역사적 물품을 제외하면 말이다. 나는 원소들의 다양한 예를 보여주는 물건들을 수집하는 데 매우 뜻 깊은 시간을 보냈고 당신이 그것에 관해 읽으면서 좋은 시간을 보내길 바란다.

그럼 수소 편에서 만나자!

주기율표는 어떻게 현재의 모습이 되었을까?

지금부터 한 면에 걸쳐서 양자역학을 설명하려고 하니 잘 따라오길 바란다(여기에 나오는 내용이 너무 전문적이라고 느껴진다면 훑어보기만 해도 상관없다. 마지막에 퀴즈 같은 것은 없으니까).

각 원소는 원자번호로 정의되는데 원자번호(atomic number)란 그 원소의 각 원자핵에 있는 (+)전하를 띤 양성자의 수다. 양성자 수는 핵 주위의 '오비탈(orbital, 궤도)'에 있는 (-)전하를 띠는 전자의 수와 맞아떨어진다. 내가 '오비탈'에 따옴표를 붙인 이유는 전자들이 실제로는 행성 주변을 도는 별처럼 움직이지 않기 때문이다. 사실 전자가 움직인다고 말할 수도 없다.

대신 전자는 확률 구름 형태로 분포하며, 한 장소에 있을 가능성이 높지만 그렇다고 특정 시간에 특정 장소에 존재하지는 않는다. 아래 그림은 핵 주위의 전자들이 나타내는 확률 구름의 다양한 3차원 형태를 보여준다.

첫 번째 형태인 's'오비탈은 완전한 대칭이고 전자는 한 방향으로 치우치지 않는다. 두 번째는 'p'오비탈로 두 개의 공이 붙어 있는 형태(아령 모양)다. 이는 전자가 핵의 한쪽이나 다른 쪽에서 발견될 가능성이 크고 가운데 쪽에서는 발견될 확률이 적다는 뜻이다.

's'오비탈의 종류는 한 가지뿐이지만 'p'오비탈은 직교 좌표(x, y, z)에서 3가지가 나올 수 있다. 비슷하게 'd'오비탈은 5가지, 'f'오비탈은 7가지 모양이 있다(이런 모양들이 3차원 정상파의 모습과 유사하다고 생각할지도 모르겠다).

오비탈의 각 형태는 다양한 크기로 나타날 수 있다. 예를 들어, 1s 오비탈은 작은 공 모양이지만 2s는 더 큰 공 모양이며, 3s는 좀 더 큰 모양이다. 오비탈이 커질 때마다 전자를 오비탈 안에 잡아두는 데 필요한 에너지도 증가한다. 다른 조건이 변하지 않는다면 전자는 가장 작고 에너지가 낮은 오비탈에 항상 머물러 있다.

자, 그렇다면 원자 속의 모든 전자들은 에너지 준위가 가장 낮은 1s 오비탈에 함께 모여 있을까? 그렇지 않다. 여기서 초기 양자역학 역사의 가장 중요한 발견 중 하나를 소개하겠다. 두 개의 입자는 같은 양자 상태를 가질 수 없다. 왜냐하면 전자는 '스핀(spin)'이라는 내부 상태를 가지며 이는 업(up)과 다운(down) 2가지로 나뉘기 때문이다. 정확히 두 전자가 주어진 궤도에 자리 잡게 된다. 하나는 스핀 업, 다른 하나는 스핀 다운으로.

수소는 하나의 전자만 가지고 있기 때문에 1s 오비탈에 자리 잡는다. 헬륨은 두 개의 전자를 가지고 있는데 둘 다 두 자리를 수용할 수 있는 1s에 들어간다. 리튬은 세 개의 전자를 가지는데 1s에는

더 이상 공간이 없기 때문에 세 번째 전자는 좀 더 높은 에너지 준위를 가진 2s 오비탈로 밀려난다. 이런 식으로 에너지가 증가하는 순서에 따라 오비탈이 채워진다.

이 책에서 각 원소를 소개한 면의 오른쪽에 있는 전자가 채워지는 순서를 보면 1s부터 7p까지의 가능한 오비탈 그래프를 볼 수 있다. 전자가 채워진 곳에는 빨간 막대로 표시했다(7p는 지금까지 알려진 그 어떤 원소의 원자에서도 가장 높은 에너지 준위를 가진 오비탈이다). 오비탈이 채워지는 정확한 순서는 매우 미묘하고 복잡하며 책장을 넘기면서 전자가 채워지는 것을 보게 될 것이다. 가돌리늄(64)에 특히 주의하기 바란다. 만약 규칙을 알아냈다고 생각한다면 당신의 확신은 가돌리늄에서 일어나는 현상 때문에 흔들리게 될 것이다.

전자가 채워지는 순서가 주기율표의 모양을 결정한다. 처음 두 개의 세로줄은 's'오비탈을 채우는 전자를 나타낸다. 다음 열 개의 세로줄은 다섯 개의 'd'오비탈을 채우는 전자들이다. 마지막 여섯 개의 세로줄은 세 개의 'p'오비탈을 채우는 전자들이다. 그리고 마지막이지만 똑같이 중요한 14개의 희토류 금속은 일곱 개의 'f'오비탈을 채우는 전자들이다. (만약 원자번호 2번의 헬륨이 왜 원자번호 4번의 베릴륨 위에 있지 않느냐고 묻는다면 축하한다. 당신은 물리학자보다 화학자와 같은 생각을 하고 있다. 참고 문헌에 표기해놓은 에릭 스케리(Eric Scerri)의 책이 그 질문의 답을 찾는 좋은 출발점이 될 것이다.)

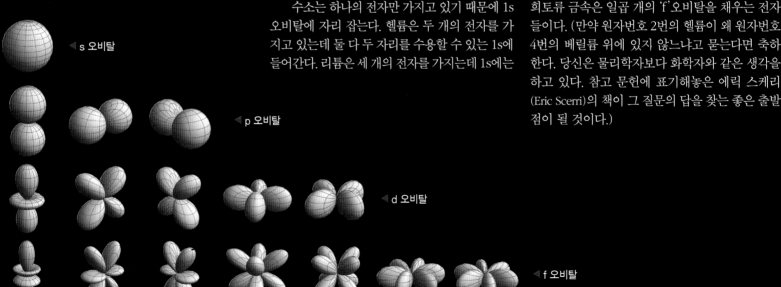

◁ s 오비탈

◁ p 오비탈

◁ d 오비탈

◁ f 오비탈

기본 준비

당신이 알아두어야 할 모든 것.
몰라도 되는 것은 없음.

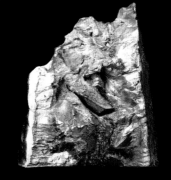

내비게이션 표
각 원소를 설명한 부분에는 작은 주기율표가 있고 해당 원소가 주기율표의 어디에 있는지 보여주기 위해 노란색으로 강조했다. 앞에서 언급했듯이 주기율표의 족들은 각각 다른 색으로 나뉘어져 있다.

Elemental

원자량
178.49
밀도
13.310
원자의 반지름
208pm
결정구조

원자량
원소의 원자량(원자번호와 혼동하지 말 것)은 원소의 표준 샘플의 원자당 평균 무게이며, '원자 질량 단위(atomic mass unit)' 또는 줄여 'amu'라고 한다. 'amu'는 ^{12}C(탄소-12)의 질량의 1/12로 정의된다. 1amu는 대략 중성자 한 개 또는 양성자 한 개의 질량이므로 원소의 원자량은 핵에 있는 양성자와 중성자의 총합과 대략 같다고 보면 된다. 그러나 몇몇 원소의 원자량은 정수로 떨어지지 않는다는 점에 유의해야 한다. 원소의 표준 샘플이 두 개 이상의 동위원소를 가진다면 동위원소 원자량의 평균을 구해야 하므로 amu값이 분수가 된다(동위원소는 91번 원소 프로탁티늄(프로트악티늄)에서 더 자세히 설명하겠다. 원소의 모든 동위원소는 같은 수의 양성자를 가지기 때문에 같은 화학적 특성을 가지지만 핵에 있는 중성자 수가 다르다).

밀도
원소의 밀도는 완전히 순수한 원소의 흠 없는 하나의 결정이라고 가정했을 때의 이상적인 밀도로 정의된다. 이것은 실제로 정확히 알 수 없기 때문에 일반적으로 원자량과 결정 속의 원자 배열을 측정하는 X선 결정학의 조합으로 계산한다. 밀도는 세제곱센티미터(cm^3)당 그램(g) 단위로 구한다.

원자의 반지름
각 원자의 무게와 각 원자가 차지하는 공간이라는 두 요소가 물질의 밀도를 결정한다. 각 원소에서 나타나는 원자의 반지름은 핵에서 맨 뒤에 있는 전자까지의 거리를 피코미터(pm, 1조분의 1m)로 산출해낸 것이다. 도표는 단지 도식적인 것으로 각 전자껍질에 위치한 모든 전자들의 위치와 원자 전체의 크기를 나타낸다. 그러나 각 전자의 위치는 실제 비율이 아니며 전자들은 특정 위치에 존재하는 것이 아니라 원자 주변을 회전하고 있다. 파란색 점선의 참고용 원은 가장 큰 원자인 세슘(55)의 반지름을 나타낸다.

결정구조
결정구조 도표는 원자 배열(계속 반복되어 전체 결정 형태를 형성하는 단위 셀)을 보여주는데 원소가 가장 순수한 결정 모양으로 있을 때다. 보통 기체나 액체인 원소의 경우, 결정구조는 원소가 고체로 냉각되었을 때의 결정 형태다.

전자를 채우는 순서
이 도표는 전자가 가능한 원자 오비탈에 채워지는 순서를 나타내며 다음 쪽에서 상세한 내용을 설명할 것이다.

원자 방출 스펙트럼
원소의 원자가 매우 높은 온도로 가열되면 전자 오비탈 사이의 에너지 차이에 해당하는 파장이나 색을 방출한다. 도표는 이 선들의 색을 보여준다. 각각의 색은 특정한 에너지 차이를 나타내고 위쪽 적외선부터 아래쪽 자외선까지의 스펙트럼으로 배열되어 있다.

물질의 상태
단위가 섭씨인 온도 눈금은 원소가 고체, 액체, 기체일 때의 온도 범위다. 고체와 액체의 경계는 녹는점이고 액체와 기체 사이의 경계는 끓는점이다. 책을 돌려 가장자리를 넘겨보면 주기율표의 순서에 따라 원소의 녹는점, 끓는점이 일정하게 변한다는 것을 알 수 있다.

전자를 채우는 순서

원자 방출 스펙트럼

물질의 상태

수소 (Hydrogen)

별은 밝게 빛난다. 엄청난 양의 수소를 헬륨으로 바꾸는 과정을 거치기 때문이다. 태양은 혼자서 초당 6억 톤의 수소를 소비하며 이를 5억 9,600만 톤의 헬륨으로 전환시킨다. 생각해보라. 매초 6억 톤. 심지어 하룻밤 사이에!

그럼 나머지 400만 톤의 수소는 어디로 가는 것일까? 이들은 아인슈타인의 유명한 공식인 E=mc²에 따라 에너지로 전환된다. 초당 1.6kg이 줄어들면서 방출되는 에너지는 동이 틀 무렵 서서히 번지는 밝은 빛, 여름날 오후의 열기, 그리고 석양의 아름다운 붉은 빛을 만들어낸다.

태양에서 일어나는 수소의 격렬한 소비는 우리의 모든 것을 지탱해주지만 우리 삶에서의 중요성은 의외로 주변과 가까운 곳에서부터 출발한다. 수소는 산소와 함께 구름, 바다, 호수, 강을 만들어내기도 하며 탄소(6), 질소(7), 산소(8)와 결합해 모든 유기체의 혈액과 몸을 연결하기도 한다.

수소는 가장 가벼운 기체이며, 심지어 헬륨보다도 가볍다. 가격도 상당히 저렴해 힌덴부르크호(1937년 폭발 사고로 추락한 당시 최대의 비행선) 같은 초기 비행선에서 무분별하게 사용되기도 했다. 사람들이 수소에 불타서가 아니라 대부분 추락으로 사망한 것이지만 그 후 연료는 덜 위험한 가솔린으로 대체되기 시작했다.

수소는 가장 흔하면서도 가장 가벼운 원소다. 수소는 물리학자들이 가장 사랑하는 원소인데 그 이유는 하나의 양성자와 하나의 전자를 가지고 있어 양자 법칙에 정확히 들어맞기 때문이다. 반면, 두 개의 양성자와 두 개의 전자를 가진 헬륨은 화학자들에게 던져버릴지도 모른다.

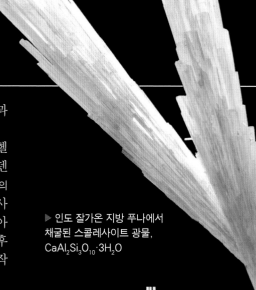

▶ 인도 잘가온 지방 푸나에서 채굴된 스콜레사이트 광물, CaAl₂Si₃O₁₀·3H₂O

원자량
1.00794
밀도
0.0000899
원자의 반지름
53pm
결정구조

◀ 삼중수소(³H) 야광 열쇠고리는 미국에서 사용이 금지되어 있는데 이 전략 물질이 '아무렇게나' 사용될 수도 있기 때문이다.

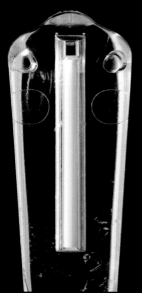

▶ 고속 사이러트론(열음극 격자 제어 방전관) 내부에는 적은 양의 수소 가스가 채워진 전자 스위치가 있다.

▶ 산소-수소 불꽃은 붉은 오렌지색을 낸다.

▶ 태양은 수소를 헬륨으로 바꾸는 일을 한다.

▲ 반면, 삼중수소 시계는 미국에서 합법적이다.

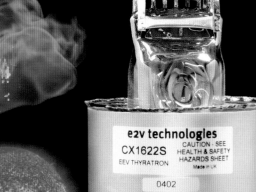

◀ 우리 눈에 보이는 우주는 무게 비율로 따지면 75%가 수소로 이루어져 있다. 일반적으로 무색의 기체이지만 우주에 퍼져 있는 광대한 양의 수소가 별빛을 흡수해 독수리성운 같은 화려한 장관을 만들어내는데 이를 허블 우주망원경으로 관찰할 수 있다.

2

헬륨 (Helium)

헬륨이라는 이름은 그리스 신화의 태양신 헬리오스(Helios)에서 유래되었다. 햇빛의 스펙트럼에서 나타나는 검은 선들은 당시 알려진 어떤 원소로도 설명할 수 없었고 이는 곧 헬륨의 존재를 암시하는 최초의 단서가 되었기 때문이다.

파티용 풍선을 가득 채워줄 만큼 흔하고 평범해 보이는 원소가 우주공간에서 발견된 첫 번째 원소라는 사실은 역설적으로 들릴 수도 있다. 왜냐하면 헬륨은 다른 원소들과 반응하지 않고 어떠한 화학 결합도 이루어지지 않는 불활성 기체 중 하나이기 때문이다. 그래서 헬륨은 통상적인 화학 실험으로는 잘 검출되지 않는다.

헬륨은 완전한 불연성이기 때문에 비행선에서 수소를 대체할 기체로 매우 적합하다. 그러나 가장 큰 문제는 가격이 비싸다는 점과 이 때문에 사용 빈도가 낮다는 것이다. 이 인기 없는 모델로 함께 드라이브하러 갈 사람?

오늘날 우리가 사용하는 헬륨은 땅에서 추출되는 천연가스다. 그러나 헬륨은 다른 안정 원소와 달리 지구가 형성될 때 저장되지 않았다. 대신 우라늄(92)과 토륨(90)의 방사성 붕괴에 의해 생성된다. 방사성 붕괴는 알파 입자 방출에 의해 일어나는데 이 알파 입자는 단순히 물리학자들이 헬륨 원자의 핵을 지칭하기 위해 붙인 이름이다. 파티용 풍선을 볼 때 당신이 실제로 채우고 있는 것은 수천, 수억만 년 전 원자들이며 이들은 커다란 방사성 원자의 핵 안에 무질서하게 퍼져 있는 양성자와 중성자들이다. 정말 신기하면서도 이상하지 않은가? 하지만 다음 원소 리튬은 당신의 마음을 더 흔들어 놓을 것이다.

▲ 헬륨으로 가득 찬 고무풍선은 작은 원자들이 빠르게 빠져 나오기 때문에 오래 지속되지 않는다. 반면, 금속을 입힌 마일라(Mylar) 풍선은 몇 시간이 아닌 며칠 동안 지속된다.

◀ 앰플(밀폐 유리용기)에 들어 있는 순수한 헬륨. 육안으로는 보이지 않는다.

◀ 무색 불활성 기체인 헬륨은 전류가 흐를 때 크림색 창백한 복숭아색 빛을 낸다.

▲ 헬륨의 특유한 복숭아색 빛은 헬륨-네온 레이저의 개방부에서 육안으로 확인할 수 있다. 앞부분에서 쏘아져 나오는 레이저 빛이 붉은 네온이다.

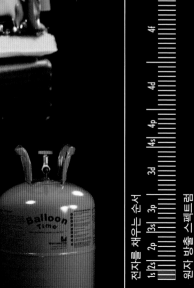

▶ 1회용 헬륨 탱크는 파티용품 가게에서 쉽게 구할 수 있지만 아이들이 흡입해 질식하는 것을 막기 위해 여분의 산소가 들어 있다.

원자량
4.002602
밀도
0.0001785
원자의 반지름
31pm
결정구조

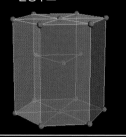

전자를 채우는 순서
원자 방출 스펙트럼
물질의 상태

Lithium

Li

3

리튬 (Lithium)

리튬은 매우 무르고 가벼운 금속이며 굉장히 가벼워 물에 뜰 수 있다. 물에 뜰 수 있는 다른 원소로는 유일하게 나트륨(11)이 있다. 물 위에 떠 있는 동안 리튬은 물과 반응해 꾸준하고 적절한 속도로 수소 가스를 방출한다(이 부분은 나트륨 부분에서 재미있게 다룰 것이다).

이 같은 반응성에도 불구하고 리튬은 제품에 널리 사용된다. 리튬 금속은 리튬 이온 배터리에 사용되어 심장박동기부터 자동차, 지금 내가 원고를 쓰고 있는 컴퓨터에 이르기까지 수많은 전자 기기를 작동시킨다. 리튬 이온 배터리는 강력한 힘을 가지고 있지만 밀도가 낮아 가벼운 편이다. 리튬 스테아르산염은 자동차, 트럭, 기계의 리튬 그리스(윤활유)에도 널리 사용된다.

이것들에 관심을 가진 사람들은 흥미로운 사실에 주목해왔다. 재활용이 가능한 리튬이 엄청나게 매장된 장소가 전 세계를 통틀어 단 한 곳이라는 것이다. 만약 리튬 이온 배터리 전기자동차가 실용화된다면 당신은 리튬 매장량 세계 1위인 볼리비아로 눈을 돌릴 것이다.

리튬 이온은 사람들의 불안한 감정을 안정시켜주는 또 다른 역할을 한다. 아직 그 메커니즘이 잘 알려져 있지는 않지만 탄산리튬(몸속의 리튬이온이 녹은 상태)의 지속적인 섭취가 양극성기분장애 증상을 완화시켜준다. 단순한 원소가 감정에 미묘한 효과를 주고 있다는 사실은 사람의 감정처럼 복잡한 현상조차 화학의 손바닥 안에 있음을 보여준다.

리튬은 부드럽고 반응성이 높으며 사물의 균형을 맞춰주는 원소다. 하지만 앞으로 소개할 베릴륨은 매우 다른 이야기가 될 것이다.

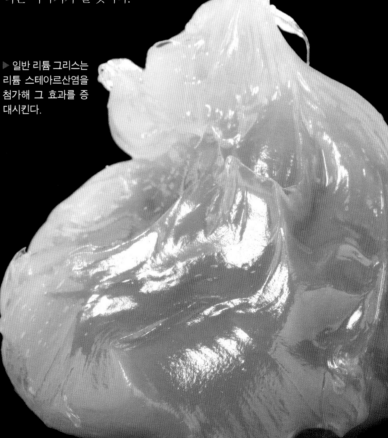

▶ 일반 리튬 그리스는 리튬 스테아르산염을 첨가해 그 효과를 증대시킨다.

원자량
6.941
밀도
0.535
원자의 반지름
167pm
결정구조

▲ 리튬 배터리는 심장박동기 같이 특수한 곳이나 AA-사이즈의 일회용 리튬 건전지처럼 일상적인 곳에 쓰이기도 한다.

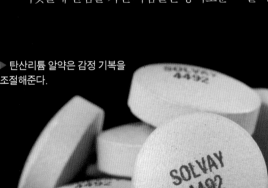

▶ 탄산리튬 알약은 감정 기복을 조절해준다.

▼ 엘바이트 광물, Na(LiAl)$_3$Al$_6$(BO$_3$)$_3$Si$_6$O$_{18}$(OH)$_4$, 브라질 미나스제라이스 주에서 채굴했다.

◀ 리튬은 매우 부드러워 커다란 손가위로도 충분히 자를 수 있다. 사진에서 이 순수한 금속 샘플의 표면에 가위 자국들이 보인다.

Be

4

베릴륨 (Beryllium)

▶ 커다란 아콰마린 녹주석 (Be₃Al₂Si₆O₁₈). 저자 아버지의 고가 수집품에서.

원자량
9.012182
밀도
1.848
원자의 반지름
112pm
결정구조

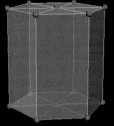

베릴륨은 가벼운 금속이다(리튬의 밀도와 비교하면 3.5배 크지만 여전히 13번 원소인 알루미늄보다 밀도가 작다). 리튬이 무르고 녹는점이 낮고 반응성이 큰 반면, 베릴륨은 단단하고 녹는점이 높고 잘 부식되지 않는다.

이 같은 성질들은 비싼 가격과 독성이라는 특성과 결합해 미사일과 로켓 부품이라는 독특한 시장을 형성한다. 가격도 만만치 않고 무게에 비해 단단해야 하기 때문에 베릴륨이 독성 물질이라는 것은 극히 작은 걱정거리에 불과하다.

베릴륨은 화려한 용도로도 사용된다. 베릴륨은 X선을 통과할 수 있고 완벽한 진공 상태를 만들 수 있을 정도로 단단하기 때문에 X선 튜브의 창으로 사용된다. 다만, 미세한 X선이 외부로 나오게 할 수 있을 만큼 얇아야 한다. 약간의 베릴륨과 구리(29)를 섞어 만든 합금은 높은 강도를 지녀 유정(油井)에서 가연성 기체를 다룰 때 방폭용 합금으로 유용하게 사용된다.

베릴륨은 골프공을 원하는 방향으로 치고 싶다는 강렬한 염원과 어우러져 최첨단 물질을 탄생시켰는데 바로 골프채 머리를 만드는 재료다. 말할 필요도 없이 같은 목적으로 사용되는 망간청동이나 티타늄(타이타늄(22))보다 훨씬 널리 사용된다.

힘과 아름다움이 균형을 이룬 녹주석 금속은 '베릴륨 알루미늄 시클로규산염'의 결정이다. 녹주석의 일종인 에메랄드나 아콰마린은 친숙하게 들어봤을 것이다.

베릴륨은 단숨에 로켓을 발사할 수 있고 다음으로 여성을 매혹시키는, 멋지고 자상한 제임스 본드 스타일의 금속이다! 그 다음으로 살펴볼 원소는 붕소다.

▲ 산화베릴륨 고전압 절연재

▲ 베릴륨구리 방폭 가스밸브 렌치.

▶ 미사일에 사용되는 복잡한 베릴륨 자이로스코프.

▼ X선 튜브에 고정시킨 베릴륨 호일 창.

◀ 정제된 베릴륨의 순수한 결정을 녹여 미사일과 우주선의 단단하고 가벼운 부품을 만든다.

▶ 베릴륨구리 골프채.

전자를 채우는 순서
1s 2s 2p 3s 3p 3d 4s 4p 4d 4f 5s 5p 5d 6s 6p 6d 7s 7p

원자 방출 스펙트럼

물질의 상태
0 500 1000 1500 2000 2500 3000 3500 4000 4500 5000 5500

B

5

붕소 (Boron)

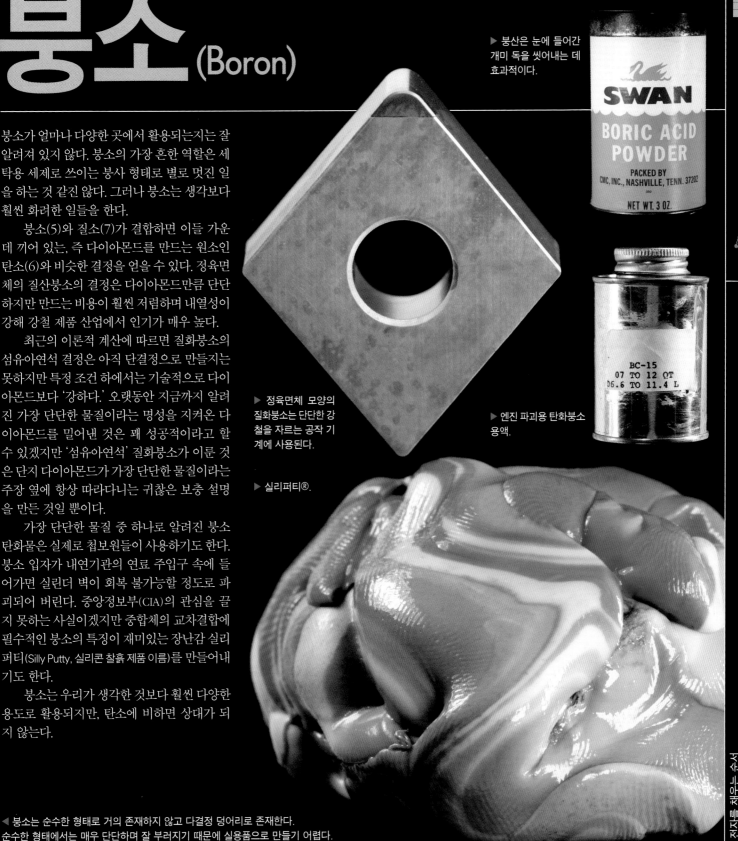

붕소가 얼마나 다양한 곳에서 활용되는지는 잘 알려져 있지 않다. 붕소의 가장 흔한 역할은 세탁용 세제로 쓰이는 붕사 형태로 별로 멋진 일을 하는 것 같진 않다. 그러나 붕소는 생각보다 훨씬 화려한 일들을 한다.

붕소(5)와 질소(7)가 결합하면 이들 가운데 끼어 있는, 즉 다이아몬드를 만드는 원소인 탄소(6)와 비슷한 결정을 얻을 수 있다. 정육면체의 질산붕소의 결정은 다이아몬드만큼 단단하지만 만드는 비용이 훨씬 저렴하며 내열성이 강해 강철 제품 산업에서 인기가 매우 높다.

최근의 이론적 계산에 따르면 질화붕소의 섬유아연석 결정은 아직 단결정으로 만들지는 못하지만 특정 조건 하에서는 기술적으로 다이아몬드보다 '강하다.' 오랫동안 지금까지 알려진 가장 단단한 물질이라는 명성을 지켜온 다이아몬드를 밀어낸 것은 꽤 성공적이라고 할 수 있겠지만 '섬유아연석' 질화붕소가 이룬 것은 단지 다이아몬드가 가장 단단한 물질이라는 주장 옆에 항상 따라다니는 귀찮은 보충 설명을 만든 것일 뿐이다.

가장 단단한 물질 중 하나로 알려진 붕소 탄화물은 실제로 첩보원들이 사용하기도 한다. 붕소 입자가 내연기관의 연료 주입구 속에 들어가면 실린더 벽이 회복 불가능할 정도로 파괴되어 버린다. 중앙정보부(CIA)의 관심을 끌지 못하는 사실이겠지만 중합체의 교차결합에 필수적인 붕소의 특징이 재미있는 장난감 실리퍼티(Silly Putty, 실리콘 찰흙 제품 이름)를 만들어내기도 한다.

붕소는 우리가 생각한 것보다 훨씬 다양한 용도로 활용되지만, 탄소에 비하면 상대가 되지 않는다.

▶ 붕산은 눈에 들어간 개미 독을 씻어내는 데 효과적이다.

SWAN
BORIC ACID
POWDER
PACKED BY
CMC, INC., NASHVILLE, TENN. 37202
NET WT. 3 OZ.

BC-15
07 TO 12 QT
D6.6 TO 11.4 L

▶ 정육면체 모양의 질화붕소는 단단한 강철을 자르는 공작 기계에 사용된다.

▶ 엔진 파괴용 탄화붕소 용액.

▶ 실리퍼티®.

◀ 붕소는 순수한 형태로 거의 존재하지 않고 다결정 덩어리로 존재한다.
순수한 형태에서는 매우 단단하며 잘 부러지기 때문에 실용품으로 만들기 어렵다.

원자량
10.8111
밀도
2.460
원자의 반지름
87pm
결정구조

전자를 채우는 순서

원자 방출 스펙트럼

물질의 상태

C

6

탄소 (Carbon)

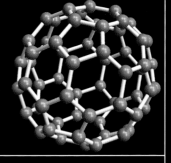

▶ '버키볼'이라고 불리는 C60의 컴퓨터 시뮬레이션.

원자량
12.0107
밀도
2.260
원자의 반지름
67pm
결정구조

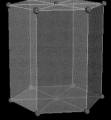

탄소는 생명의 기초가 되는 중요한 원소다. 물론 필수적인 다른 요소들도 있지만 탄소야말로 DNA의 나선형 골격부터 스테로이드와 단백질의 복잡한 띠 구조나 링 구조까지 모든 것을 아우를 수 있는 유일한 원소다. '유기화합물'이란 바로 탄소를 포함한 화합물을 말한다.

탄소는 지구상 모든 생명체의 기초가 될 뿐만 아니라 가장 단단하다고 알려진(5번 원소 붕소를 제외하고) 다이아몬드를 형성하기도 한다. 하지만 일반적인 믿음과 달리 다이아몬드는 특별히 희소하지도 않고 별로 아름답지도 않으며 영원하지도 않다. 이런 신화는 모두 다이아몬드 회사인 드비어스(DeBeers)가 만들어낸 것이다. 드비어스가 독점한 후 다이아몬드는 열 배 이상의 가치를 가지게 되었다. 정육면체의 산화지르코늄이나 탄화규소 결정도 다이아몬드 못지않게 아름답다. 다이아몬드는 고온에서는 타버려 이산화탄소가 되어버린다.

약 25년 전에 이 글을 썼다면 나는 글자들을 탄소로 쓰고 있었을지도 모른다. 16세기 영국 보로데일에 있는 레이크 지방의 거대한 광산에서 처음으로 흑연이 채굴된 이후부터 연필심은 탄소의 한 형태인 흑연으로 만들어지게 되었다.

탄소 원자는 얇은 판 모양을 형성하는 경향이 있는데 각 모서리의 탄소 원자가 만나 벌집 형태의 판 모양을 형성한다. 이런 얇은 판이 겹겹이 쌓이면 흑연이 된다. 이들을 접어 공 모양으로 만든 것을 측지선 돔(다각형의 격자를 이어서 만든 돔. 60개의 탄소로 구성된 동소체는 '벅민스터 풀러린' 분자로 명명한다)을 발명한 벅민스터 풀러(Buckminster Fuller)의 이름을 따 C60 버키볼(buckyball)이라고 한다. 이 판을 말아 튜브 모양으로 만들면 강력한 물질이 탄생하는데 이것이 바로 과학계의 유명인사인 탄소나노튜브다.

현재 탄소는 현대 문명이 공룡 멸종의 주범인 이산화탄소의 양을 10만 배 증가시켰다는 정치적 논쟁의 중심에 놓여 있다. 흥미롭게도 질소의 경우, 상황은 완전히 역전된다.

▲ 강철 디스크에 들어 있는 조그마한 산업용 다이아몬드는 강력한 연삭숫돌로 사용된다.

▼ '콩고 큐브'라고 불리는 저렴한 가격의 자연산 다결정 다이아몬드 덩어리.

▶ 석탄(간략히 말해 C_nH_{2n}) 조각품은 석탄이 있는 곳이라면 항상 발견된다.

▼ 최초의 원자로에서 사용된 흑연 벽돌 (순수 탄소). 100번 원소 페르뮴에서 설명할 것이다.

GRAPHITE FROM CP.-1
FIRST NUCLEAR REACTOR
DECEMBER 2, 1942
STAGG FIELD - THE UNIVERSITY OF CHICAGO

▲ 석탄은 난방을 하거나 쇠를 달구어 연장을 만드는 데 사용된다.

◀ 다이아몬드는 영원하다. 강한 불에 태워 이산화탄소 가스로 날려버리지 않는 한 말이다.

▶ 구리를 입힌 흑연 용접 전극은 공구상에서 구할 수 있다.

전자를 채우는 순서

원자 방출 스펙트럼

물질의 상태

7

질소 (Nitrogen)

Elemental

원자량
14.0067
밀도
0.001251
원자의 반지름
56pm
결정구조

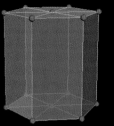

현대인은 대기권으로 이산화탄소를 배출하고 있는 동시에 질소를 끌어내 섭취하고 있다.

질소는 공기 중에서 N_2로 존재하며 비활성이고 별 쓸모가 없다. 하지만 반응성이 큰 암모니아(NH_3)로 전환되면 필수적인 비료가 된다. 콩과 같은 몇몇 식물들만 뿌리에 붙어 있는 미생물의 도움을 받아 필요한 질소를 공기 중에서 직접 섭취할 수 있다. 이것은 값싼 질소 비료가 나오기 전에 질소를 '고정'시키지 못하는 옥수수가 콩이나 자주개자리로 대체되었고 이로 인해 더 많은 질소를 토양에 남겨주었기 때문이다.

제1차 세계대전 직전 프리츠 하버(Fritz Harber)는 공기 중의 질소를 암모니아로 전환하는 실용적인 방법을 발견했고 이것은 곧 인류 역사상 가장 중요한 발견 중 하나가 되었다. 암모니아 비료는 세상의 1/3을 먹여 살리고 있다(나머지는 주로 인산염 비료가 사용된다). 다만 그가 염소(17)를 사용했던 다른 일은 많은 비난을 받았는데, 염소 부분에서 자세히 알게 될 것이다.

그리고 식물이 자라면서 공기 중의 이산화탄소를 흡수하기 때문에 질소 비료는 지구온난화를 경감시키는 데 최소한 약간 도움이 된다.

액체 질소는 가격이 저렴하고 극저온의 냉각수로서 즉시 사용이 가능하다. 끓는점은 영하 196℃로 거의 모든 것을 얼릴 수 있다. 이것은 생물 시료를 보존하거나 꽃을 얼려 아이들을 재미나게 해주거나 때때로 순식간에 아이스크림을 만드는 데도 쓰인다.

우리는 질소로 둘러싸여 있다. 대기의 78% 이상이 질소로 이루어져 있다. 그럼 나머지 22%는 무엇일까? 대부분 우리가 숨쉬는 데 필요한 산소다.

◀ 매우 값비싼 스케이트 보드에 사용된 질화규소(Si_3N_4) 세라믹 볼 베어링.

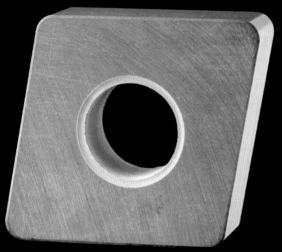

▲ 질화규소(Si_3N_4)는 매우 단단해 위 사진의 절삭 공구처럼 절삭기를 만드는 데 사용된다.

▲ 협심증 약으로 사용되는 니트로글리세린 ($C_3H_5N_3O_9$).

◀ 와인 보관용 질소가스 캔. 순도 100%라는 글귀가 의심스럽다. 그 어느 것도 100%일 수는 없으니까.

THE KEEPER
WINE PRESERVING & DISPENSING SYSTEM
100% NITROGEN .64 cu. ft. (19.9 grams)

▶ 니트라틴 광물($NaNO_3$).

◀ -196℃에서 끓는 액체질소로 채워진 보온병.

전자를 채우는 순서
1s 2s 2p 3s 3p 4s 3d 4p 5s 4d 5p 6s 4f 5d 6p 7s 5f 6d 7p
원자 방출 스펙트럼
물질의 상태

O

8

산소 (Oxygen)

탄소(6)가 생명의 기반이라면 산소는 연료다. 어떤 유기화합물과도 반응할 수 있는 산소의 능력이 생명현상을 이끌어 나간다. 산소의 연소는 당신의 자동차, 당신의 보일러, 그리고 당신이 항공우주국(NASA)에서 근무한다면 당신의 로켓을 작동시킨다(사실 '연료'라는 용어는 '산화제'에 의해 연소되는 것을 말한다. 그렇기에 산소는 생명체의 연료라고 할 수 있다. 전문적으로 말하면 산소는 생명체의 산화제다).

당신이 나무, 종이, 가솔린을 태워 빛을 낼 수 있다는 것은 그들이 무엇으로 만들어져 있는지보다 공기가 21% 이상의 반응성 높은 산화제인 산소로 이루어져 있다는 사실과 더 관련이 깊다. 제트기는 로켓보다 적은 연료로도 더 먼 거리를 이동할 수 있는데 그 이유는 제트기가 공기 중을 비행하는 반면, 로켓은 우주의 진공 공간을 통과하므로 산소 소비량이 더 많기 때문이다.

산소가 액체 상태로 농축되면 생명을 유지하는 역할에서 생명을 위협하는 존재로 탈바꿈한다. 사실 대부분의 로켓에서 나오는 힘은 그것이 태우는 연료에서 오는 것이 아니라 산소 공급에서 오는 것이다. 예를 들어, 달 탐사선을 실어 나른 새턴 V 로켓은 등유를 사용했다. 그렇다. 디젤 연료만으로 탐사선을 달까지 날려보낸 것이다. 하지만 특별하게 생각해야 할 것은 등유가 아니라 단지 초당 7.6세제곱미터를 움직인 것만으로도 액체 산소가 전부 소비된 새턴 V다.

매우 놀랍게도 산소는 지구상에서 가장 풍부한 원소이며 이것은 지각 무게의 거의 절반, 바다 무게의 86%에 해당한다. 그러나 지각과 바다는 순수 산소가 아닌 산소 화합물로 이루어져 있고 불소(플루오린)에서 알게 되겠지만 산소는 원소 상태일 때는 불안정하고, 화합물 상태일 때는 안정적이다.

▷ 기내에서 볼 수 있는 비상용 산소 발생기. 급박한 사태가 일어나지 않기 위해서는 산소가 필요하다.

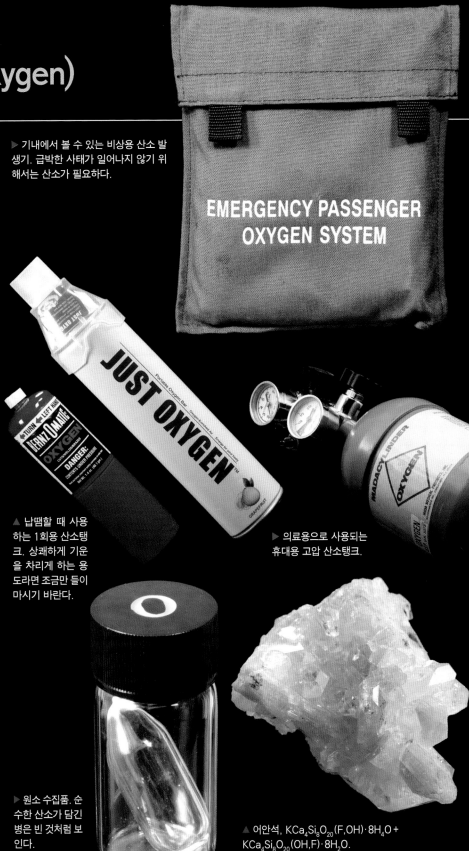

▲ 납땜할 때 사용하는 1회용 산소탱크. 상쾌하게 기운을 차리게 하는 용도라면 조금만 들이마시기 바란다.

▷ 의료용으로 사용되는 휴대용 고압 산소탱크.

▷ 원소 수집품. 순수한 산소가 담긴 병은 빈 것처럼 보인다.

◁ -183℃에서 산소는 아름답고 창백한 파란빛이 도는 액체다.

▲ 어안석, $KCa_4Si_8O_{20}(F,OH) \cdot 8H_4O$ + $KCa_4Si_8O_{20}(OH,F) \cdot 8H_2O$.

Elemental

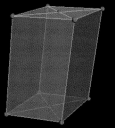

원자량
15.9994
밀도
0.001429
원자의 반지름
48pm
결정구조

7p
7s
6d
6p
6s
5d
5f
5p
5s
4f
4d
4p
4s
3d
3p
3s
2p
2s
1s

전자를 채우는 순서

원자 방출 스펙트럼

물질의 상태

5500
5000
4500
4000
3500
3000
2500
2000
1500
1000
500
0

F

9

불소 플루오린 (Fluorine)

원자량
18.9984032
밀도
0.001696
원자의 반지름
42pm
결정구조

불소는 원소 중 반응성이 가장 높다. 불소 가스는 자신과 만나는 모든 것을 태워버린다. 비가연성인 유리도 예외가 아니다. 흥미로운 사실은 반응성이 높은 원소일수록 화합물일 때 더 안정적이라는 것이다.

불소가 반응성이 높다는 것은 다른 원소가 불소와 결합하면 엄청난 에너지가 방출된다는 것을 의미한다. 이들을 떼어놓으려면 그만큼 많은 에너지가 필요하기 때문에 화합물은 매우 안정적인 상태다. 불소의 경우, 이 에너지가 불소보다 반응성이 더 큰 물질에 의해 공급되어야 하는데 실제로 그런 물질은 거의 없다.

안정적인 것으로 가장 유명한 불소화합물은 우연히 발견된 테플론이다. 수많은 화합물질은 화학자들이 갈팡질팡하는 사이에 우연히 발견되기도 했다. 실험을 망쳤다고 생각할 때 뜻밖의 행운이 찾아올지도 모른다. 테플론은 현재 오존을 감소시키는 범인으로 사용이 금지된 첫 번째 염화플루오르화탄소 냉각제를 만들다가 예기치 않게 발견되었다. 꽤 괜찮은 거래 아닌가?

테플론은 어떤 화학 공격도 완벽히 방어하는 동시에 매우 미끄러워 눌러 붙지 않는 프라이팬부터 산(酸)을 보관하는 용기까지 다양하게 활용된다. 네온은 안정된 화합물을 형성하지 못하는 반면, 불소는 안정된 화합물을 형성하는 특성 덕분에 매우 중요하게 다루어진다.

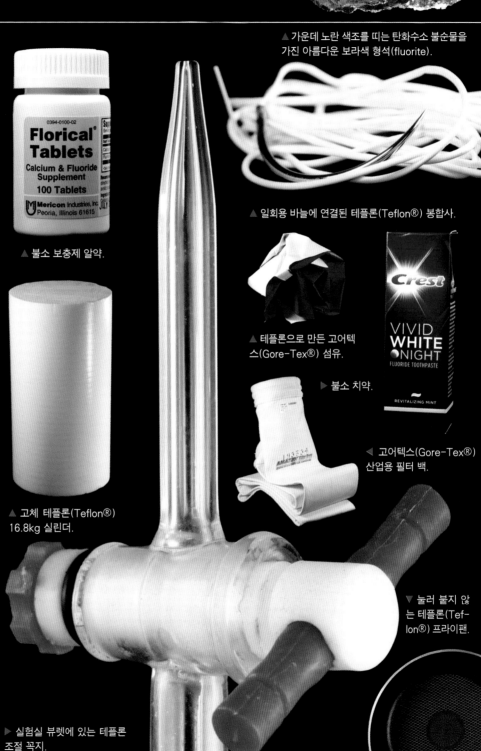

▲ 가운데 노란 색조를 띠는 탄화수소 불순물을 가진 아름다운 보라색 형석(fluorite).

▲ 불소 보충제 알약.

▲ 일회용 바늘에 연결된 테플론(Teflon®) 봉합사.

▲ 테플론으로 만든 고어텍스(Gore-Tex®) 섬유.

▶ 불소 치약.

◀ 고어텍스(Gore-Tex®) 산업용 필터 백.

▲ 고체 테플론(Teflon®) 16.8kg 실린더.

▼ 눌러 붙지 않는 테플론(Teflon®) 프라이팬.

◀ 불소는 노란빛의 기체로 유리를 포함한 거의 모든 것과 격렬히 반응한다.

▶ 실험실 뷰렛에 있는 테플론 조절 꼭지.

10

네온 (Neon)

네온은 문자 그대로 머리 위에서 휘황찬란하게 빛나는 불빛이다. 마찬가지로 그 빛 속에는 바로 원소 네온이 있다. 네온 원소와 주 응용 방법인 네온등의 연관 관계가 매우 확실해 타임스퀘어나 라스베이거스는 '네온에 뒤덮여 있다'고 말하기도 한다.

'플래티넘'신용카드에 백금(platinum)이 들어 있지 않은 것과 달리 주홍빛을 내는 몇몇 네온등은 실제로 네온을 포함하고 있다. 전류가 높은 전압에서 낮은 전압의 네온으로 채워진 튜브를 통과하면 튜브 중앙에서 밝은 주홍빛이 구불구불한 선 모양으로 나타난다(어떤 다른 색은 네온이 아니다. 튜브가 아닌 불투명하게 코팅된 유리 내부 표면에서 나오는 빛을 본다면 그것은 인광체 코팅을 한 수은 증기 또는 크립톤 튜브다).

올리버 색스의 책《엉클 텅스텐(Uncle Tungsten)》에는 그가 엄청나게 다양한 종류의 스펙트럼 선들에게 마음을 빼앗겨 주머니 크기의 분광기를 들고 타임스퀘어를 걸어가는 모습이 묘사되어 있다. 이것이 바로 다른 원소나 인광 물질과는 다른 독특한 스펙트럼을 가진 네온 빛의 진정한 매력이다.

헬륨-네온 레이저는 상업용으로 사용된 최초의 연속 빔 레이저였지만 가격이 더 저렴한 레이저 다이오드에 의해 대부분 대체되었다. 그러나 네온은 여전히 헬륨-네온 레이저에 중요한 요소로 남아 있다. 네온은 이제 전기로 자극해 빛을 내는 일 외에 사용되는 일이 거의 없다. 네온이 쓰이는 곳이 한정되어 있다는 사실은 네온 빛이 너무 선명하고 널리 퍼지는 것으로 충분히 만회가 된다.

네온은 모든 원소 중 반응성이 가장 낮고 다른 원소와 거의 반응하지 않는데 이는 나트륨에게 전혀 해당하지 않는 사항들이다. 주기율표의 왼쪽으로 다시 이동하면서 살펴보겠다.

Elemental

원자량
20.1797
밀도
0.000900
원자의 반지름
38pm
결정구조

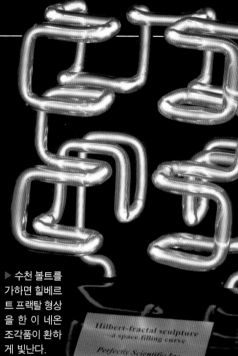

▶ 수천 볼트를 가하면 힐베르트 프랙탈 형상을 한 이 네온 조각품이 환하게 빛난다.

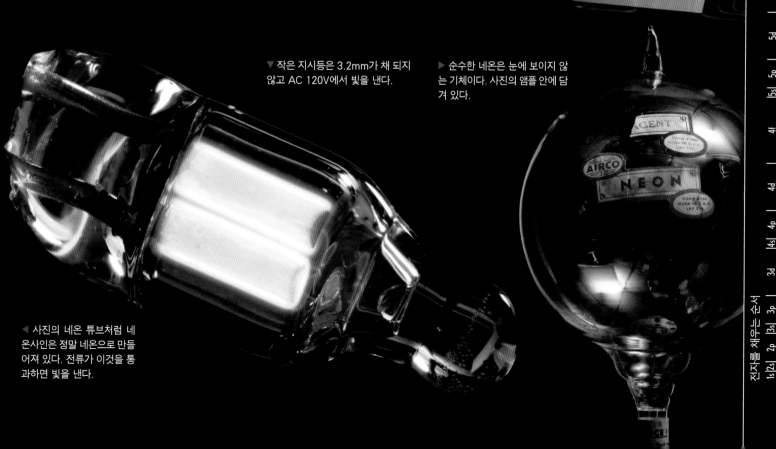

◀ 사진의 네온 튜브처럼 네온사인은 정말 네온으로 만들어져 있다. 전류가 이것을 통과하면 빛을 낸다.

▼ 작은 지시등은 3.2mm가 채 되지 않고 AC 120V에서 빛을 낸다.

▶ 순수한 네온은 눈에 보이지 않는 기체이다. 사진의 앰플 안에 담겨 있다.

전자를 채우는 순서
원자 방출 스펙트럼
물질의 상태

Na

11

나트륨 (Sodium)

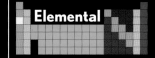

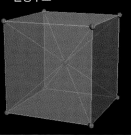

원자량
22.989770
밀도
0.968
원자의 반지름
190pm
결정구조

나트륨은 알칼리 금속(주기율표의 첫 번째 세
로줄 원소들) 중에서 폭발하기 가장 쉽고 가장
맛있는 원소다.

　　나트륨을 물 속에 던져 넣으면 수소 가스
가 매우 빠르게 발생한다. 그리고 몇 초 후 엄
청난 폭발과 함께 나트륨에 불이 붙고 이 불타
는 나트륨은 사방으로 튕겨져 나간다(다른 알
칼리 금속들도 나트륨과 비슷한 방법으로 물과
반응한다. 하지만 일반적으로 나트륨의 폭발이
가장 매력적이다. 그래서 전 세계 장난꾸러기
들은 강이나 호수에 나트륨을 던져보는 것을
좋아한다).

　　나트륨은 맛이 좋아 염소(17)와 함께 염화
알칼리 금속 중에서 가장 맛있는 염화나트륨
(소금)을 만든다. 저염식을 하는 사람들은 소금
대용으로 염화칼륨을 먹기도 하지만 염화칼륨
은 짠맛에 더해 쓴 금속 맛이 조금 난다. 또한,
염화루비듐과 염화세슘은 짠맛이 덜하고 금속
맛이 더 강하게 나며 염화리튬은 기름기 있는
금속의 뒷맛에 이어 불타는 듯한 느낌을 준다.

　　많은 양의 순수한 나트륨 금속이 화학
산업에서 환원제로 사용된다. 정말 좋지 않
은 생각인 것 같지만 액체 나트륨은 몇몇
원자로 내에서 열을 노심에서 증기터빈으
로 옮기는 데 사용되고 있다(그렇다. 엄청난 나
트륨 누출이 몇 번 있었다). 또한, 노란색 나트
륨 증기 램프는 단위 전기당 가장 많은 빛을 내
지만 램프 아래에 있는 사람을 꼭 죽은 것처럼
비춘다.

　　나트륨의 경우, 화학적 성질만 이용되고 있
지만 다음 원소인 마그네슘은 화학적·구조적
성질 모두 매우 유용하게 사용된다.

◀ 저압 나트륨 증기 조명. 공포
스러운 분위기의 빛을 만들어
내는 데 매우 효과적이다.

◀ 잿물이라고도 불
리는 수산화나트륨
은 보통 하수구를
뚫는 용도로 판매
된다.

◀ 안에 들어 있는 나트륨을 보여주기
위해 고성능 엔진의 나트륨 충전 밸브
몸통을 단면으로 잘랐다.

▶ 고압 나트륨 증기 조명.
효율적이며 기분 나쁜 빛을
내지 않는다.

▼ 소달라이트 광물,
($Na_4Al_3Si_3O_{12}Cl$).

▼ 말에게 주는 소금(염화나트륨) 덩어리.

◀ 부드러운 이 은빛 나트륨 덩어리는 칼로 잘라내 기름 속
에 보관했던 것이다. 그런데 공기 중에 꺼내자마자 흰색으
로 변했다. 나트륨이 물에 닿으면 수소 가스가 발생하고
녹아버린 나트륨은 불꽃을 만들며 폭발한다.

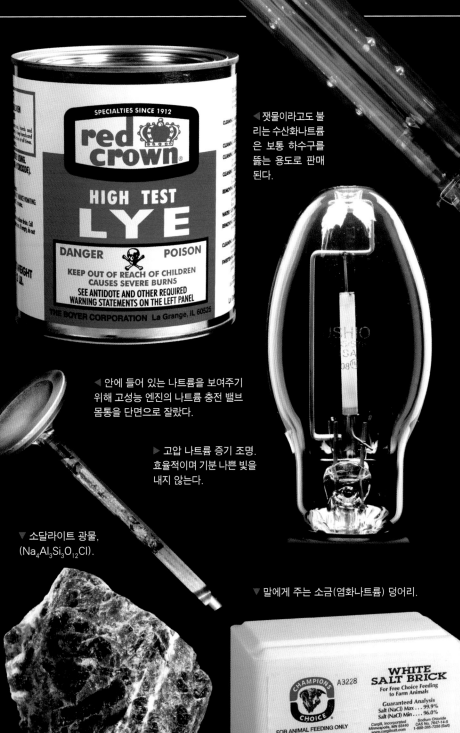

전자를 채우는 순서

원자 방출 스펙트럼

물질의 상태

Mg 12

마그네슘 (Magnesium)

원자량
24.3050
밀도
1.738
원자의 반지름
145pm
결정구조

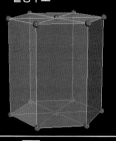

마그네슘은 훌륭한 구조적 특징을 가진 금속 중 하나다(베릴륨(4)도 좋은 금속이지만 가격이 비싸고 독성이 있기 때문에 훌륭하다고 하기는 어렵다). 마그네슘은 가격과 강도가 적절하고 가벼우며 가공하기도 쉽다. 하지만 단 한 가지, 불이 잘 붙는다는 단점이 있다.

마그네슘은 불이 정말 잘 붙는다. 예를 들어, 작은 마그네슘 조각에도 성냥으로 불을 붙일 수 있고 미세한 마그네슘 가루는 강한 폭발을 일으킬 수 있다. 초기 사진기의 플래시는 단순히 촛불 불꽃에 마그네슘 가루를 불어넣는 고무풍선이었다. 또한, 요즘 불꽃놀이에 사용되는 화약에는 대부분 마그네슘 가루가 들어 있다. 그래서 불꽃이 큰 포성을 내며 밝게 타는 것이다.

이렇듯 마그네슘은 가연성이기 때문에 자동차 부품으로 사용할 수 없다고 생각할지도 모르지만 놀랍게도 커다란 마그네슘 조각은 불을 붙이기 어렵다. 금속 조각이 클수록 표면에서 열을 매우 빠르게 방출하기 때문에 불이 쉽게 붙지 않는다. 가끔 경주용 차에 불이 붙어 많은 사람들이 목숨을 잃는 사고가 발생하지만 마그네슘은 경주용 차를 비롯해 비행기와 자전거에 사용된다(1955년 프랑스 도시 르망(Le Mans)에서 마그네슘 틀에 불이 붙은 경주용 차가 관중석을 덮쳐 81명이 목숨을 잃었다. 하지만 경기를 중단시킬 만큼 심각하게 생각하지는 않았다).

일반적으로 소량의 마그네슘을 포함한 알루미늄(13) 합금이 흔히 사용된다. 이것으로 만든 바퀴는 마그네슘으로만 만든 바퀴보다 60%나 무겁다. 그럼에도 불구하고 이 바퀴는 종종 마그네슘 합금제 자동차 바퀴라고 불린다(몇 배 비싼 가격에 구할 수도 있다).

그러나 마그네슘은 정말 유용하게 사용되는 금속이기 때문에 다른 어떤 금속도 마그네슘의 경쟁 상대가 되지 못한다.

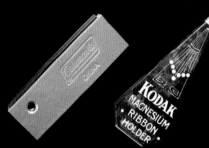

▲ 마그네슘의 물리적 성질이 새겨져 있는 마그네슘 덩어리.

▲ 캠프파이어를 할 때 불을 붙이는 데 사용되는 마그네슘 덩어리.

▲ 초기 밀착 인화(필름을 인화지 위에 올려놓고 빛에 노출시켜 필름에 맺힌 상을 인화지에 같은 크기로 인화하는 것)에 사용되던 마그네슘 띠 받침대.

▼ 1920년대에 쓰이던 마그네슘 분말을 이용한 사진기의 플래시 키트.

▲ 마그네슘 인쇄판.

▲ 마그네슘 필름 틀.

◀ 마그네슘 덩어리들을 정제한 후 녹여 유용한 상품으로 만들 수 있다.

▶ 고체 마그네슘 자동차 브레이크 마운팅 허브.

Al

13

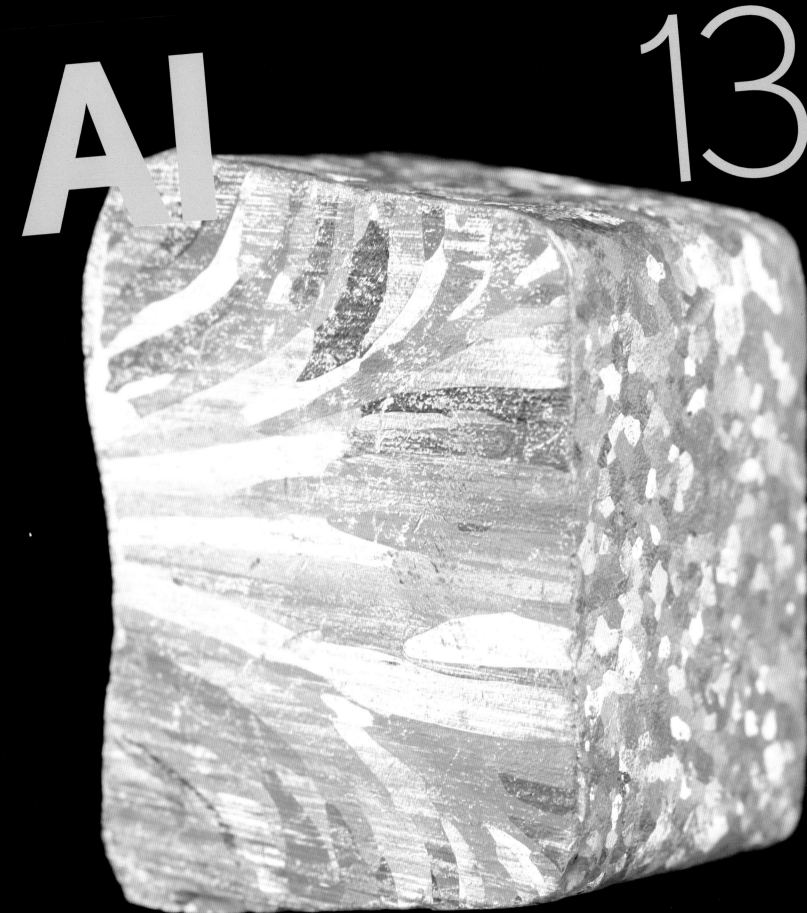

알루미늄 (Aluminum)

원자량
26.981538
밀도
2.7
원자의 반지름
118pm
결정구조

알루미늄은 이상적인 금속에 꽤 가깝지만 몇 가지 아쉬운 점이 있다. 알루미늄은 철(26)보다 저렴하지도 않고 용접하기도 쉽지 않다. 또한, 아연(30)이나 주석(50)처럼 주조할 수도 없다. 그러나 알루미늄은 전반적으로 매우훌륭한 재료다. 고성능 군용기와 같은 특별한 경우를 제외한 대부분의 비행기에 사용될 만큼 가볍고 강하며 주방기구에 사용될 만큼 가격도 저렴하다(그러나 알루미늄의 가격이 항상 저렴했던 것은 아니다. 순수한 알루미늄이 처음 생산되었을 때 알루미늄은 금이나 은 못지않게 매우 귀중한 금속이었다. 나폴레옹 3세는 왕자나 군주처럼 일상적인 손님이 찾아오면 금 접시로 대접했지만 매우 귀한 손님이 오면 알루미늄 접시로 대접했다고 한다).

알루미늄이 강철보다 더 뛰어난 점은 바로 녹슬지 않는다는 것이다. 더 놀라운 사실은 알루미늄이 철보다 더 빨리 공기와 반응한다는 것이다. 둘의 차이점은 무엇일까? 알루미늄의 '녹'은 커런덤이라는 얇은 산화물이며 단단하기로 유명한 물질 중 하나다. 즉, 알루미늄이 공기 중에 노출되면 표면에 알루미늄보다 더 단단하고 얇은 커런덤 보호막이 생성된다. 반면, 철은 어리석게도 얇게 벗겨지는 붉은 가루로 자신을 덮기 때문에 금방 떨어져 나가 쉽게 산화된다.

그러나 실제로 알루미늄은 반응성이 매우 높다. 알루미늄 가루는 요즘 사용하는 섬광 파우더나 로켓 연료 혼합물의 기본적인 재료다. 그리고 알루미늄의 높은 반응성 때문에 특정 입자 크기 이하의 알루미늄 판매는 제한되어 있다.

커런덤(루비나 사파이어 형태)과 베릴(에메랄드와 아콰마린의 일반적인 형태)과 같이 알루미늄 광물은 매우 흔하다. 광물과 광석 속의 알루미늄은 주기율표에서 가까운 이웃인 규소와 마찬가지로 지구 지각의 많은 부분을 차지하고 있다.

▲ 실험용 알루미늄 고체 덩어리.

▼ 알루미늄으로 코팅된 비상용 마일러 담요(우주에서 열 방사나 전도에 의해 우주인이 체온을 잃지 않도록 해주는 보온 담요).

▲ 과거에 사용했던 의료용 백반과 현재 사용하는 의료용 백반(황산알루미늄).

ALUM
POWDERED
ROMEO T. ROBILLARD
PHARMACIST
Cor. Nichols and Parker Streets, Gardner, Mass.

The Taste You Trust™
McCormick
Alum

▼ 알루미늄의 높은 열전도율을 이용한 방열판.

▲ 녹인 알루미늄을 물에 넣어 만든 덩어리들.

◀ 내부 결정체가 보이는 에칭된 고순도 알루미늄 막대.

◀ 알루미늄은 원래 의료용 임플란트에 사용할 수 없었다. 이것은 의사들이 실습용으로 알루미늄으로 만든 가짜 임플란트를 실제 뼈에 시술한 것이다.

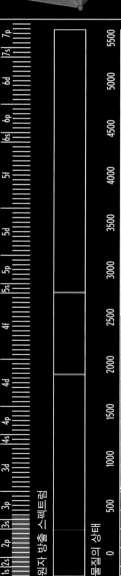

Aluminum
13

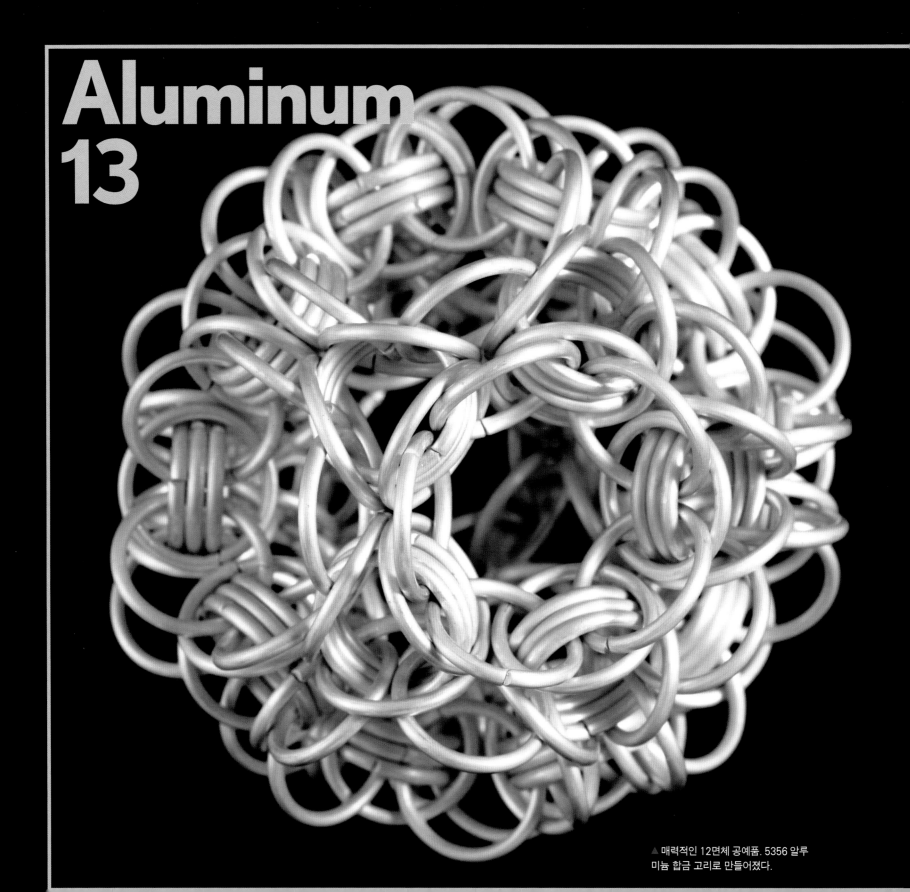

▲ 매력적인 12면체 공예품. 5356 알루
미늄 합금 고리로 만들어졌다.

▷ 미세한 가루와 조각을 섞어 만든 '반딧불' 알루미늄은 불꽃놀이에서 무작위적으로 불꽃이 튀는 효과를 낸다.

◁ 울퉁불퉁한 이 표면은 고순도 알루미늄 실린더가 엄청난 압력 하에서 작은 조각이 되었을 때 기계적으로 형성되었다.

▷ 공장에서 가공된 이 거대한 알루미늄 덩어리는 시애틀에 있는 보잉사 재고 창고로 보내진다.

모형이어서 가능한 알루미늄 대포. 저자가 고등학교 시절 기술 수업시간에 만든 것이다.

▽ 알루미늄 산화물 연삭 디스크는 매우 흔하다.

◁ 동료가 저자를 놀리려고 보내온 단단한 알루미늄 접시들로 포장된 초콜릿.

▷ 연구원들은 접시 크기의 고순도 알루미늄 박막을 만들기 위해 노력 중이다.

◁ 보통 주방에서 사용하는 알루미늄 제품은 열전도성을 높이기 위해 상당히 고순도의 알루미늄으로 만들어진다.

Si

14

규소 (Silicon)

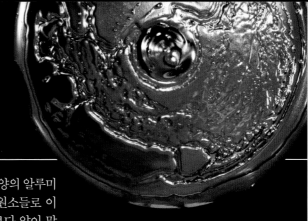

비록 규소는 탄소(6)와 같이 긴 탄소 분자 사슬(바로 당신)을 만들어내지는 못하지만 어느 정도 복잡한 분자 사슬을 형성할 수 있다는 사실이 밝혀지면서 규소에 기반한 생명체가 공상과학 소설의 소재로 등장하기 시작했다.

그러나 이 행성(지구)에 규소를 기반으로 하는 생명체가 나타난다면 그것은 분자 결합 형성 능력이 아니라 반도체 결정 형성 능력 때문일 것이다. 컴퓨터 칩은 흔히 볼 수 있는 흰색 해변 모래(이산화규소)에서 시작해 가시광선을 넘어선 파장 패턴이 새겨진 고순도 규소 결정으로 완성된다. 오늘날 아이들의 장난감이 평균적으로 아폴로 우주선보다 연산 능력이 뛰어나다는 것은 문명사회를 뒤집어 놓을 만큼 놀라운 사실이다.

지구의 토대를 이루는 바위와 모래, 진흙, 흙은 규소와 산소(8), 그보다 적은 양의 알루미늄(13), 철(26), 칼슘(20)과 다른 원소들로 이루어져 있다(지구 지각에서 규소보다 양이 많은 원소는 산소밖에 없다. 그래서 만약 컴퓨터가 지구를 장악하더라도 그들이 먹고 살 물질은 충분히 있다).

유일하게 규소를 많이 가지고 있지 않은 것은 당신이다. 몇몇 해면류는 석영 유리로 된 뼈를 가지고 있지만 (당신이 해면류가 아니라고 가정했을 때) 당신의 뼈는 규소가 거의 없는 딱딱한 수산화인회석 형태의 칼슘 인산염이다. 대부분의 지구 생물들이 (똑똑한 바다 해면이나 컴퓨터와 달리) 도처에 깔린 규소를 오직 부수적인 방법으로만 사용하고 그 대신 비극적이게도 수요가 적은 다음 원소 인을 선택해 진화한 이유는 불분명하다.

▲ 이 규소 공은 도가니에서 너무 일찍 꺼냈다. 녹은 규소가 흘러내린 밑면이 보인다.

▲ 직육면체로 잘린 규소 조각들로 가득 찬 접시.

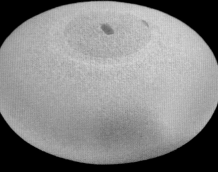

▲ 규소(silicon)는 실리콘(silicone)이 아니다! 이 임플란트는 딱딱한 결정체인 규소가 아니라 부드러운 실리콘 고무로 만들어졌다.

▼ 심해에 사는 해면의 유리(이산화규소) 골격.

▼ 칩을 만드는 데 쓰이지 못한 규소 결정들.

▼ 고순도로 정제된 규소.

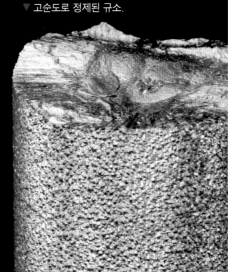

◀ 모래에서 실리콘을 정제하는 단계에서 얻어낸, 순도는 낮지만 예쁜 녹은 규소 덩어리.

원자량
28.0855
밀도
2.330
원자의 반지름
111pm
결정구조

전자를 채우는 순서

원자 방출 스펙트럼

물질의 상태

P

15

인 (Phosphorus)

1669년 함부르크에서 발견된 원소 형태의 인은 끔찍한 녀석이다. 특히 흰 인(인의 동소체)은 1943년 제2차 세계대전의 최대 폭발 중 하나를 일으켜 도시를 불태웠다(마그네슘 소이탄은 건물들 위로 투하되었고 밖으로 뛰쳐나온 사람들까지 태웠다). 백린탄과 박격포탄은 전쟁에 쓰여 끔찍한 결과를 낳고 있다.

그러나 인산염(PO_4^{3-} 그룹이 포함된 혼합물들)의 형태일 때 인은 필수적인 원소이며 인류 역사의 대부분에서 식량 작물의 성장을 제한하는 유일한 요소였다. 토양에 인이 부족하면 큰 기아가 초래되었고 구아노(건조한 해안 지방에서 바닷새의 똥이 응고·퇴적된 것. 주로 인산질 비료로 이용된다), 골분, 또는 화학비료와 같은 대체물질을 찾아내는 것이 문명의 운명을 결정했다.

1800년대 중반에 이르러서야 인산염 광석으로부터 비료를 어떻게 만들어내는지 알아냈다. 이것은 인 부족에 대한 기술적인 해결책이었다. 이제 많은 곳에서 인이 아니라 물이 제한 요소로 작용한다는 점에서 인구 폭발의 주역은 인산염 비료일지도 모른다.

순수한 형태의 인은 다양한 동소체나 분자 형태로 존재한다. 적린(붉은 인)은 비교적 안정적이며 점화 장치인 성냥으로 널리 사용된다. 흑린(검은 인)은 만들기 어렵고 거의 볼 수 없으며 별로 사용되지도 않는다. 독성이 있고 자연 발화하며 주로 전쟁에 이용되는 백린(흰 인)은 거의 완벽한 재앙이다. 냄새만 평가한다면 황이 우승하겠지만 말이다.

▲ 집에서 만든 성냥은 어디에 부딪치든 불꽃을 내며 불붙는다.

▶ 적린은 가장 흔한 형태다.

▲ 흑린은 가장 안정적인 형태이지만 거의 볼 수 없다.

▲ 성냥이 아직 위험한 물건이던 시절 제멋대로 폭발할 경우를 대비해 사람들은 방화 성냥 금고나 벽에 고정된 수납장에 보관했다.

◀ 요즘의 성냥들도 인을 이용해 점화한다.

▶ 백린은 매우 위험하기 때문에 반드시 어두운 곳에 보관해야 한다. 그렇지 않으면 치명적인 결과를 초래할지도 모른다.

◀ 흔치 않은 보라색 인은 실제 동위원소가 아니라 흑린과 적린의 혼합물로 생각된다.

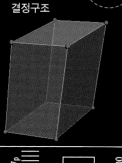

Elemental

원자량
30.973761
밀도
1.823
원자의 반지름
98pm
결정구조

전자를 채우는 순서

원자 방출 스펙트럼

물질의 상태

S

16

황 (Sulfur)

황은 지독한 냄새를 뿜어내는데 이것을 부정할 사람은 없을 것이다. 황은 가루일 때도 냄새가 독하고 고체일 때도 마찬가지다. 황이 타는 냄새를 맡아본 사람이라면 수많은 전설 속 지옥들이 황으로 가득 찬 이유를 이해할 것이다(황의 옛 이름은 '유황'이다).

많은 황 화합물들은 비슷하게 불쾌한 냄새를 풍기는데 그중 단연 최고는 썩은 달걀 냄새가 나는 황화수소다. 연소한 석탄, 석유, 디젤 연료에서 나오는 황화합물은 도시 스모그의 주요 원인이며 배기관과 연료에서 나오는 황을 청소하는 것은 법으로 의무화되어 있다.

황은 화약의 세 가지 성분 중 하나이며 그 손에 수많은 사람들의 피를 묻혔다.

황에 대한 좋은 얘기는 없을까? 글쎄, 황이 매우 유용하다는 것은 부정할 수 없다. 막대한 양의 황이 황산 형태로 화학산업의 수많은 제조 과정에서 생산되고 소비된다.

황은 냄새가 심하지만 어느 원예상점에서나 흙의 pH(산성도)를 조정하는 데 쓰이는 가루 황이 든 가방을 살 수 있다(무슨 이유에서인지 황은 끔찍한 '화학적' 대체물이 아닌 '유기적' 물질로 여겨진다. 솔직히 이해하기 힘들지만 말이다).

황은 냄새가 고약하지만 많은 양을 안전하게 다룰 수 있다. 반면, 염소는 낮은 농도에서 상당히 유쾌한 냄새가 나 수영장의 즐거운 기억을 떠올리게 한다. 그러나 소량이 아니라면 주의하기 바란다.

▼ 순도 90%의 황은 어느 원예상점에서나 싼 가격에 살 수 있다.

▲ 처음부터 순수하거나 자연적으로 발생한 황의 큰 결정.

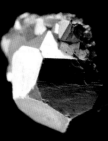

▲ 황철석(FeS) 광물.

▶ 이런 형태의 황은 코크스 공장 배출물로부터 해로운 이산화황화물을 긁어내는 장비에서 떨어진다.

▼ 마늘과 양파에서 풍기는 특이한 냄새는 황 혼합물에서 나온다.

옛날 약국에서 쓰이던 황.

페니실린($C_{16}H_{18}N_2O_4S$)은 한때 매우 귀해 환자의 소변에서 페니실린을 모아 다시 사용했다. 말 치료용으로 쓰는 100ml 병은 7달러다.

황은 용암이나 지열의 배출구 부근에서 상당히 순수한 형태로 자연적으로 발생한다.

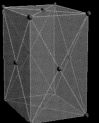

원자량
32.065
밀도
1.960
원자의 반지름
88pm
결정구조

전자를 채우는 순서

원자 방출 스펙트럼

물질의 상태

Cl

17

염소 (Chlorine)

염소는 제1차 세계대전 중 지독한 참호전 대치 상황에서 독가스로 사용되었다. 병사들은 앞쪽 줄에 가스 실린더를 쭉 늘어놓았고 바람이 적 쪽으로 불 때까지 기다렸다가 밸브를 열고 필 사적으로 도망쳤다. 가끔 프리츠 하버가 개인 적으로 감독했던 이런 작전은 어느 쪽이 가스 를 살포했는지와 상관없이 양쪽 모두 거의 비 슷한 수의 병사들이 죽는 것으로 나타나면서 서서히 폐기되었다(프리츠 하버가 인류에게 한 긍정적인 공헌은 질소(7) 부분에 나와 있다).

나는 순수한 염소 한 모금을 빨아들인 적 이 있었는데 다치지는 않았지만 큰일날 뻔했 다. 누군가가 콧구멍에 용접용 불꽃을 들이댄 것 같은 고통을 곧바로 느꼈다. 염소 가스에 의 한 죽음은 상상하기도 힘들 정도로 끔찍할 것 이다.

반면, 소량의 염소는 가장 싸고 효과적인 소독약 중 하나로 환경에 지속적인 영향을 미 치지 않으며 마시는 물을 정화해 수백만 명의 목숨을 구하기도 했다. 염소 때문에 죽은 사람 보다 산 사람이 훨씬 많다.

염소는 흔한 가정용 화학제품의 상당수에 서 찾아볼 수 있다. 염소 표백제는 하이포아염 소산나트륨(NaClO) 수용액이며 산성 물질과 결합하면 독특한 냄새가 나는 염소 가스를 배 출한다. 식탁에서 흔히 볼 수 있는 소금은 염화 나트륨(NaCl)이며 위산의 주요 성분은 염산(HCl) 이다.

염소는 자연에서 흔히 찾아볼 수 있는 물 질이며 염소 이온은 신경 전도부터 소화까지 생명체의 다양한 기능에 관여한다. 염소가 세 속적인 원소인 반면, 아르곤은 경쟁에 끼어들 지 않아 불활성 기체라는 이름을 얻었다.

◀ 염소 가스는 옅은 노란색이기 때문에 배경이 흰색일 때 겨우 눈에 보인다.

▶ 석영 유리 앰플 내부의 높은 압력으로 인해 액화된 염소.

▼ 흙에 염분이 별로 없는 지역의 가축들에게 먹이기 위한 소금(염화나트륨) 덩어리.

CLOROX
Kills 99.9%
Regular
Bleach

10 cc   No. 35
Standard Solution
PURE CHLORINE DRY
GAS
"ROEHLING"
Contents when diffused
according to instructions
with 1000 cu. ft. of air rep-
resents a medication of 0.02
milligrams per liter.
The Lakeside Laboratories Inc.
Will Ross, Inc., Distributor
Milwaukee, Wis.
Patent Pending

▲ 염소 표백제(하이포아염소산나트륨)와 예전에 흡입제였 던 의료용 염소(알코올 용액에 용해되어 있다).

▼ 미국 '죽음의 계곡'(Death Valley)에서 구한 소금(염화 나트륨).

T3298W

▼ 알갱이 모양의 염화칼슘은 눈과 얼음을 녹 이는 데 사용된다.

원자량
35.453
밀도
0.003214
원자의 반지름
79pm
결정구조

아르곤 (Argon)

Elemental

원자량
39.948
밀도
0.001784
원자의 반지름
71pm
결정구조

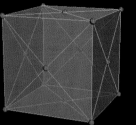

아르곤은 '활동하지 않는'이라는 그리스어에서 유래했으며 이름값을 톡톡히 한다. 아르곤의 용도는 거의 모두 아르곤이 가장 싼 불활성 기체라는 사실과 관련 있다. 질소(N_2)는 훨씬 더 싸고 매우 불활성이어서 여러 곳에 사용될 수 있지만 높은 온도에서는 결합이 깨져버린다. 반면, 아르곤은 (매우 학문적인 경우의 소수의 불안정한 화합물을 제외하고) 화학적 결합에 전혀 관심이 없다.

에디슨의 초기 전구는 필라멘트의 산화를 막기 위해 진공을 이용했지만 현대 백열등은 주변 대기압에 가깝도록 질소와 아르곤을 섞어 채워 백열등의 유리벽이 종이처럼 얇아질 수 있게 한다(화려하고 더 작은 전구는 크립톤(36), 크세논(제논/54), 할로겐 가스를 채워 필라멘트가 더 뜨겁게 달아올라 밝은 빛을 낼 수 있다).

소매점에서 아르곤 기체를 채운 작은 금속 실린더를 살 수 있는 것은 상층부를 아르곤으로 채워 열린 포도주 병이 산화하지 않도록 만들어주는 기계 장치 덕분이다(개인적으로 상하기 전에 포도 주스를 마시는 것이 나을 것 같다. 간단한 방법으로 와인에 대한 끔찍한 우월 의식을 피해갈 수 있다).

놀랍게도 아르곤은 대기 중에 풍부하며 전체 무게의 거의 1%를 차지한다. 그래서 아르곤은 가격이 매우 저렴하다. 상업적으로 아르곤은 막대한 양이 생산되는 액화산소(8)와 액화질소(7)의 부산물이다.

칼륨으로 넘어가면 세속적인 물건들, 특히 방사성 바나나(바나나에는 방사성 물질인 ^{40}K이 들어 있다)와 밀접한 관계가 있는 원소들로 돌아가게 된다.

▲ 방향 표시등의 전기 방전에서 나오는 희미한 불빛.

▶ 고압력의 아르곤으로 채워진 실린더는 실험실에서 보호용 가스로 많이 쓰인다.

◀ 와인 보관 장치에 쓰이는 일회용 아르곤 실린더.

▼ 순수한 아르곤 기체는 눈에 보이지 않는다.

▼ 요란한 소리를 내는 의료용 '보랏빛 복사선' 기계는 치료에 도움이 되지 않는 멋진 보라색 빛의 아르곤 전기 방전을 만들어낸다.

▶ 아르곤은 유리처럼 투명하기 때문에 이중창을 채우고 있는 아르곤이 보이지 않는다.

◀ 불활성 기체인 아르곤은 전류 때문에 높은 에너지 준위 상태로 전이되어 진한 하늘색을 띠지 않는 한 반응성이 없으며 색도 없다.

K

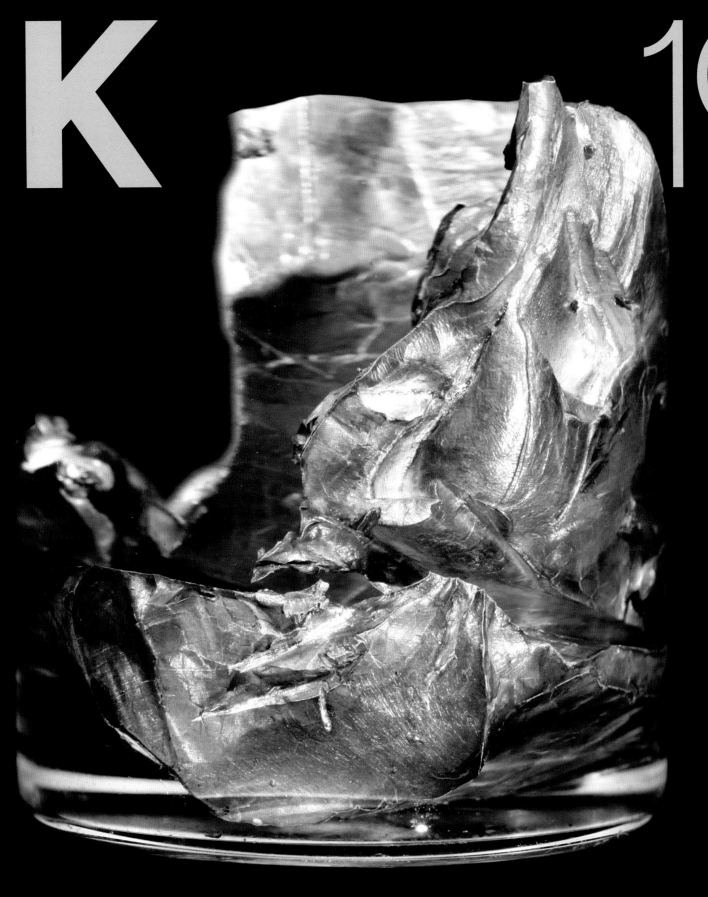

칼륨 (Potassium)

▶ 순도가 매우 높고 산화
되지 않은 칼륨은 밝게 빛
나는 금속이다.

바나나는 방사성 식품이다! 만약 기자가 사실을 정확히 알지 못한다면 신문 헤드라인은 최소한 이 정도가 되지 않을까? 안심시키는 진실은 실제로 당신이 먹는 모든 것은 방사성이 있으며 단지 바나나는 그 양이 조금 많을 뿐이다. 바나나는 중요한 영양소인 칼륨을 풍부하게 함유하고 있으며 세상에 존재하는 모든 칼륨 원자의 0.01%는 방사성 동위원소인 ⁴⁰K(칼륨-40)이다.

이런 미량의 방사성 물질은 매일 우리에게 노출되는 자연 방사선의 중요한 부분을 차지한다. 흥미롭게도 작가 아이작 아시모프(Isaac Asimov)는 지구가 생긴 이후 10억 년 단위로 감소해온 ⁴⁰K 방사선 양이 지적 생명체가 진화할 기회를 만들어 주었다고 추측했다. 초기 지구에는 ⁴⁰K이 너무 많아 깨지기 쉬운 긴 게놈들이 잘 형성되지 못했다. 너무 적은 ⁴⁰K은 나중에 돌연변이의 속도와 그에 따른 진화의 속도를 결정했지만 속도가 너무 느려 많은 것을 이루어낼 수 없었다.

물론 단순한 추측이지만 방사선이 만들어 낸 돌연변이가 없었다면 지금 우리도 존재하지 않았을 것이라는 흥미로운 생각이 든다.

방사성 물질이든 아니든 칼륨은 알칼리 금속 중 하나이기 때문에 물에 던지면 재미있는 현상이 일어난다. 나트륨(11)보다 더 잘 반응하는 칼륨은 물에 닿는 순간 불꽃이 사방으로 꽤 멀리 퍼질 정도로 강한 폭발과 함께 아름다운 보라색 불빛을 내며 터진다.

몸 안에서 칼륨은 K⁺이온의 형태로 신경에서 신호를 전달하는 데 결정적인 역할을 한다. 칼륨 수치가 너무 낮으면 손가락이 굳어버리고 칼륨 결핍이 심장에까지 이르면 죽음이 뒤따른다. 의학적 치료를 바로 할 수 없다면 바나나를 먹으면 된다.

칼륨은 몸에 있는 것들이 계속 움직이게 하지만 칼슘은 몸의 형태를 유지시킨다.

▲ 재(탄산칼륨)와 황산염 재
(황화칼륨)는 대부분 비료로
쓰인다.

◀ 나트륨이 없는 소금(염화
칼륨)은 매우 약한 방사능이
있다.

▼ 독일의 한 수집가가 감탄
할 정도로 빛나는 칼륨을 제
공해 주었다. 칼륨이 산화되
지 않도록 유지하기는 매우
어렵다.

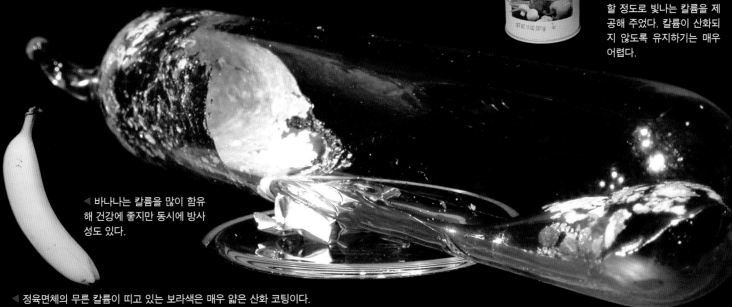

◀ 바나나는 칼륨을 많이 함유
해 건강에 좋지만 동시에 방사
성도 있다.

◀ 정육면체의 무른 칼륨이 띠고 있는 보라색은 매우 얇은 산화 코팅이다.
칼륨은 공기 중에 노출되면 몇 초 만에 검정색으로 변한다. 물에 닿으면 칼
륨은 폭발하며 타는 듯한 붉은빛의 물방울이 사방으로 튄다.

원자량
39.0983
밀도
0.856
원자의 반지름
243pm
결정구조

Ca

20

칼슘 (Calcium)

'칼슘'이라고 하면 대부분의 사람들은 희고 분필처럼 생긴 물건이나 우유를 떠올린다. 도버 해협의 백악질 절벽에서처럼 '백악'이라고 불리는 이 돌은 탄산칼슘이다. 반면, 오늘날 다양한 칠판 분필들은 대부분 석고로 알려진 황산칼슘으로 만들어진다(이 연필들의 '연필심(lead)'은 납(lead)으로 만들어지지 않고 보통 '분필(chalk)'은 백악(chalk)으로 만들어지지 않는다. 필기구에 왜 이런 이름을 붙인 걸까?).

분필과 우유 속에 들어 있는 칼슘은 모두 화합물 형태다. 순수한 원소 상태의 칼슘은 빛나는 금속이며 알루미늄과 비슷하게 생겼다. 그러나 칼슘은 공기 중에서 불안정하기 때문에 빠르게 백악질의 흰색 물질인 수산화칼슘과 탄산칼슘으로 분해되므로 금속 형태의 칼슘은 좀처럼 찾아보기 힘들다. 물이나 산에 칼슘이 닿으면 칼슘 금속은 알칼리 금속처럼 수소 기체를 발생시킨다. 그러나 속도를 더 느리게 조절하면 수소를 얻을 수 있는 원천이 된다.

우리는 항상 칼슘이 튼튼한 뼈와 뼈의 무기질 침착에 중요하다는 말을 듣는다(포유류의 뼈는 단단한 수화인산칼슘의 종류 중 하나인 수산화인회석이다). 하지만 뼈는 다른 원소로 만들어졌다고 상상할 수 있지만 (예를 들어, 유리. 14번 원소 규소를 참고하라) 세포에서 칼슘 이온은 더 근본적인 생화학적 작용을 한다. 칼슘은 세포에서 안팎으로 계속 움직이며 신경을 통해 근육에 신호를 전달하는 매우 중요한 기능을 수행하기 때문에 신체는 혈중 칼슘 수치가 떨어지게 놔두느니 차라리 뼈를 녹이기 시작한다(사실 어떤 이론에서는 뼈가 칼슘 균형을 맞추기 위해 칼슘을 저장하는 용도로 진화했으며 구조를 받치는 역할은 나중에 맡게 되었다고 주장한다).

칼슘은 생명을 유지하는 데 충분한 양이 필요한 원소 중 하나다. 셀레늄(34)과 같은 원소들은 특수한 효소들을 위한 극소량만 필요하다. 스칸듐과 같은 다른 원소들은 몸에서 아무 기능도 하지 않는다.

▲ 분필은 석고(황산칼슘)로 만든다.

▲ 방해석(칼슘 탄산염) 광물.

▼ 조개껍데기는 칼슘 탄산염으로 만들어진다.

▲ 수산화칼슘을 담은 깡통은 기상 관측 기구를 부풀리는 수소를 발생시키는 데 사용된다.

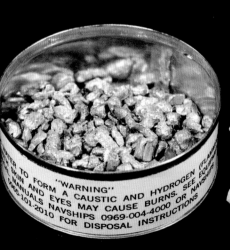

▲ 군사용 목적으로 수소를 발생시키기 위해 사용하는 캔에 든 칼슘 금속.

◀ 놀랍게도 순수한 칼슘은 단단한 은색 금속이다. 오직 화합물일 때만 분필과 같은 특징적인 모양이 된다.

◀ 진귀한 하와이 산호는 탄산칼슘으로 만들어진다.

▶ 수화인산칼슘으로 만들어진 목도리 도마뱀 해골.

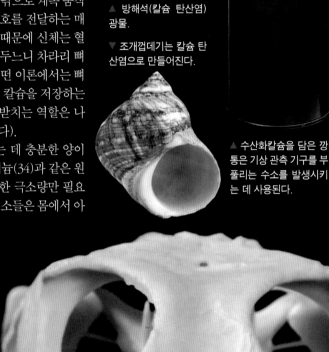

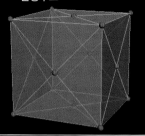
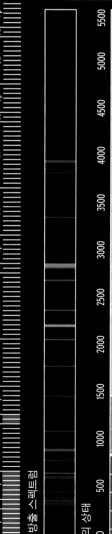
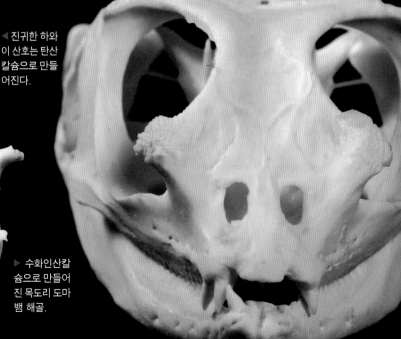

Elemental

원자량
40.078
밀도
1.550
원자의 반지름
194pm
결정구조

전자를 채우는 순서

1s 2s 2p 3s 3p 3d 4s 4p 4d 5s 5p 5d 6s 6p 6d 7s 7p

원자 방출 스펙트럼

물질의 상태

55

Scandium

Sc

21

스칸듐 (Scandium)

평소 이름을 들어보기 힘든 원소 중 맨 처음 등장하는 것이 바로 스칸듐이다. 전 세계에서 거래되는 순수한 금속 형태의 스칸듐은 1년에 45.36kg도 채 되지 않기 때문에 이 원소의 순수한 형태를 본 사람은 많지 않을 것이다.

스칸듐은 꽤 비싼 원소인데 전체적인 양이 드물어서가 아니라 집중적으로 모여 있지 않기 때문이다. 대부분의 다른 원소들은 매우 희귀하더라도 집중적으로 모여 있는 장소가 존재한다. 하지만 스칸듐은 여기저기 조금씩 퍼져 있어 이들을 모아 정제하려면 많은 비용이 들어간다.

스칸듐은 강한 금속과 밝은 빛을 만드는 데 사용된다. 스칸듐에 소량의 알루미늄을 섞으면 고강도 알루미늄 합금이 만들어지며, 전투기, 야구방망이, 고가의 자전거 몸체에 사용된다. 고광도 금속 할로겐 조명에 있는 아이오딘화스칸듐은 너무 강렬하다고 느껴지는 빛을 태양의 스펙트럼과 같은 편안한 빛으로 바꾸어 준다.

길거리나 물류 보관 창고, 대형 마트와 같이 많은 양의 빛이 필요한 곳에는 메탈할라이드(Metal-halide, 고압 수은등에 금속 할로겐화물을 첨가한 형식의 고압 방전등) 조명이 사용된다. 사람들을 좀비처럼 으스스하게 비추는 고속도로의 오렌지빛 나트륨등을 제외한다면 메탈할라이드 조명은 다른 광원들보다 훨씬 효율적이다. 언젠가 LED 조명이 압도적으로 많이 사용되는 날이 오겠지만 그래도 메탈할라이드 전구에서 얻을 수 있는 순수한 빛은 사람들의 눈길을 계속해서 사로잡을 것이다.

스칸듐을 사용한 조명은 자주 들어보진 못했더라도 주변에서 많이 볼 수 있다. 반면, 실제 모습을 본 적은 없더라도 티타늄(타이타늄)이라는 이름은 수없이 들어봤을 것이다.

Elemental

원자량
44.955910
밀도
2.985
원자의 반지름
184pm
결정구조

◀ 스칸듐 알루미늄 합금은 높은 내구력 덕분에 고급 자전거 몸체에 사용된다.

▼ 전 세계 많은 양의 스칸듐이 스칸듐 알루미늄 모합금괴 형태로 거래된다.

▼ 콜벡카이트 광물(ScPO₄·2H₂O).

◀ 진공 증류로 얻은 스칸듐 결정들은 일광 스펙트럼 메탈할라이드 아크등에 사용된다.

▲ 메탈할라이드 조명의 스칸듐은 쾌적한 스펙트럼의 빛을 만들어낸다.

티타늄 타이타늄 (Titanium)

원자량
47.867
밀도
4.507
원자의 반지름
176pm
결정구조

티타늄이라는 원소명은 너무 유명해 제품 생산 업체들은 실제로 티타늄이 함유되었든 아니든 수천 가지 상품에 이 이름을 갖다 붙인다.

만약 골프채에 '티타늄'이라는 글자가 있다면 이 골프채가 실제로 티타늄으로 만들어졌다고 성급히 결론짓기 전에 한 번 더 생각해볼 필요가 있다. 그럴 수도 있고 아닐 수도 있기 때문이다. 연삭숫돌에 골프채 머리를 대보는 것으로도 간단히 테스트해볼 수 있다. 티타늄 특유의 밝은 흰 불꽃이 나지 않는다면 그 골프채를 더는 애지중지할 필요가 없다.

이름의 유래(그리스 신화에 나오는 신, 타이탄의 이름을 땄다)와 실제 사용되는 예(상당한 힘이 필요한 제트 엔진, 연장, 로켓을 만드는 데 쓰인다)에서 알 수 있듯이 티타늄은 '힘'을 상징한다. 또한, 절대로 녹슬지 않고 알레르기도 일으키지 않아 몸속 인공 고관절, 치과용 임플란트, 피어싱 등에 사용되는 것으로 유명하다.

티타늄 금속은 비싸지만 티타늄 광석은 매우 풍부하다. 금속을 정제하는 것이 어려워 가격이 비싼 것이지 양이 부족해 비싼 것이 아니다. 산화티타늄은 도처에 존재한다. 산화티타늄은 페인트의 흰색을 나타내는 성분이다. 그리고 다른 모든 색상의 페인트 안에 들어 있는 산화티타늄(TiO_2)은 페인트를 칠한 아래가 비치지 않게 하는 불투명체 역할을 한다. 심지어 이 책의 종이도 산화티타늄이 들어가 있는데 인쇄된 면이 뒷면에 비치지 않게 해준다.

미사일에서 면도날에까지 쓰이는 티타늄은 슈퍼스타처럼 대단한 인기를 누리고 있다. 아마도 이웃인 바나듐은 티타늄을 가장 부러워할 것이다. 바나듐은 티타늄보다 훨씬 강한 합금을 만드는 데 도움을 주지만 그 노고가 눈에 잘 띄지 않기 때문이다.

◁ 99.999%의 순수한 티타늄 결정으로 된 고체 막대로 저자가 만든 반지.

◁ 금색 질화티타늄으로 코팅된 전기 면도날.

▲ 순수한 티타늄으로 만든 인공 고관절의 윗부분 절반.

◁ 왼쪽 위부터 시계 방향으로 티타늄을 절단 가공하여 만든 톱니바퀴, 티타늄 스피커 콘, 티타늄 반지, 티타늄 피어싱 바벨.

▷ 두 개의 골프채, 하나는 진짜 티타늄이고 다른 하나는 모조품이다.
배경지식: 6061은 알루미늄 합금의 표준 규격이다.

◁ 작은 제트 엔진의 흡입구에 사용되는 티타늄 '블리스크'(BLISK, bladed impeller disk)

Titanium
22

▷ 이 인공 고관절의 티타늄 구슬 표면은
뼈가 자라도록 도와준다.

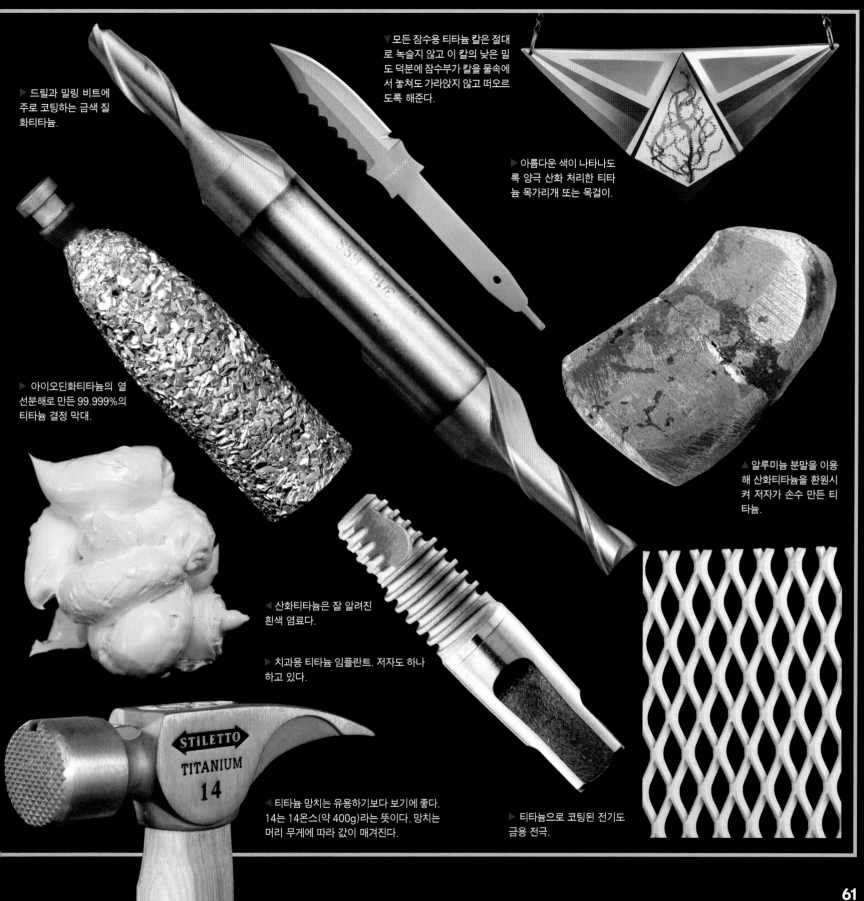

▶ 드릴과 밀링 비트에 주로 코팅하는 금색 질화티타늄.

▼ 모든 잠수용 티타늄 칼은 절대로 녹슬지 않고 이 칼의 낮은 밀도 덕분에 잠수부가 칼을 물속에서 놓쳐도 가라앉지 않고 떠오르도록 해준다.

▶ 아름다운 색이 나타나도록 양극 산화 처리한 티타늄 목가리개 또는 목걸이.

◀ 아이오딘화티타늄의 열 선분해로 만든 99.999%의 티타늄 결정 막대.

▲ 알루미늄 분말을 이용해 산화티타늄을 환원시켜 저자가 손수 만든 티타늄.

◀ 산화티타늄은 잘 알려진 흰색 염료다.

▶ 치과용 티타늄 임플란트. 저자도 하나 하고 있다.

◀ 티타늄 망치는 유용하기보다 보기에 좋다. 14는 14온스(약 400g)라는 뜻이다. 망치는 머리 무게에 따라 값이 매겨진다.

▶ 티타늄으로 코팅된 전기도금용 전극.

V

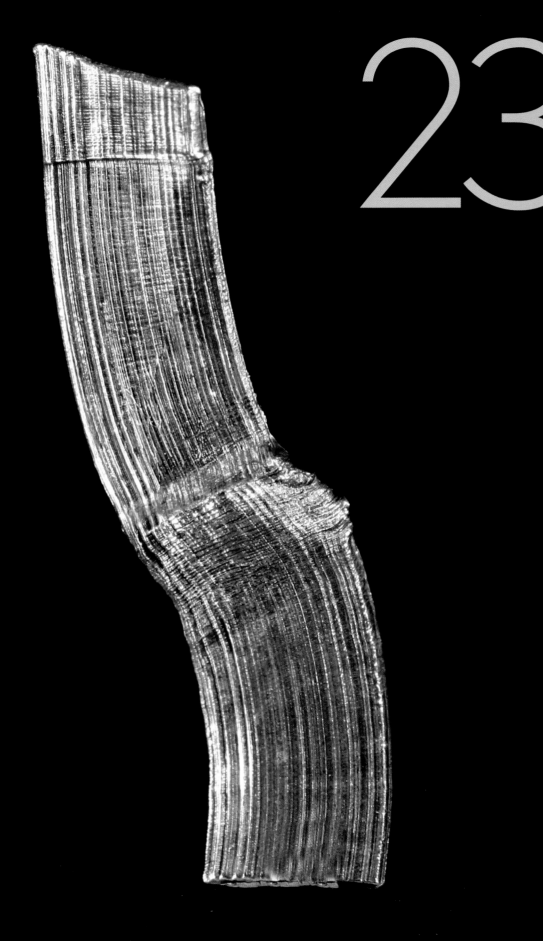

23

바나듐 (Vanadium)

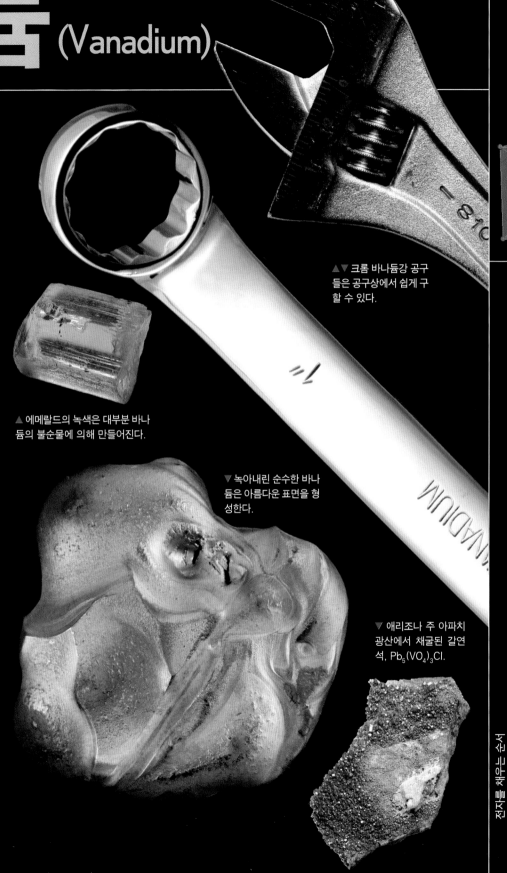

Elemental

원자량
50.9415
밀도
6.110
원자의 반지름
171pm
결정구조

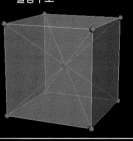

공구강(가공용 공구 제작에 사용되는 강철)과 고속도강(금속 재료를 빠른 속도로 절삭하는 공구에 사용되는 특수강)은 최고의 경도, 인성, 내마모성을 지닌 철(26) 합금이다. 이 특성은 탄화바나듐에 들어 있는 적은 양의 바나듐 때문에 나타난다. 바나듐강(鋼)은 티타늄(타이타늄(22))보다 무겁지만 훨씬 단단하다.

바나듐은 주로 강철 합금으로 사용하기 때문에 이를 철강 재료에 첨가해 만든 모합금인 페로바나듐(ferrovanadium)의 형태로 가장 잘 팔린다. 모합금에는 완성되었을 때의 상품보다 더 높은 비율의 바나듐이 들어 있지만 액체 철을 첨가하면 쉽게 녹는다. 반대로 순수한 바나듐은 녹는점이 훨씬 높다.

바나듐은 티타늄만큼 매력적이지 않고 시장에서 빈번히 오가는 이름도 결코 아니지만 눈에 띄게 새겨진 '바나듐'이라는 글자를 공구에서 주로 볼 수 있다. 티타늄이라고 적힌 상품들과 달리 그 공구들은 진짜 바나듐 합금강으로 만들어졌다. 비록 지금은 더 단단한 탄화텅스텐 절단 비트로 대체되었지만 바나듐 고속도강은 꾸준히 산업 분야의 기계 가공을 이끌어가고 있으며 모든 가정의 작업장에서 드릴과 라우터 비트, 소켓 렌치, 펜치 등으로 사용되고 있다.

바나듐은 항상 힘이나 근성과 관련된 일을 한다. 하지만 바나듐은 우아한 모습도 지니고 있다. 바나듐의 불순물은 몇 가지 종류의 에메랄드가 녹색 빛을 띠도록 만들어준다(반면, 다른 성실한 소수의 원소들은 한군데 모여 녹주석으로 알려진 베릴륨 알루미늄 규산염의 결정인 에메랄드를 아름답게 만든다).

바나듐이 몇 가지만의 에메랄드를 녹색으로 만든다면 다른 녹색 에메랄드의 색은 누가 만들까? 바나듐의 가까운 이웃인 크롬(크로뮴)이 그 역할을 담당한다.

◀ 이 세련된 바나듐 조각품은 사실 원통형 바나듐을 선반으로 잘라낸 작은 조각이다.

▲▼ 크롬 바나듐강 공구들은 공구상에서 쉽게 구할 수 있다.

▲ 에메랄드의 녹색은 대부분 바나듐의 불순물에 의해 만들어진다.

▼ 녹아내린 순수한 바나듐은 아름다운 표면을 형성한다.

▼ 애리조나 주 아파치 광산에서 채굴된 갈연석, $Pb_5(VO_4)_3Cl$.

전자를 채우는 순서
원자 방출 스펙트럼
물질의 상태

Cr

24

크롬 크로뮴 (Chromium)

1950~1960년대 자동차 산업은 크롬의 시대였다. 당시 너도나도 다량의 질 좋은 크롬으로 자동차를 치장하기 바빴다(말 그대로 범퍼에는 다량의 크롬이 들어갔다). 이런 형태의 크롬이 사실상 우리가 일상에서 볼 수 있는 순수한 크롬의 전부라고 할 수 있는데 이것은 더 두꺼운 니켈(28) 층 위에 매우 얇은 크롬층을 전기도금한 것이다. 크롬을 이용하면 철(26), 아연(30), 황동, 심지어 플라스틱 위에도 전기도금을 할 수 있다.

우리가 순수한 형태의 크롬을 보려면 현미경을 이용해 매우 미세한 층을 봐야 한다. 크롬은 철, 니켈과 합금을 이루어 스테인리스강(鋼)의 핵심 재료가 되며 몇 가지 스테인리스 합금에서는 무려 1/4의 중량을 차지한다. 또한, 크롬은 이웃인 바나듐(23)과 함께 크롬바나듐강의 재료로도 자주 쓰인다. 어느 공구상에 가든 초승달 모양의 렌치, 소켓 세트, 또는 Cr-V 표시가 되어 있는 도구들을 금방 찾을 수 있다.

엄청난 윤기, 부식에 강한 저항력 등 그야말로 팔방미인이라고 할 수 있는 크롬 도금이 은 대신 장신구 제조에 쓰이지 않는 이유가 있다. 귀한 물건에 쓰기에는 가격이 너무 저렴하기 때문이다. 은색 광택이 필요한 일반 제품에는 크롬이 은을 대신한다. 오늘날 우리가 쓰는 식기들은 매우 사치스러운 경우가 아니고서는 모두 크롬을 기본으로 한 스테인리스강으로 만들어져 있다.

크롬은 산화크롬 그린이라는 매우 고급스러운 녹색 안료를 제공한다는 점에서 (33번 원소 비소로 만드는 패리스 그린과 혼동하면 안 된다) 예술가들로부터 그 가치를 인정받고 있다.

1만 년은 족히 넘은 동굴 벽화들에서 가끔 발견되는 인류 최초의 안료 중에는 크롬만 있는 것이 아니다. 망간(망가니즈)도 있다.

◁ 이 조각들은 두꺼운 판이 될 때까지 쌓아 도금한 크롬의 결과를 보여준다. 전해채취(electrowinning)로 불리는 이 공정은 용액에서 고순도의 크롬을 얻는 방법이다.

▲ 고순도 스퍼터링 타깃(반도체 산업에서 쓰이는 박막 형성용 부품)에서 결정 구조를 눈으로 볼 수 있다.

◁ 크롬 바나듐 소켓 렌치에는 그 화학적 조성이 자랑스럽게 새겨져 있다.

▷ 이 세상의 어떤 물질이든 크롬으로 도금할 수 있다.

▷ 산화크롬의 녹색은 물감과 유약에 흔히 있는 색소다.

초고순도로 증착된 크롬 결정.

▷ 보통의 스테인리스강은 크롬이 약 20% 함유되어 있다.

Elemental

원자량
51.9961
밀도
7.140
원자의 반지름
166pm
결정구조

전자를 채우는 순서
원자 방출 스펙트럼
물질의 상태

Mn

25

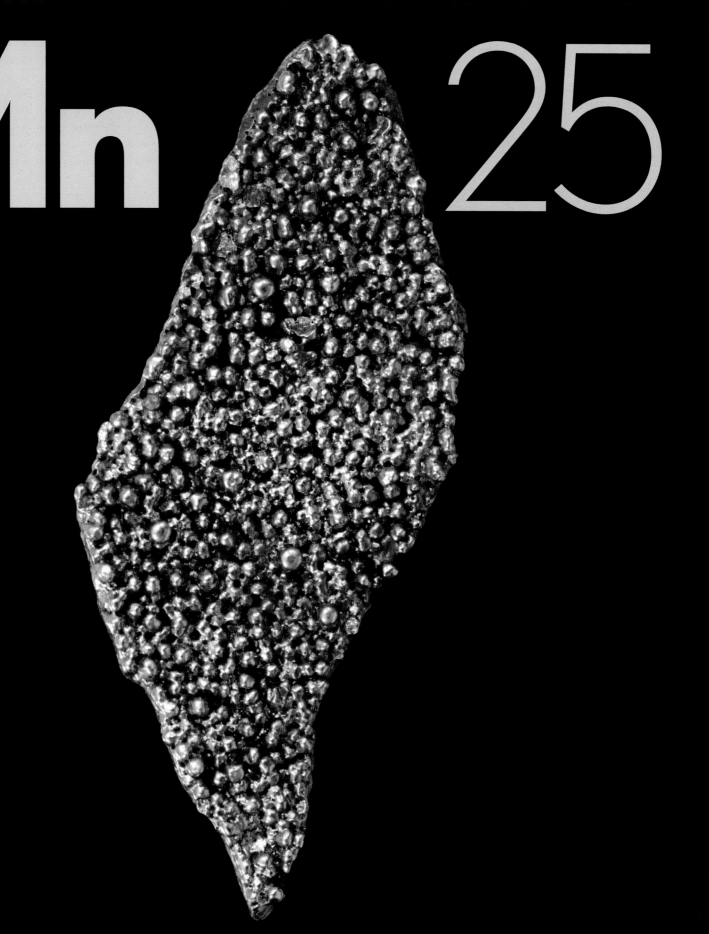

망간 망가니즈 (Manganese)

Elemental

원자량
54.938049
밀도
7.470
원자의 반지름
161pm
결정구조

붉은 산화철과 함께 검은 산화망간은 인류가 일찍부터 사용한 안료로, 17,000여 년 전의 동굴 벽화에서 발견되었다. 하지만 이 기나긴 역사를 지닌 망간의 가장 흥미로운 일화는 바로 얼마 전에 있었다.

1970년대 중반은 심해에서 망간 단괴를 채집해 부를 창출할 수 있다는 기대와 흥분이 만연하던 때였다. 이때 하워드 휴즈라는 괴짜 억만장자가 하와이 북서부 대양의 바닥을 탐사해 풍부한 망간단괴를 채취할 목적으로 휴즈 글로마 익스플로러(Hughes Glomar Explorer)라는 특수 선박을 투입하면서 소위 '망간 러시'의 물꼬를 텄다.

그러나 이 모든 것은 완전한 사기극이었다. 사실 휴즈는 치밀한 냉전 책략을 위해 중앙정보부(CIA)로부터 고용된 인물이었으며 글로마 익스플로러의 본 목적은 당시 침몰했던 러시아의 K-129라는 탄도미사일 잠수함을 끌어올리는 것이었다. 음모론에 열광하는 부류가 아니고서야 누구도 이를 정치적 공작으로 상상하지 못할 만큼 빈틈없이 정교하게 조작된 시나리오가 없는 한, 그 대양에서 벌이는 어떤 종류의 심해 탐사도 시작하자마자 의혹을 살 것이라는 사실을 그들은 알고 있었던 것이다. 하지만 결과는 뻔했다.

망간 단괴는 여전히 대양 바닥에 존재하지만 어느 누구도 이 망간 단괴로 부를 창출해낸 적은 없으며 앞으로도 없을 것이다. 중앙정보부도 그들이 바라던 것을 얻지 못했다. 기밀 문서가 보존되어 있던 잠수함의 일부가 끌어올려지면서 산산조각났고 결국 얻은 거라곤 어뢰 몇 발과 군인으로서의 명예를 품에 안고 수장된 6구의 러시아 선원들의 시신뿐이었다.

어쨌든 망간은 합금 제조에 주로 응용되는 매우 유용한 원소라는 것을 알아두는 것이 좋겠다. 합금의 주요소 중에는 다음에 다룰 원소인 철도 있다.

▲ 여러 골프채에 사용된 적 있는 수십 가지 별의 별 희한한 원소들과 마찬가지로 이 골프채에 쓰인 망간도 스코어에 좋은 영향을 미칠 일은 없을 것이다.

▲ 이 고전풍의 광택 타일은 산화망간이 검정색 안료로 사용되는 모습을 보여준다.

▼ 근사해 보이는 이 능망간석(탄산망간)의 결정은 저자가 어느 광물 판매상과 약 100개의 광물과 맞교환한 것이다.

◀ 이 거친 석판들은 충분히 분리될 정도로 금속이 응집될 때까지 망간 용액을 전기도금하는 방법으로 만들어진 것이다. 울퉁불퉁한 표면은 저항이 가장 작은 경로를 따라 전류가 흐르면서 자연스럽게 생긴 것이다.

▶ 면도칼에서 보듯이 망간강은 특유의 날렵한 날을 세울 수 있다는 점에서 각광받고 있다.

◀ 심해에서 채집된(가치가 있든 없든) 진짜 망간 단괴.

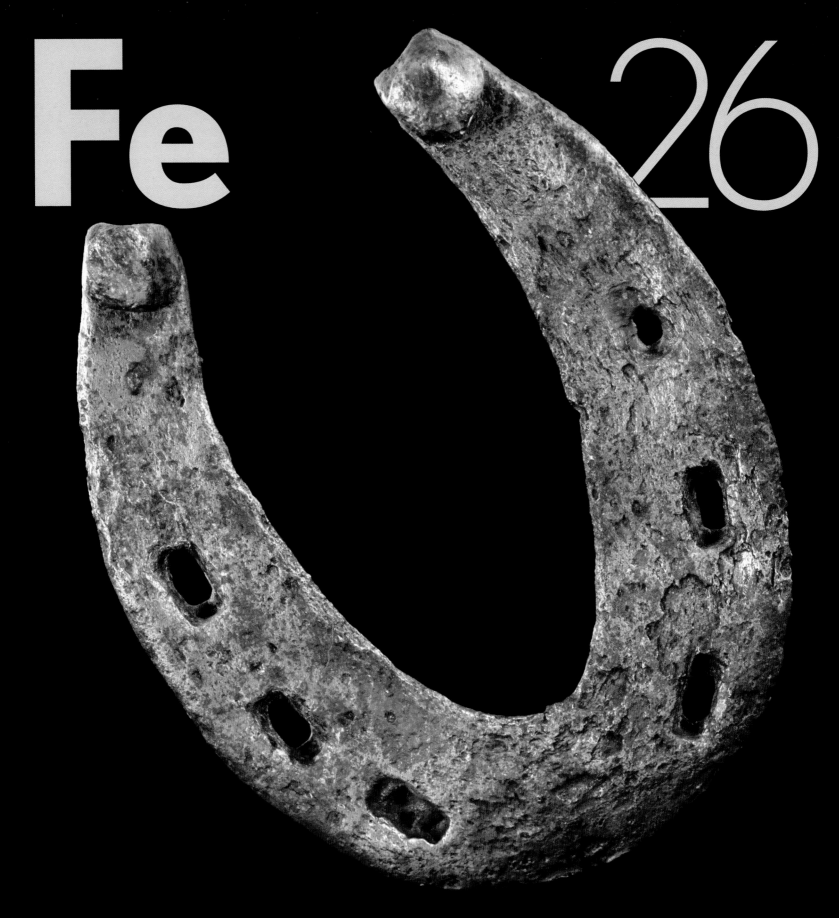

Iron **Fe** 26

철 (Iron)

철은 자기 이름을 딴 시대(철기시대)가 있는 유일한 원소다(석기, 청동기 등 다른 시대들의 이름은 각각 여러 화합물들이 뒤섞인 각양각색의 혼합물이거나 합금에서 따온 것이다). 철은 찬사받을 만한 충분한 자격이 있다. 만약 각 시대마다 이름을 붙일 때 해당 시대의 도구 제작의 기초가 되는 재료로 정한다면 철은 말이 필요 없을 정도로 독보적인 존재이기 때문이다. 현 인류는 여전히 철기시대에 머물러 있다고 해도 과언이 아니다.

사람들이 알루미늄(13)이나 티타늄(타이타늄(22))과 같은 금속을 더 가볍다, 더 튼튼하다, 부식에 더 잘 저항한다 등과 같이 묘사할 때 이는 오직 철을 비교해 말하는 것이다. 그 정도로 철강 형태의 철은 산업에서 큰 역할을 하는 금속이다. 엄청나게 크거나 무지하게 튼튼한 뭔가를 만들고 싶은데 무엇을 써야 할지 막막할 때는 단 한 가지 선택밖에 없다. 철이다 (다만, 만들려는 것이 비행체라면 이야기가 달라진다. 이 경우, 무게가 문제가 되기 때문에 더 가볍고 비싼 금속이 필요하다).

철이 부식에 약하다는 사실은 화학계가 매년 '울며 겨자 먹기' 식으로 천문학적 비용을 소모하게 만드는 최대 주범이다. 하지만 불행 중 다행으로 철은 비용이 매우 저렴하고 고도의 진동에도 견디는 엄청난 견고함이 있고 굉장한 인장 강도와 미세한 조정까지 가능해 놀랄 만큼 다양한 종류의 합금에 사용된다. 용접, 기계화, 단조, 상온 가공, 반복 불림, 견고화, 담금질, 열의 흡수 등이 쉽다는 점, 작업 과정에서 요상한 모양으로 만들거나 무리하게 불려도 대부분의 경우 쉽게 진행할 수 있다는 점에서 철을 따라올 금속은 없다.

철이 금속으로서 매우 중요하다고 해서 수많은 생명체들에게 필수적이고 중대한 역할을 한다는 사실을 잊어선 안 된다. 철 원자는 헤모글로빈 단백질의 핵 속에 들어 있으며 우리 몸의 피 속에서 산소를 공급하는 역할을 하고 있다. 철은 이런 이유로 인체의 가장 필수적인 부(副) 성분 중 하나다.

금속 이온은 중요한 효소들의 핵에서 종종 발견할 수 있다. 헤모글로빈에는 철이 있지만 이와 매우 비슷한 식물의 엽록소 분자에는 마그네슘(12), 거미나 투구게의 푸른 피에는 구리(29)가 있다. 그리고 비타민 B_{12}의 핵에는 코발트가 있다.

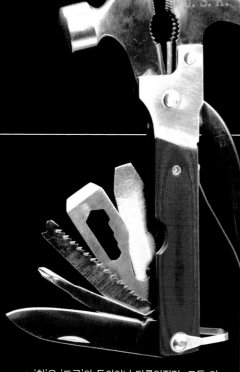

▲ '철'은 '도구'와 동의어나 다름없지만, 모두 위 사진처럼 경이로움을 주는 것은 아니다.

◀ 일반적인 쇠 말굽 자석들은 오늘날 쓰이는 자석들과 비교하면 약하다.

▼ 주철 난로 판매 영업을 하는 사람이 가지고 다니는 실제 주철로 만든 샘플.

◀ 도축업자들이 쓰는 스테인리스강 쇠사슬 장갑.

▲ 손님들을 세인트 루이스 아치 관문(St. Louis Gateway Arch) 위로 끌어 올려 주는 강철 케이블의 일부.

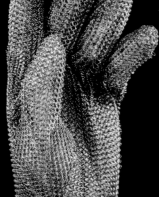

◀ 중세의 이 말발굽에서 수 세기 동안 천천히 부식되어 생긴 점식을 볼 수 있다.

▲ 고속도강 밀링 비트.

원자량
55.845
밀도
7.874
원자의 반지름
156pm
결정구조

전자를 채우는 순서

원자 방출 스펙트럼

물질의 상태

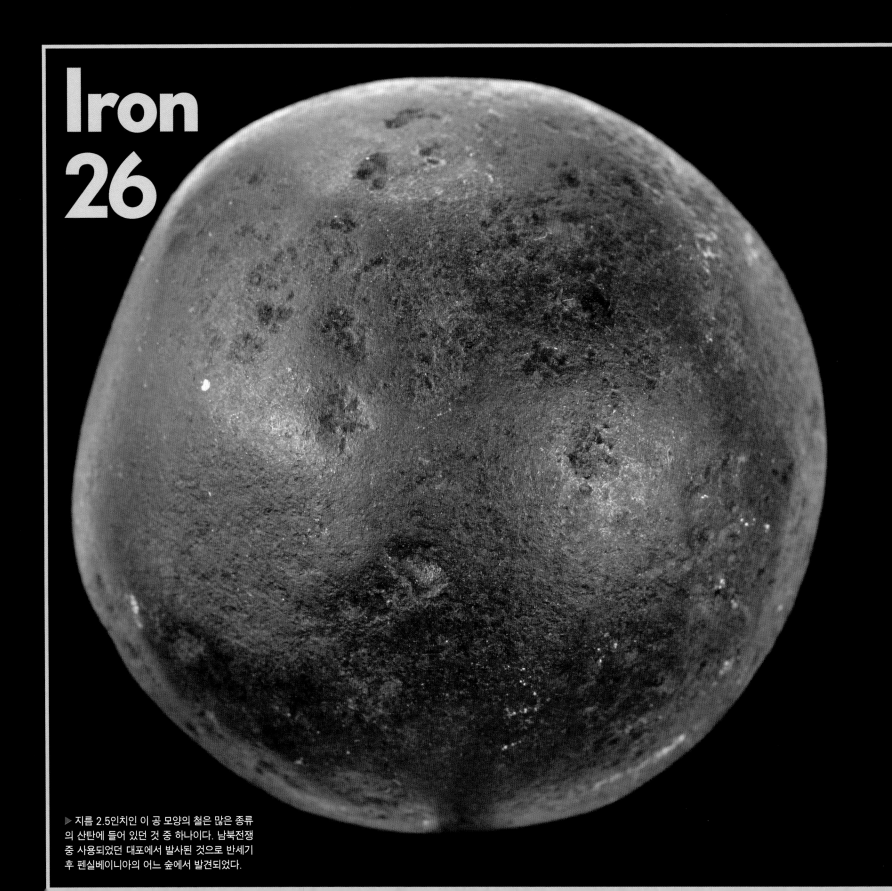

Iron
26

▶ 지름 2.5인치인 이 공 모양의 철은 많은 종류
의 산탄에 들어 있던 것 중 하나이다. 남북전쟁
중 사용되었던 대포에서 발사된 것으로 반세기
후 펜실베이니아의 어느 숲에서 발견되었다.

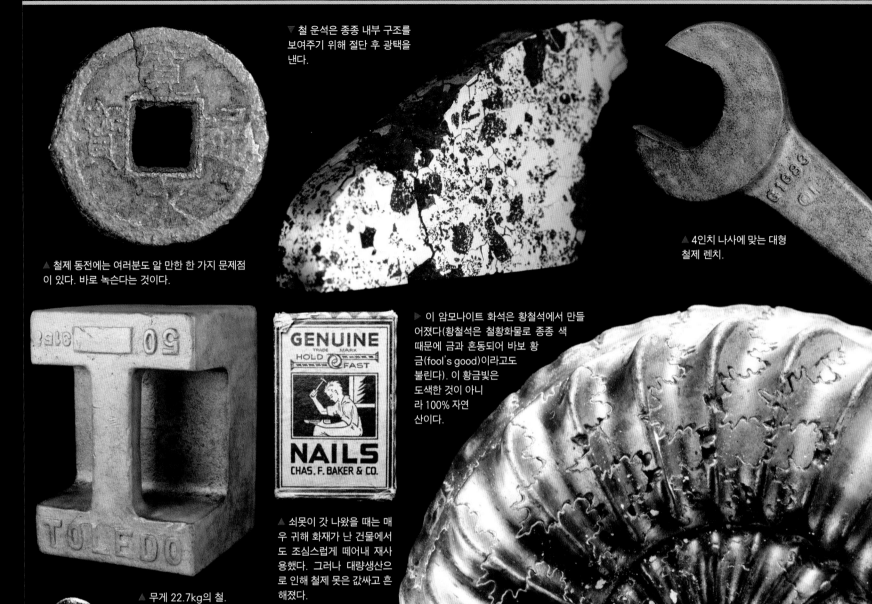

▼ 철 운석은 종종 내부 구조를 보여주기 위해 절단 후 광택을 낸다.

▲ 철제 동전에는 여러분도 알 만한 한 가지 문제점이 있다. 바로 녹슨다는 것이다.

▲ 4인치 나사에 맞는 대형 철제 렌치.

GENUINE
TRADE MARK
HOLD FAST
NAILS
CHAS. F. BAKER & CO.

▶ 이 암모나이트 화석은 황철석에서 만들어졌다(황철석은 철황화물로 종종 색 때문에 금과 혼동되어 바보 황금(fool's good)이라고도 불린다). 이 황금빛은 도색한 것이 아니라 100% 자연산이다.

▲ 무게 22.7kg의 철.

▲ 쇠못이 갓 나왔을 때는 매우 귀해 화재가 난 건물에서도 조심스럽게 떼어내 재사용했다. 그러나 대량생산으로 인해 철제 못은 값싸고 흔해졌다.

▶ 주철로 만든 취사 도구는 무겁지만 쉽게 부서지지 않는다.

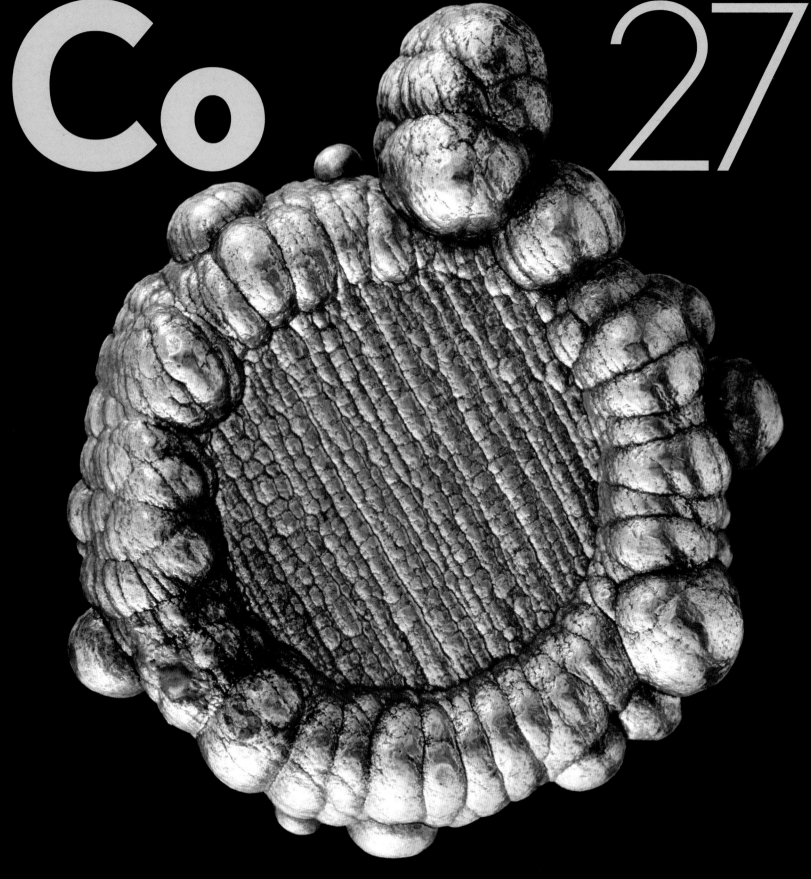

Co

27

코발트 (Cobalt)

나의 이 감정을 사람들이 얼마나 공감할지는 모르겠지만 코발트는 수년간 나를 초조하게 만드는 원소였다. 이 원소는 나를 포함한 많은 사람들의 기억에서는 핵폭발로 인한 방사능 낙진(폭발 등으로 생겨나 주변의 땅 위에 떨어지는 가루 형태의 물질)과 관련이 있다. 그러나 그것은 특정 동위원소 ^{60}Co(코발트-60)을 말하는 것이다. 이것은 고방사성 동위원소이고 1950년대에 대기권 핵폭탄 실험에서 발생한 치명적인 방사능 낙진이기도 하다. 하지만 보통 코발트는 전혀 방사성이 없다.

사실 코발트는 다소 평범한 금속으로 니켈(28)과 모양이 비슷하고 주기율표에서 이웃하는 다른 원소들처럼 합금강의 요소로 쓰인다. 코발트강은 드릴과 밀링 비트로 쓰일 만큼 단단하고 튼튼한 합금 중 하나다.

유리 장신구에 관심이 많다면 코발트유리의 짙은 청색에 대해 알 것이다. 이것은 유리병에도 쓰이지만 전기 절연체에도 쓰인다(그리고 무슨 이유인지 오래된 전화선, 전력선 그리고 철로의 신호기에서 열심히 수집된 유리 절연체는 이베이에서 놀라울 정도로 높은 가격에 팔리고 있다).

유리에 미량의 코발트 화합물이 더해져 나타나는 파란색은 값싼 유리병이나 비싼 가격에 팔리는 골동품 절연체보다 더 중요하게 쓰이는 곳이 따로 있다. 분광기 측정에 방해가 되는 나트륨(11)의 매우 강한 노란빛을 코발트블루 필터가 걸러내고 다른 색의 빛은 통과시키는 것이다.

코발트는 이웃사촌인 니켈과 화학적으로 조금 비슷하다. 그러나 니켈의 지위가 더 높다. 미국인들의 주머니 속에서 자주 발견되기 때문이다.

◁ 코발트유리 전화선 절연체.

▲ 코발트 전해 채취 단괴.

▲ 산화코발트 알루미늄은 수 세기 동안 중요한 도료로 사용되고 있다.

▶ 코발트강은 밀링 비트로 널리 쓰인다.

◁ 코발트 전해 채취 버튼, 장기간에 걸친 전기도금으로 생겨났다.

▲ 보기 드문 엷은 코발트블루색의 유리 절연체.

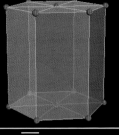

원자량
58.9332
밀도
8.9
원자의 반지름
152pm
결정구조

전자를 채우는 순서

원자 방출 스펙트럼

물질의 상태

Nickel

Ni

28

니켈 (Nickel)

니켈은 동전을 만드는 데 널리 쓰이고 있다. 미국에서는 동전이 별다른 부가적 조건 없이 '니켈'이라고 불리고 있듯이 '니켈'이라는 단어는 원소와 명칭 모두에 쓰이고 있다. 당신에게 새롭지 않은 정보겠지만 말이다.

순수한 니켈은 우리 일상 곳곳에서 찾아볼 수 있다. 이는 철(26)이 녹스는 것을 방지하기 위해 도금을 하거나 노란 황동을 무색으로 만들 때 사용된다. 또한, 많은 양이 자동차 범퍼를 도금하는 데 쓰인다. 이것은 꽤 높은 가치를 가지고 있어 범퍼에 쓰이기 전 무장 경비원이 지키는 특별한 창고에 보관된다(한 개의 범퍼에 약 0.45kg이 사용되고 시장가격의 변화에 따라 5~25달러의 가격이 매겨진다).

항상은 아니지만 종종 니켈층은 얇은 크롬(크로뮴(24))으로 덮여 있다. 보통의 니켈 도금은 실용적인 용도로 많이 쓰이는데 크롬층은 단지 더 밝게, 거울 같은 반짝임을 니켈에게 부여하는 외형적인 역할밖에 없기 때문이다. 녹슬지 않게 하는 것은 전적으로 니켈층의 역할이다.

또한, 니켈은 스테인리스강의 구성요소이며 더 주목을 끌 만한 사실은 제트엔진에 쓰이는 니켈–철 초합금의 핵심 성분이라는 것이다. 이 초합금은 고온에서도 높은 강도를 유지할 수 있어 제트엔진의 배기가스 통로에 사용된다. 티타늄(타이타늄(22))은 중량이 가벼워 엔진의 냉각기 부분에 쓰이지만 지독히 힘든 일들은 니켈–철 초합금에게 맡기는 것이 최선의 선택이다.

미국의 니켈 동전 안에 들어 있는 실제 니켈은 사실 약 25%다. 나머지는 화폐를 주조할 때 오래 전부터 가장 애용되는 금속인 구리다.

원자량
58.6934
밀도
8.908
원자의 반지름
149pm
결정구조

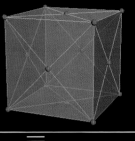

◀ 이런 니켈·크롬 덩어리는 전기 도금 작업에서 갑자기 절연 현상이 발생할 때 생겨난다. 이것은 도금 산업의 아름다운 골칫거리다.

▶ 니켈-카드뮴 배터리는 리튬 배터리에게 자리를 내주고 있다.

◀ 하스텔로이 C 니켈 합금으로 만든 화학약품을 섞을 때 쓰이는 프로펠러.

◀ 니켈 도금된 고풍스러운 디자인의 천칭.

◀ 네모나게 잘린 니켈 전해 채취판은 전기 도금선에서 양극(+)으로 쓰인다.

▶ 니켈 도금의 광택은 수갑조차 아름다워 보이게 한다.

전자를 채우는 순서: 1s 2s 2p 3s 3p 4s 3d 4p 5s 4d 5p 6s 4f 5d 6p 7s 6d 7p

원자 방출 스펙트럼

물질의 상태: 0 500 1000 1500 2000 2500 3000 3500 4000 4500 5000 5500

Cu 29

구리 (Copper)

원자량
63.546
밀도
8.920
원자의 반지름
145pm
결정구조

구리는 경이로운 녀석이다. 경이롭다는 말 외에는 달리 표현할 말이 없다. 다른 여러 원소들은 가끔 옥에 티가 있다. 모든 점에서 훌륭하지만 독성이 있거나 완벽한 것 같지만 물에 닿으면 폭발하는 원소들이 있다. 하지만 구리는 옥에 티라고 할 만한 흠이 전혀 없다. 모든 면에서 완벽하다.

구리는 인체에 치명적일 수도 있지만 그렇게 되려면 꽤 유별난 노력이 필요하다. 많은 양의 황산구리를 먹거나 구리 컨테이너 속에 오래 보존되어 있던 산성 음식을 주기적으로 먹어야 하니 말이다. 구리로 만든 물건에 장기간 접촉해 다치는 경우는 드물다. 사실 구리는 항균성이 있어 감염균이 옮을 수 있는 병원 문손잡이나 그 밖에 다른 물건의 표면으로 유용하게 쓰인다(구리 팔찌가 신비한 치유 능력을 가지고 있다는 등의 주장은 물론 아무 근거도 없는 소리다).

구리는 수공구(手工具)나 가벼운 전동 도구로 다룰 수 있을 정도로 부드럽지만 청동을 만들기 위해 주석(50), 황동을 만들기 위해 아연(30)과 합금하면 다양한 상황에서 유용하게 사용될 수 있을 정도로 견고해지기도 한다. 구

리는 세계 곳곳에서 금속 본연의 형태로 발견되기 때문에 최초의 실용적인 금속들 중 하나가 되었다(이런 이유로 '청동기시대'인 것이다. '구리 합금기 시대'보다 듣기 좋지 않은가?).

구리가 회색을 거의 띠지 않는 금속 중에서 유일하게 합리적인 가격을 가진 금속이라는 점은 주목할 만하다. 세슘(55), 금(79), 구리를 제외한 수백 가지 금속 원소들은 대부분 은빛 회색 빛깔을 띤다. 구리는 고대부터 보석 세공에 이용되어 왔는데 유일한 결점은 색이 천천히 변한다는 점이다. 반면, 구리보다 6천 배나 값비싼 금은 광택이 영구적으로 유지된다(장신구로서 세슘의 가장 큰 취약점은 피부와 접촉할 때 폭발해버린다는 것이다).

고대인들에게는 알려지지 않았지만 구리는 또 다른 훌륭한 특성이 있다. 모든 금속들을 통틀어 두 번째로 높은 전기 전도성을 가진다는 점이다. 많은 양의 구리가 전기 배선에 사용된다. 현대 들어서도 청동기시대와 마찬가지로 구리 역할의 비중이 높은 셈이다.

구리만큼 훌륭한 원소는 아니지만 나는 다음 원소인 아연에 대해서도 계속 관심을 가질 것이다.

◀ 구리 합금인 황동은 먼 옛날부터 오늘날까지 장식품에 사용되고 있다.

▲ 순수한 구리로 저자가 직접 주조한 작은 '주기율표' 모양의 탁자.

▶ 구리 세공인들은 구리 판을 재료로 컵이나 항아리 등을 수작업으로 직접 제작한다.

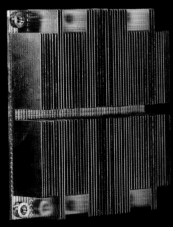

◀ CPU 칩에 쓰이는 견고한 구리 방열판.

▶ 청동은 세계 곳곳에서 미술품이나 조각품으로 사용된다. 이것은 육중한 청동으로 만든 중국풍의 값싼 장식품이다.

◀ 한 짜임에 네 번 엮은 페르시아 양식의 팔찌. 구리 전선으로 만들었다.

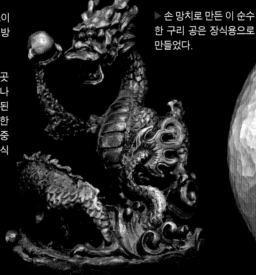

▶ 손 망치로 만든 이 순수한 구리 공은 장식용으로 만들었다.

전자를 채우는 순서
1s 2s 2p 3s 3p 4s 3d 4p 5s 4d 5p 6s 4f 5d 6p 7s

원자 방출 스펙트럼

물질의 상태

Copper
29

▲ 구리 전해채취단괴.

▲ 구리로 만든 일본의 대형 기념 메달.

◀ 동전에 웬 돼지가? 버뮤다 섬에서 이 동물의 중요성을 기념하기 위해 발행한 동전이다.

◀ 구리 전선은 400A(암페어)를 충분히 전송할 정도로 두껍다.

◀ 납땜으로 연결된 구리 파이프들은 고가여서 낡은 건물들을 해체할 때 도둑들이 흔히 훔쳐간다.

◀ 구리 귀걸이. 구리로 만든 고리는 알레르기가 있는 사람에게 문제가 될 수 있다.

▼ 구리는 일부 사람들이 투자를 위해 금괴 형태로 만들자고 제안할 정도로 값비싸졌다.

ONE KILOGRAM
COPPER BULLION
999 FINE

WWW.GOLDFORTOMORROW.COM

Zn

30

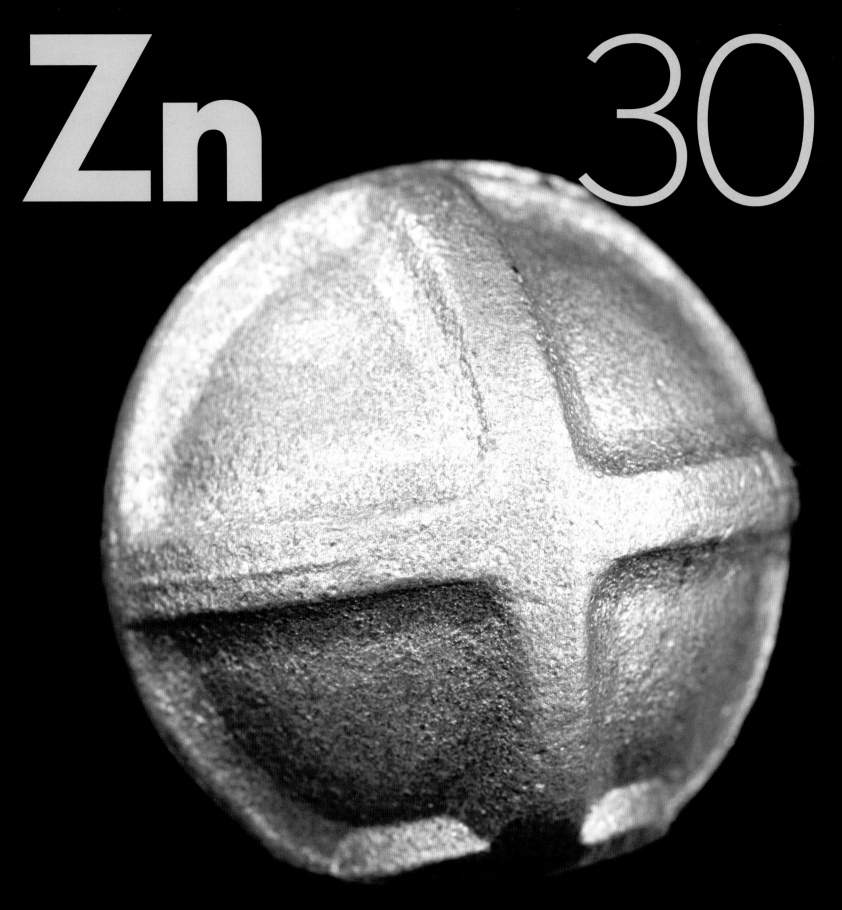

아연 (Zinc)

원자량
65.409
밀도
7.140
원자의 반지름
142pm
결정구조

조상들이 최초로 주조할 수 있었던 금속은 아마도 납(82)이나 청동으로 알려진 구리(29) 합금이었을 것이다. 그러나 내가 처음 주조했던 금속은 아연이었다. 요즘 아이들이 금속 주조를 배운다면 납이나 주석(50)으로 시작할 것이다. 납은 양철 병정 장난감을 만드는 재료였지만 이제는 플라스틱으로 모두 대체되었다. 내 아버지와 할아버지가 젊은 시절에 가졌던 공통된 취미는 바로 이들을 집에서 주조하는 것이었다.

하지만 내가 그런 전통을 이어가기에는 너무 늦었고 그나마 부엌에 있는 전자레인지로 녹일 수 있을 정도로 녹는점이 낮은 금속은 아연뿐이었다(지붕의 빗물받이나 1983년에 만들어진 1센트 동전에서 이 금속을 찾을 수 있었다). 아연은 주조용으로 매우 유용하다. 실제로 아연은 특별히 튼튼할 필요가 없는 부분을 주조할 때 쓰이는 저렴한 '청동'(구리와 납의 합금)의 중요한 구성 요소다.

1센트 동전을 구리 대신 아연으로 만드는 이유는 간단하다. 1센트짜리 동전을 만드는 데 필요한 구리 값은 1센트가 넘기 때문에 더 이상 1센트 동전의 주조에 구리를 쓰지 않게 되었다. 2008년에는 아연 가격도 1센트를 넘어 값싼 동전을 주조하기 위해 아연 대신 알루미늄을 사용할지에 대한 진지한 논쟁이 벌어졌다. 알루미늄은 값어치가 낮은 동전에 쓰기에는 만만한 재료이다(그보다 더 나은 해결책은 1센트 동전을 없애버리는 것일지도 모른다).

값싼 아연을 주원료로 만든 물건들은 가치를 인정받지 못하지만 희생양극(특정 금속의 산화를 방지하기 위해 산화력이 더 강한 금속을 표면에 바르는 것)으로 사용될 때의 아연의 노고도 잊지 말아야 한다. 아연판은 가교나 철길, 또는 큰 선체의 금속 구조물에 전기적으로 연결되어 있는데 여기서 아연의 역할은 서서히 녹아 없어짐으로써 전위 값을 변화시켜 자신보다 값어치 있는 금속인 철(26)의 산화를 방지하는 것이다. 양극이 자신의 역할을 다하면 새로운 아연이 다시 주목받지 못한 채 그 자리를 대신한다.

원소주기율표에서 오른쪽으로 이동하면 찾을 수 있는 갈륨은 더더욱 흥미로운 원소다(원소들에 관한 책에서조차 아연이 중요한 취급을 받지 못하다니 미안할 따름이다).

▲ 1982년 이후 주조된 미국 1센트 동전. 절단면을 보면 내부가 아연임을 알 수 있다.

▲ 일반적인 가정용 볼트는 대부분 아연으로 도금되어 있다.

▲ 예전 배터리에 사용되었던 아연 전극을 저자가 최근에 다시 만든 것이다.

◀ 능아연석(아연 탄소화합물).

◀ 저자가 어릴 때 서툴게 만든 아연 주조물.

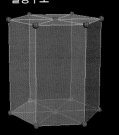

▲ 아연으로 만든 보청기 배터리에 뚫린 공기 구멍들을 주목하라.

◀ 아연으로 된 희생양극은 철로 된 선체, 철로, 철제 탱크의 부식을 방지하는 데 사용된다. 아연이 철보다 빨리 산화되기 때문에 먼저 부식된다.

전자를 채우는 순서
1s |2s| 2p |3s| 3p |4s| 3d |4p| 5s |4d| 5p |6s| 4f |5d| 6p |7s| 5f| 6d| 7p

원자 방출 스펙트럼

물질의 상태

500 1000 1500 2000 2500 3000 3500 4000 4500 5000 5500

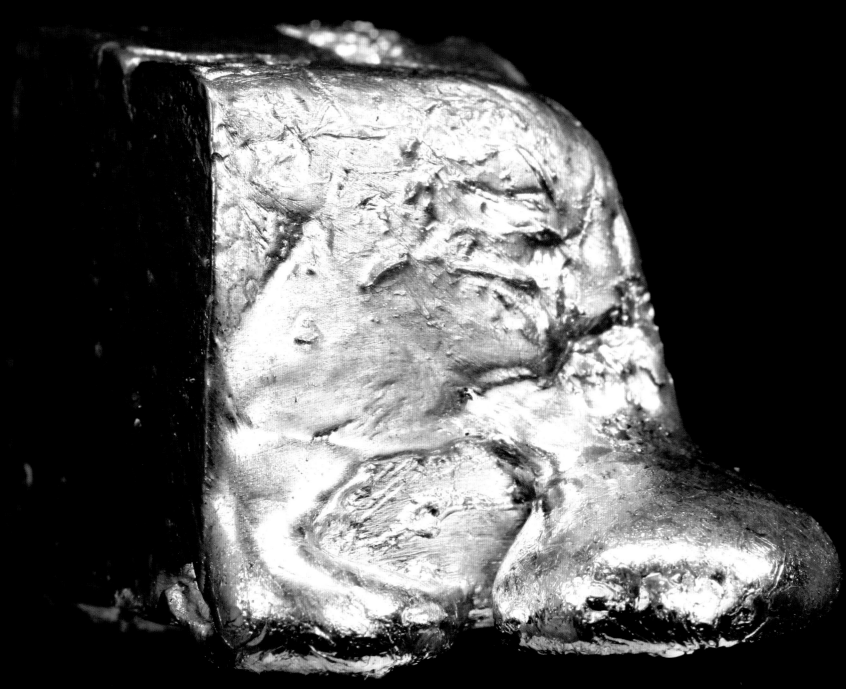

Gallium

Ga

31

갈륨 (Gallium)

수은(80)은 종종 상온에서 액체로 존재하는 유일한 금속 원소로 불리는데 이는 기후와 관련된 편견을 여실히 보여준다. 서늘한 날이 별로 없는 열대 지방에서는 갈륨과 세슘(55)도 액체 상태이며 각각 29.76℃와 28.44℃에서 녹는다. 심지어 알래스카에서 갈륨은 손에서도 녹는다. 매우 이색적인 경험이지만 한 번 해보면 다시 하고 싶진 않을 것이다. 갈륨은 독이 있다고 알려져 있진 않지만 피부를 어두운 갈색으로 변색시키므로 피부에 닿지 않도록 비닐봉지 안에 보관하는 것이 안전하다.

갈륨 특유의 낮은 녹는점은 -19℃까지 액체 상태로 존재하는 갈린스탄이라는 실용적인 합금을 만들어낸다. 갈린스탄이라는 명칭은 갈륨, 인듐(49), 주석(50)의 라틴어 명칭인 스타늄(stannum)의 첫 음절들을 따온 것이다. 오늘날 판매되는 체온계들은 외관상 수은 온도계와 비슷하게 생겼는데 사실 대부분 갈린스탄으로 채워져 있으며 이는 수은이 장기간 체온계 제작에 사용이 금지되었기 때문이다.

오늘날 갈륨의 가장 중요한 용도는 반도체 결정 제조이며 이는 다른 준금속이나 주기율표에서 준금속 근처에 있는 다른 원소들도 마찬가지다. 규소로 만든 반도체들은 몇 기가헤르츠(GHz) 범위에서 작동을 멈추지만 갈륨 비소화합물로 만든 회로들은 가장 높은 전자기파의 진동수인 250GHz에서도 정상적으로 작동한다.

갈륨은 대부분의 발광 다이오드에서 갈륨 비소화합물, 갈륨 질소화합물, 인듐 갈륨 질소화합물, 알루미늄 갈륨 질소화합물 등 다양한 화합물 형태로 쓰인다. 하지만 반도체로서의 갈륨의 유용성은 규소(14)로 만든 반도체의 핵심적이면서 다양한 역할이나 이웃에 있는 게르마늄 반도체의 역사적 역할과 비교하면 미미하다.

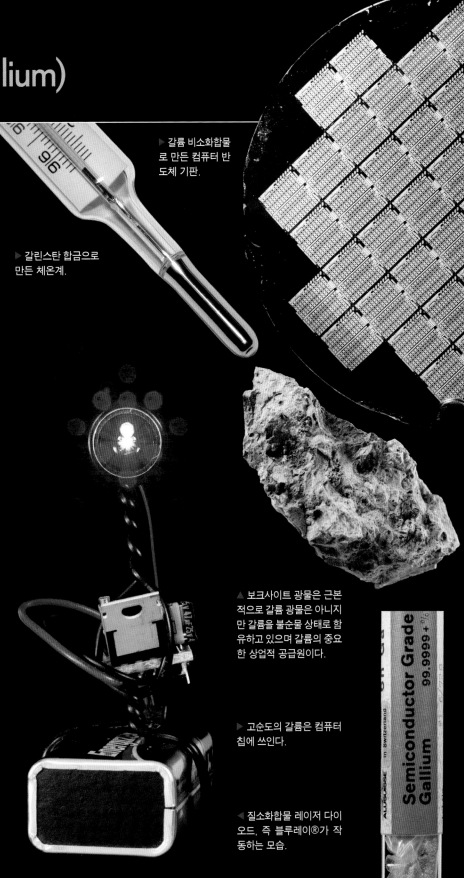

▶ 갈륨 비소화합물로 만든 컴퓨터 반도체 기판.

▶ 갈린스탄 합금으로 만든 체온계.

▲ 보크사이트 광물은 근본적으로 갈륨 광물은 아니지만 갈륨을 불순물 상태로 함유하고 있으며 갈륨의 중요한 상업적 공급원이다.

▶ 고순도의 갈륨은 컴퓨터 칩에 쓰인다.

◀ 질소화합물 레이저 다이오드, 즉 블루레이®가 작동하는 모습.

◀ 갈륨은 실온보다 약간 높은 온도에서 녹는다. 아름다운 정육면체가 헤어드라이어 한방에 초현실적인 모양으로 돌변했다.

Semiconductor Grade
Gallium
99.9999 + %
AUGÜSSE in Switzerland

원자량
69.723
밀도
5.904
원자의 반지름
136pm
결정구조

전자를 채우는 순서
1s 2s 2p 3s 3p 4s 3d 4p 5s 4d 5p 6s 4f 5d 6p 7s 5f 6d 7p
원자 방출 스펙트럼
물질의 상태
0 500 1000 1500 2000 2500 3000 3500 4000 4500 5000 5500

Ge

32

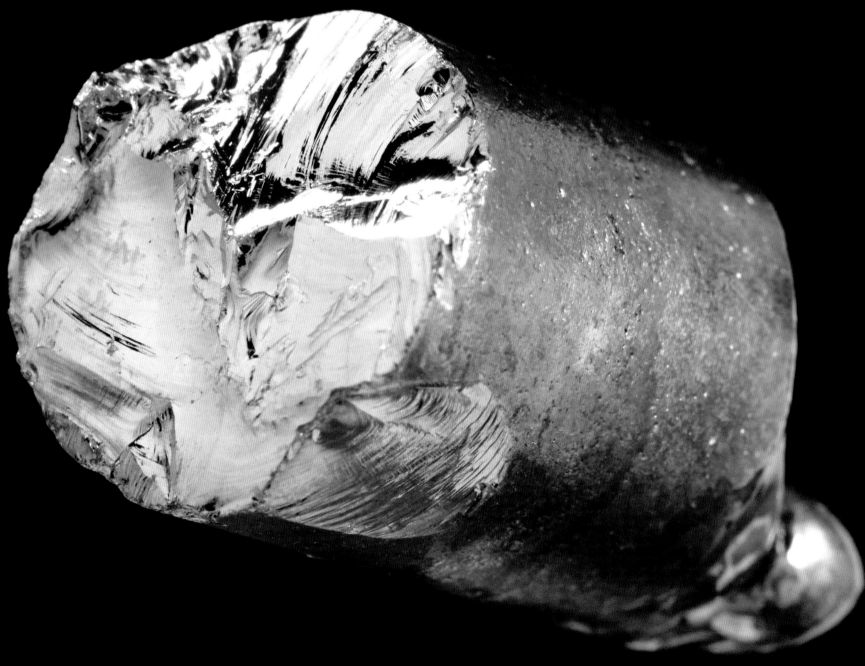

게르마늄 저마늄 (Germanium)

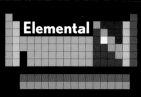

원자량
72.64
밀도
5.323
원자의 반지름
125pm
결정구조

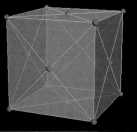

게르마늄이라는 이름은 한 근대국가에서 유래했으며 국가에서 유래한 이름을 가진 원소 중에서 유일하게 흔하면서도 안정적인 원소다. 프란슘(87), 폴로늄(84), 아메리슘(95) 등 다른 원소들은 훨씬 나중에서야 발견되었고 방사성이 있고 자연에서 눈에 잘 띄지도 않는다. 자국을 대표할 원소를 골라 이름을 지으려면 남들보다 먼저 고르는 것이 상책이다.

드미트리 멘델레예프가 1869년 최초로 원소들을 체계적으로 배열했을 때 그는 용감하게도 당시 발견되지는 않았지만 그 자리에 꼭 존재한다고 생각한 원소의 자리를 비워두었다. 그로부터 20년 후에 발견된 게르마늄은 멘델레예프가 예상했던 성질을 거의 그대로 갖고 있어 그가 만들었던 도표의 빈 자리를 채웠고, 이는 멘델레예프의 주기율표가 과학사에서 가장 중요한 발견 중 하나로 위치를 확고히 하는 데 기여했다.

게르마늄은 기술 발전사에서도 중요한 위치를 차지한다. 최초의 다이오드와 트랜지스터는 규소가 아닌 반도체의 성질을 띠는 게르마늄으로 만들어졌다. 규소로 만든 트랜지스터는 게르마늄으로 만든 트랜지스터보다 어떤 면에서는 성능이 더 좋지만 규소 반도체는 순도가 매우 높아야만 작동하는 단점이 있다. 반면, 게르마늄 트랜지스터는 20세기 중반의 기술로 만들 수 있는 낮은 순도에서도 작동하기 때문에 반도체 시대는 게르마늄 트랜지스터가 첫 막을 열 수 있었다.

특정 반도체 분야에서는 아직도 게르마늄을 쓰지만 현재 게르마늄은 주로 광섬유와 적외선 광학 분야에서 가장 각광받고 있다. 게르마늄으로 만든 렌즈는 불투명해 가시광선을 볼 수 없지만 적외선 빛을 받으면 투명해져 평소에는 볼 수 없는 적외선을 보도록 도와준다. 일본에서는 게르마늄이 치료용 입욕제 등 매우 이상한 목적으로도 많이 쓰인다.

독성으로 악명 높은 비소도 건강에 도움이 된다는 놀라운 이야기가 있다. 인간이 아닌 닭들에게만 그렇지만 말이다.

◀ 오래된 게르마늄 다이오드.

▲ 게르마늄은 가시광선에서는 불투명하지만 적외선을 받으면 투명해진다. 그래서 이 렌즈는 완벽히 불투명한데도 유용하게 쓰인다.

▼ 녹은 게르마늄이 식으면서 표면에 결정을 형성한다.

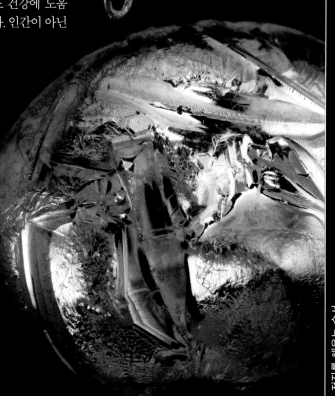

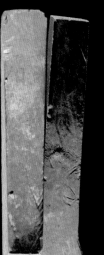

◀ 고순도의 게르마늄 결정 막대.

▶ 일본의 게르마늄 영양제와 입욕제. 엉터리가 대부분이다.

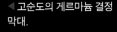

OXY GERMANIUM
Net 10g Powder

GERMANIUM BATH STONE

Slimstone

◀ 대량 상업용 게르마늄은 주괴 막대 모양으로 판매된다. 사진은 동강난 주괴 막대의 끝부분이며 부러져 내부의 결정 구조가 보인다.

전자를 채우는 순서
원자 방출 스펙트럼
물질의 상태

Arsenic **As**

33

비소 (Arsenic)

파리스 그린(Paris Green)이라고 불리는 아세트산아비산구리는 쥐약과 함께 화가들의 안료로도 쓰이는 몇 안 되는 화학물질이다.

비소를 생각하면 독이 떠오르기 때문에 식용으로 사육되는 닭들의 사료에 의도적으로 비소를 넣는다는 사실은 경악스럽게 느껴질 수 있다. 하지만 유기 비소 화합물이 순수 비소보다 독성이 낮으며 닭의 성장을 촉진하는 효과가 있는 것으로 밝혀졌다. 닭, 그리고 어쩌면 인간도 최적의 건강 상태를 유지하기 위해 미미한 농도의 비소가 필요하다는 몇몇 증거도 있다고 한다(위의 이야기가 어찌됐든 닭 모이 속의 비소가 특정 조건에서는 결국 다시 독성을 띠는 무기물 형태로 변환될 수 있다는 사실은 별로 놀랄 일은 아니다. 그렇기에 고의적으로도 닭에게 비소를 먹이는 것이 멍청하게 보인다면 정말 그런 것이다).

그 말만큼 멍청한 짓은 비소를 안료로 사용하려는 것이다. 파리스 그린, 또는 '에메랄드 그린'으로 알려진 이 안료는 19세기에 그 인기가 대단했다. 영국 빅토리아 시대의 유행을 선도했던 윌리엄 모리스는 몸소 앞장서 최신 합성 안료들과 함께 파리스 그린을 벽지에 사용할 것을 권장했다. 하지만 이는 곧 큰 문제를 초래했다. 습한 영국의 겨울 날씨에는 겨우내 벽지에 자라던 곰팡이들이 비소를 기체로 변질시켰으며 이로 인해 그 건물 안에 사는 사람들이 병들거나 심지어 죽기까지 했다. 초록빛이 많이 감도는 벽지일수록, 겨울이 더 습할수록 사람들은 더더욱 아팠다. 습기 찬 날씨가 건강에 좋지 않다는 일반적인 믿음은 이 녹색 벽지에서 유래하지 않았을까? 몸이 좋지 않은 사람이 건조하고 쾌적한 날씨를 가진 지역으로 몇 달 동안 살림을 옮기면 다시 건강을 되찾곤 하는데 그 이유는 쾌적한 날씨 덕분일까, 아니

면 비소가 가득 찬 습한 공기를 더 이상 마시지 않기 때문일까? 후자의 가능성에 대해 무지했던 당시 사람들은 순진하게도 전자라고 결론을 내렸다. 게다가 해변에서 한 달을 보내라는 의사의 권고를 누가 반박하고 싶겠는가?

미미한 농도의 비소가 필수 영양소라는 사실은 아직 논란의 여지가 있지만 다음에 소개할 원소는 영양소와 독 두 가지 성질 모두 가진 것으로 잘 알려져 있다.

▲ 파리스 그린이라고 불리는 아세트산아비산구리는 각기 색소와 쥐약 두 가지 용도로 유용하게 쓰인다.

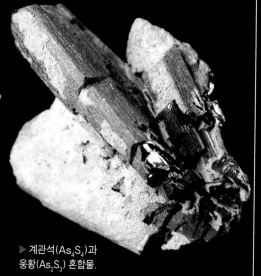

▼ 누가 왜 이런 깡통에 비소를 넣고 다녔는지 전혀 알 수 없다.

▲ 크롬화비산구리(CCA, Chromated Copper Arsenate)로 화학 처리된 목재는 오늘날 사용이 금지되었지만 여전히 도처에서 발견되고 있다.

▼ 이 갈륨 비소 극초단파 증폭기는 마치 도시와 같다.

▶ 계관석(As_4S_4)과 웅황(As_2S_3) 혼합물.

◀ 순수 비소 금속 입자로 가득 찬 유리 앰플.

Elemental

원자량
74.92160
밀도
5.727
원자의 반지름
114pm
결정구조

전자를 채우는 순서

원자 방출 스펙트럼

물질의 상태

Selenium **Se** 34

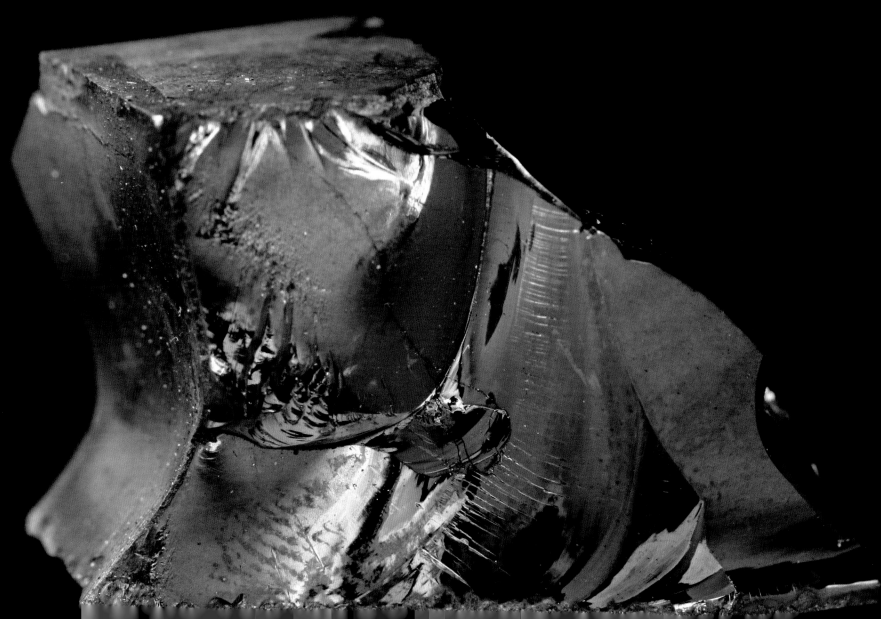

셀레늄 (Selenium)

Elemental

원자량
78.96
밀도
4.819
원자의 반지름
103pm
결정구조

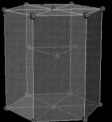

소량의 셀레늄은 몸에 필수적인 영양소가 되지만 많은 양을 섭취하면 독성을 띤다. 다른 몇몇 물질들도 이런 성향이 있지만 셀레늄이 특히 중요한 이유는 인간이나 동·식물은 자신들이 사는 토양에 농축된 셀레늄이 너무 많거나 적어 고통받는 경우가 일상적이기 때문이다.

로코초 등의 식물들은 일반적인 생물보다 더 많은 양의 셀레늄을 필요로 하므로 로코초가 많이 자란 토양은 다량의 셀레늄이 농축되어 있어 가축들에게 잠재적 위험이 될 수 있다는 사실을 암시해준다(셀레늄 자체를 비롯해 셀레늄과 무관하게 로코초가 자체적으로 만들어내는 '신경'독도 위험을 유발할 수 있다).

로코초에 중독된 가축 이야기는 그만하고 오늘날 셀레늄의 주 관심사는 그것이 빛에 어떻게 반응하느냐다. 복사기와 레이저 프린터 안에는 어두울 때 절연체, 밝을 때 전도체가 되는 셀레늄 코팅 원통이 들어 있다. 이미지에 노출되기 전에는 정전하가 원통에 고르게 퍼져 있다. 이미지가 밝은 곳에서는 셀레늄 코팅이 전도체가 되어 정전하가 빠져나가고 이미지가 어두운 곳에서는 정전하가 원통에 그대로 남는다. 그 다음 매우 미세한 검은 가루들이 원통에 떨어지고 정전하가 있는 곳에만 가루들이 붙어 처음 이미지의 복사본을 만든다. 종이가 원통을 지나면서 가열된 롤러가 압력을 가하여 가루를 종이에 묻힌다. 정말 머리 아플 정도로 까다로운 절차다. 이런 제로그래피(건식 전자 사진 복사의 한 방식)가 실제로 행해졌다는 사실이 놀라울 따름이다. 셀레늄 원통이 발명되기 전에는 이마저도 불가능했다.

한때 셀레늄 노출계는 진정한 사진작가라면 누구나 쓰던 필수품이었지만 디지털 카메라가 등장하면서 쓸모없는 물건으로 전락했다. 디지털 카메라는 수백만 개의 개별 빛의 입

자들(픽셀)의 결과를 하나의 이미지로 표현해준다. 그렇기에 적절한 양의 빛을 받고 있는지(적정 노출 상태인지) 아닌지에 대한 판단은 다른 부차적인 노출계를 이용하는 것보다 찍히는 이미지 자체를 기준으로 하는 것이 더 종합적이다.

다음으로 넘어가면 우리는 또다시 겨우 액체 상태를 유지하는 할로겐 원소를 만나는데 바로 브롬(브로민)이다.

▲ 셀레늄 유약은 이 꽃병에 특유의 붉은색을 띠게 한다.

▼ 셀레늄 정류기(다이오드)는 규소와 게르마늄(저마늄) 종류보다 먼저 쓰였고 훨씬 컸다.

FEDERAL

▲ 주형 안에서 냉각된 셀레늄은 신기한 표면을 띤다.

◀ 황화 셀레늄이 첨가된 샴푸.

◀ 한때 셀레늄은 사진에 색조와 농담(계조)을 주는 데 쓰였던 수많은 화학물질 중 하나다.

▲ 브라질 호두는 셀레늄 함량이 높기로 유명하다.

▼ 셀레늄 광전지는 사진 작가들의 노출계에 널리 쓰였다.

◀ 순수한 셀레늄의 깨진 결정.

Br

35

브롬 브로민 (Bromine)

원자량
79.904
밀도
3.120
원자의 반지름
94pm
결정구조

보편적인 실온에서 액체 상태로 존재하는 안정적인 원소는 딱 두 가지, 수은과 브롬이다. 수은(80)이 -38.8℃에서 357℃까지 무난하게 액체 상태를 유지하는 반면, 브롬은 끓는점이 59℃에 불과해 실온에서 겨우 액체 상태를 유지한다. 브롬의 낮은 끓는점에 대해 이야기를 더 하자면 브롬은 실온에서도 고작 1분도 못 견디고 불그스름한 보랏빛 증기로 증발할 정도다(수은도 증발하는데 이것이 바로 수은이 치명적인 잠행성 독극물인 이유다).

다른 할로겐족 원소들처럼 브롬은 대부분의 시간을 이온 형태로 보내는데 종종 이온염 형태로 있거나 어쩌다 운이 좋으면 뜨거운 욕조 안에서 느긋하게 시간을 보내기도 한다. 시원한 물이 담긴 수영장에 쓸 살균제로는 염소가 으뜸이지만 높은 온도를 가진 온탕에는 브롬염이 더 효과적이다.

욕조 속이 아니더라도 브롬은 종종 아이들과 함께 잠자기도 한다. 잠깐! 이것은 당신이 생각하는 것만큼 위험한 일이 아니다. 유기 브롬 화합물, 전형적으로 테트라브로모비스페놀A는 법률상 아동용 합성섬유 잠옷에 내연용 소재로 쓰이도록 지정되어 있다. 이 화학물질이 혹시 유해할지 의문이 들겠지만 아이 몸에서 불에 타 뚝뚝 녹아떨어지는 폴리에스테르 섬유를 상상해본다면 그런 비난은 할 수 없다(합성섬유 잠옷의 대안으로 면 잠옷도 있다. 면은 별도의 내연 처리를 하지 않아도 쉽게 타지 않으며 몸에 꼭 맞는 옷은 연소에 필요한 공기가 쉽게 공급되지 않도록 도와주기 때문이다).

할로겐 원소들은 화학 분야에서 쓰이는 범위가 워낙 넓어 위와 같은 논란이 자주 발생하지만 크립톤은 아니다.

◀ 오렌지, 레몬과 같은 감귤류 과일 맛 탄산음료들은 브롬 처리된 야채 기름을 유화제로 종종 쓴다. 기름 분자에 적당한 양의 브롬 원자를 첨가하면 밀도가 물과 비슷해져 물과 기름 층이 분리되지 않고 잘 섞이도록 도와준다.

◀ 브로마기라이트, Ag(Br,I). 독일 쇼넨 아우시흐트 광산에서 채굴했다.

◀ 브롬은 실온에서 액체 상태지만 불그스름한 보랏빛 기체로 매우 빠르게 증발한다.

▲ 브롬화나트륨 조각은 온탕 속 물을 따뜻하게 유지하는 데 쓰인다.

아동용 잠옷은 테트라브로모비스페놀A(TBBP-A) 처리 과정을 거친다.

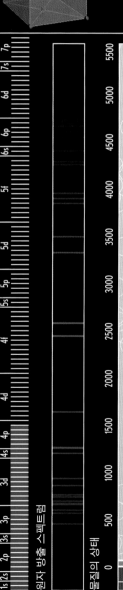

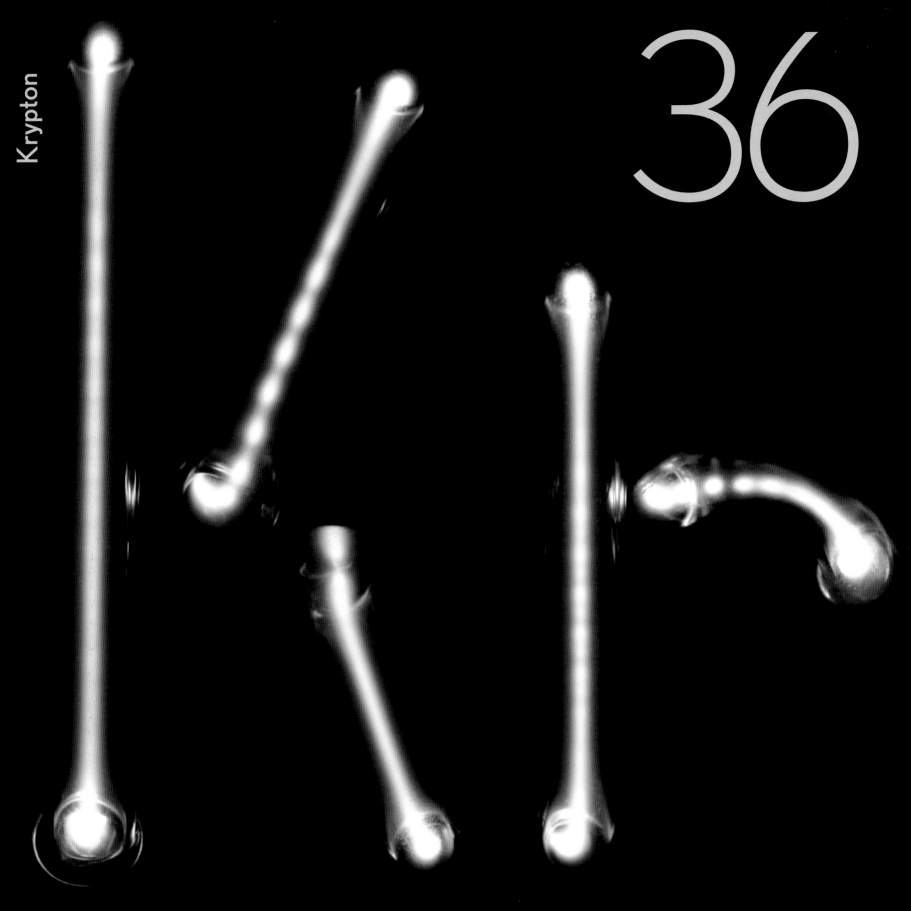

36

크립톤 (Krypton)

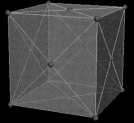

원자량
83.798
밀도
0.00375
원자의 반지름
88pm
결정구조

크립톤은 다른 불활성 기체와 마찬가지로 화학 결합을 하지 않는다. 불활성 기체의 이런 성질은 세상의 다른 위협으로부터 뭔가를 보호하는 데 유용하게 쓰인다.

크립톤은 고효율 전구의 핵심 물질이다. 더 저렴한 백열전구는 보통 아르곤(18)이나 질소(7)로 채워져 있지만, 고효율 전구는 커다란 분자량의 크립톤이 텅스텐(74) 필라멘트의 증발을 억제해준다. 이는 결과적으로 전기 에너지의 상당 부분을 열이 아닌 빛으로 전환시켜주기 때문에 전구가 높은 온도에서도 오래 작동할 수 있게 해준다(하지만 나중에 손해 보기 전에 알아두어야 할 것은 바로 효율이 가장 좋은 백열전구조차 똑같은 밝기의 소형 형광등에 비해 몇 배나 많은 에너지를 소모한다는 사실이다).

또한, 크립톤은 네온(10)처럼 방전으로 인해 들뜬 상태가 될 때 내뿜는 특유의 스펙트럼 방출선이 이용되기도 한다. 네온이 독특한 주홍빛을 발하는 반면, 크립톤은 푸른색이 감도는 하얀빛을 발하며 이는 사진 촬영용 플래시나 다른 색을 여과시키는 데 유용하게 쓰인다.

크립톤의 스펙트럼은 1960~1983년 사이 특히 중요한 역할을 했는데 이 기간 동안 공식적으로 1m를 '진공에서 원자량이 86인 크립톤의 전자기 스펙트럼 중 주홍빛 방출선 1,650,763.73배'로 정의했다. 1983년 1m의 정의는 '빛이 진공에서 299,792,458분의 1초 동안 움직이는 거리'로 변경되어 지금까지도 이 정의가 사용되고 있다.

한때 길이의 단위로 크립톤이 정의되었던 적이 있었지만 실제로 이를 기준으로 길이를 측정하는 경우는 거의 없었다. 반면, 시간은 세

▲ 고급 손전등의 불빛으로 LED가 각광받기 전에는 크립톤 전구가 쓰였다.

◀ 순수 크립톤은 눈에 보이지 않는 기체다. 사진에 보이는 이 샘플병이 쓰이던 시절에는 크립톤이 워낙 비싸 사진의 샘플병 하나 정도면 엄청난 양으로 인식될 정도였다. 오늘날 크립톤은 훨씬 많은 양을 담을 수 있는 고압 가스통에 담겨 판매되고 있다.

슘(55)으로 정의하지만 루비듐으로 더 많이 측정한다.

◀ 다른 불활성 기체처럼 크립톤도 자신에 전류가 흐르면 빛난다. 방전된 색은 일반적으로 쓰이는 잉크로 인쇄할 수 있는 범위를 넘어서기 때문에 이 사진에서는 사람들에게 보이는 것과 최대한 비슷한 색으로 인쇄되었다.

▶ 일반적인 백열전구는 질소와 아르곤 혼합 기체로 채워져 있지만 사진 속 전구는 크립톤을 사용해 일반적인 전구보다 효율이 높다.

Rb

37

루비듐 (Rubidium)

원자량
85.4678
밀도
1.532
원자의 반지름
265pm
결정구조

루비듐은 루비와 관련이 없지만 그 이름은 둘 다 '빨강'을 뜻하는 라틴어에서 유래했다. 루비의 붉은빛은 루비듐이 아닌 크롬(크로뮴(24)) 불순물에서 나오며 루비듐 자체는 전혀 붉은 빛을 띠지 않는다. 다른 많은 원소들이 그렇듯이 루비듐이라는 이름은 루비듐이 불꽃 방출 스펙트럼 속에서 선의 형상으로 처음 발견될 당시 붉은빛을 띤 사실에서 유래한 것이다. 루비듐은 부드럽고 녹는점이 매우 낮은 은빛 금속이다.

루비듐이 실제로 사용되는 범위는 매우 좁다. 같은 이름을 가진 스펙트럼 선이 그중 하나이며 불꽃에서 보라색을 띠는 데 쓰인다. 루비듐의 다른 사용처는 대부분 루비듐이 높은 증기압을 가졌다는 특징을 이용한다.

루비듐 시계 속에는 열선과 마이크로파 코일의 결합물 속에 거의 보이지 않는 양의 루비듐이 들어간 작고 밀폐된 유리병이 들어 있다.

열선이 루비듐을 기화시킨 후 마이크로파 코일이 루비듐 스펙트럼 선 속의 특정 초미세 전이 상태의 정확한 진동수를 측정하는 동안 일정한 온도를 유지하게 한다.

루비듐 원자시계는 수십 년 동안 시간의 표준이 되었던 세슘(55) 원자시계만큼 정확하진 않지만 루비듐 원자시계가 매우 정확하다는 것은 여전히 사실이다. 루비듐 원자시계는 세슘 시계보다 훨씬 작고 싸기 때문에 매우 정확한 시간과 진동수의 기준이 필요할 때 일상적으로 쓰인다.

'원자시계' 하면 뭔가 무시무시한 것이 떠오를지 모르지만 그 용도는 사실 원자폭탄과는 큰 상관이 없으며 오히려 라디오 주파수를 세밀히 조정하는 것과 더 가깝다. 스트론튬은 루비듐이나 코발트(27)와 같이 사람들의 편견 때문에 방사능 낙진과 억울하게 얽힌 또 다른 원소다.

▶ 합성된 루비듐-망간 플루오르화물 결정(RbMnF₃).

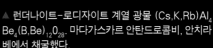

▲ 런더나이트-로디자이트 계열 광물 (Cs,K,Rb)Al₄Be₄(B,Be)₁₂O₂₈. 마다가스카르 안탄드로콤비, 안치라베에서 채굴했다.

▲ 완성된 루비듐 시계 전지. 넓이는 1인치가 안 되고 열선, 루비듐 증기 전지, 송수신이 가능한 안테나로 이루어져 있다.

◀ 반응성이 높은 루비듐 금속 1g이 든 병. 병이 열리면 빠르게 불이 붙는다.

▶ 진동수 표준으로 쓰이는 루비듐 증기 전지.

Sr

38

스트론튬 (Strontium)

Elemental

원자량
87.62
밀도
2.630
원자의 반지름
219pm
결정구조

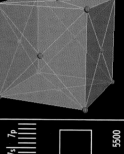

방사능 낙진의 주요 구성 성분인 스트론튬 동위원소 ^{90}Sr(스트론튬-90)은 스트론튬 가문의 평판에 먹칠하는 골칫덩어리다. 일반적인 스트론튬은 방사능이 전혀 없으며 원자폭탄과 관련된 어떤 비난도 받아서는 안 된다.

스트론튬이 사용되는 분야가 매우 적다는 사실 때문에 '스트론튬 하면 폭탄!'이라는 편견이 사람들 마음속에 더 단단히 박혔는지도 모른다. 몇 안 되는 사용 분야 중 하나가 발광 페인트이며 그중 몇 가지는 방사성이 있다는 사실 때문에 기존 편견을 없애는 데 도움을 주기는커녕 '엎친 데 덮친' 격으로 또 억울한 누명을 쓰게 되었다. 오늘날 야광 페인트들은 어둠 속에서도 극도의 밝은 빛을 자랑한다. 이는 스트론튬 알루미네이트를 함유한 야광 페인트도 마찬가지지만 그 원리는 라듐 페인트와 같은 방사성 붕괴가 아니라 주변의 빛을 효율적으로 흡수한 다음 이를 수 분 내지 수 시간 단위로 천천히 방출하는 것이다.

널리 쓰이는 알루미늄-규소 주조용 합금은 높은 취성(brittleness)을 가지는데 이 문제는 작은 비율의 스트론튬을 첨가하는 것으로 개선될 수 있다. 흔한 일이지만 합금을 만들 때 소량의 색다른 원소를 첨가하는 가장 쉬운 방법은 먼저 전문 제조자에게 부탁해 '모합금'을 만드는 것이다. 그리고 최종적으로 이 모합금을 도가니에 적당량 녹여 넣으면 실제 사용자는 자신이 첨가하려는 원소를 날 것으로 다룰 필요가 없어진다. 그 자체로는 아무 쓸모도 없는 물건인 10~20%의 스트론튬이 함유된 알루미늄 합금이 순수 스트론튬보다 구하기 훨씬 쉽다는 사실은 나와 같은 원소 수집가들의 큰 불만이다.

분위기를 바꿔보자. 스트론튬이 함유된 알약은 뼈의 성장을 촉진시켜준다고 알려져 비타민처럼 많이 팔리고 있다. 스트론튬은 이웃사촌인 칼슘(20)과 화학적으로 유사하기 때문에 뼈와 잘 결합하는 특성이 있다(이것이 바로 ^{90}Sr 방사능 낙진이 그렇게 치명적인 이유 중 하나다). 몇몇 스트론튬 화합물은 뼈의 성장을 촉진시킨다는 연구 결과가 있다지만 건강식품 판매점에서 팔리는 스트론튬 관련 상품들에 그런 효능이 있는지는 아직 불분명하고 증명된 것도 없다. 반면, 이트륨에 관해 주장하는 장점들은 모두 순전히 엉터리들뿐이다.

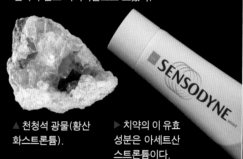

▲ 타이탄화스트론튬은 큐빅 지르코니아로 대체되기 전까지 인조 다이아몬드로 쓰였다.

▲ 천청석 광물(황산화스트론튬).

▶ 치약의 이 유효 성분은 아세트산 스트론튬이다.

◀ 현대에 가장 밝은 인광을 가진 '유로퓸을 섞은 스트론튬 알루미네이트'.

▲ 스트론튬은 칼슘과 같은 족이기 때문에 뼈와 잘 결합한다. 스트론튬을 먹으면 건강이 좋아질 수도, 아닐 수도 있다.

◀ 순수한 스트론튬 금속은 광유 안에 보관했음에도 조금 산화되었다.

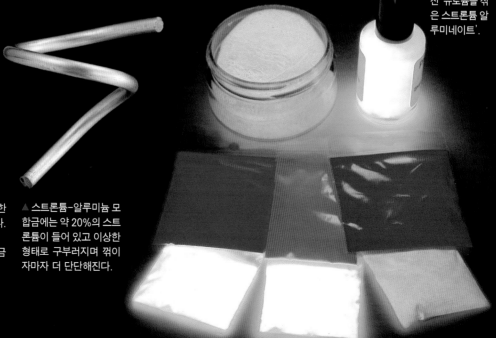

▲ 스트론튬-알루미늄 모합금에는 약 20%의 스트론튬이 들어 있고 이상한 형태로 구부러지며 꺾이자마자 더 단단해진다.

이트륨 (Yttrium)

▶ 서양배(pear) 모양의 YAG(이트륨 알루미늄 석류석) 레이저 결정.

Elemental

원자량
88.90585
밀도
4.472
원자의 반지름
212pm
결정구조

이트륨은 뭔가 히피 스타일 느낌이 다분한 원소다. 먼저 이트륨이라는 이름은 국가의 분위기가 유별나게 자유분방하기로 유명한 스웨덴의 한 마을에서 유래했다. 둘째, 형석 결정에 섞인 이트륨은 골수 뉴에이지주의자들 사이에서는 영적 세계와 현실 세계의 교류를 돕는다고 여겨지며 그 덕분에 그들의 사랑을 한 몸에 받고 있다(그러나 확실히 말해두자면 이 책은 현실에 관한 이야기만 다루기 때문에 이트륨을 두고 우리들의 형이상학적 본질에는 왈가왈부 일체 관심도 두지 않을 것이다. 즉, 이트륨은 어떤 차원을 초월하는 에너지니 뭐니 하는 그런 황당무계한 존재가 아니라 그저 원소일 뿐이라는 말이다. 그나저나 이트륨을 숭배하는 골수 뉴에이지주의자들은 모르겠지만 사실 형석 결정은 우리들을 뼛속 깊이 증오하고 있다).

내가 이 부분에 조금 민감한 것일 수도 있다. 하지만 사람들이 이 세상에 있는 뭔가에 대해 신비한 기운이니 뭐니 하는 속성들을 덮어씌우는 동안 그들이 완전히 놓치고 있는 진짜 신비한 속성이 소외되는 것을 볼 때마다 정말 화가 난다.

마법을 보고 싶다면 형석 속의 이트륨은 잊고 (흔히 YBCO로 알려진) 이트륨 바륨 구리 산화물을 생각해보라. 이 물질은 액화 질소에서 냉각되면 초전도체로 바뀌는데 이 초전도체는 정말 '기이함' 그 자체다. 냉각된 YBCO 판 위에 자석을 놓으려고 하면 자석이 판에 붙지 않고 6.35mm 간격을 두고 멈추어 서는데 이때 자석은 당연하다는 듯 공중에 뜬 채 가만히 있다. 이것이 가장 고차원의 암흑 마법으로 여겨지지 않는 유일한 이유는 누구든 이 마술을 반복해 행할 수 있기 때문이다(마술과 기술의 차이는 매우 간단하다. 잘 되면 기술이고 잘 안 되면 마법이라고 부르며 곧 지나친 감상에 빠지고 만다).

이트륨의 용도 중에 조금 신기한 것이 또 하나 있는데 바로 강력한 펄스 레이저의 핵심 요소인 이트륨 알루미늄 석류석(YAG) 결정의 제조다. 이 장치가 만들어내는 레이저 빔은 조준이 너무나 완벽히 이루어져 레이저 빔을 달에 반사시킨 후 그 반사된 모습을 직접 볼 수 있을 정도라고 한다(사실 달이 빔을 직접 반사시키는 것이 아니라 아폴로 우주선 비행사들이 빔을 반사시킬 목적으로 달에 설치한 특수 장치에 의한 것이다).

이트륨이 다소 괴짜스러운 분위기를 자아내는 반면, 지르코늄은 터프함 그 자체다.

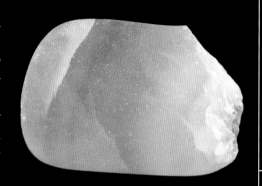

▲ 극소량의 이트륨이 함유된 형석 결정.

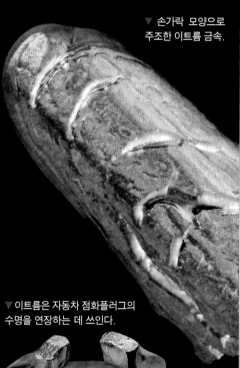

▼ 손가락 모양으로 주조한 이트륨 금속.

▲ 따로 떼어진 시판용 이트륨 주괴.

◀ 시판용 이트륨 주괴를 자른 조각.

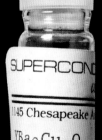

◀ 초전도체를 만드는 이트륨 바륨 구리 산화물 가루.

SUPERCOND
1145 Chesapeake A
$YBa_2Cu_3O_{7-x}$
CP-55-99.99
2 grams

▼ 이트륨은 자동차 점화플러그의 수명을 연장하는 데 쓰인다.

전자를 채우는 순서

원자 방출 스펙트럼

물질의 상태

Zr

40

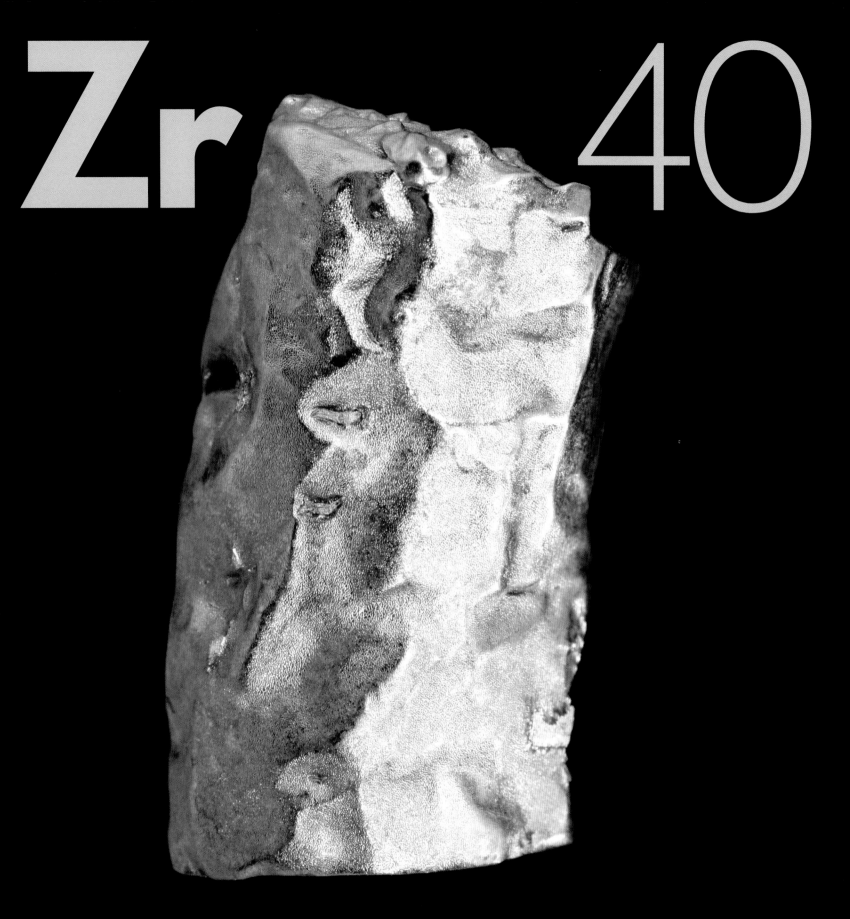

지르코늄 (Zirconium)

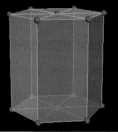

원자량
91.224
밀도
6.511
원자의 반지름
206pm
결정구조

▶ 오래된 일회용 섬광전구 속 지르코늄 선.

강하고 단단한 금속인 지르코늄은 그 성질에 걸맞게 내구재나 연마재로 이용할 수 있는 모든 분야에 쓰인다. 고순도 지르코늄으로 만든 튜브는 원자로의 환형 연료를 담는 데 사용되어 왔다. 중성자가 이 금속을 통과함으로써 원자로가 작동되고 작동하는 원자로의 중심부가 지옥 같아도 버틸 수 있게 해주기 때문이다.

그 외에도 지르코늄은 부식성이 큰 물질, 소이탄, 예광탄을 실험하는 화학반응 용기에도 쓰인다. 산화지르코늄 형태로 숫돌, 그라인더, 비포장 도로용 타이어를 만드는 데 쓰이기도 한다.

잠깐! 지르코늄은 대부분 거칠고 남성적인 성질을 가진 것처럼 보이지만 그 안에 숨겨진 부드러운 면도 있다. 정육면체 결정 구조를 가진 큐빅 지르코니아로 알려진 이산화지르코늄(또는 CZ)은 가장 흔한 모조 다이아몬드다. 전 세계 쇼핑몰이나 저렴한 보석상에 이산화지르코늄으로 만든 전시용 다이아몬드가 넘쳐난다(이런 용도에도 불구하고 그 단단함은 여전하다. 큐빅 지르코니아는 경도계 상에서 가장 높은 수치를 웃돈다).

우리는 큐빅 지르코니아가 단지 다이아몬드의 모조품에 불과하다는 생각을 버리고 오히려 다이아몬드가 값비싸게 매겨진 큐빅 지르코니아라고 생각해야 한다. 사실 둘 중 어느 것이 더 아름다운지 분간할 수도 없다. 그동안 평범하고 무색인 돌에 과다한 금액을 지불해온 사람들이 아직도 환상에 사로잡혀 있을 뿐이다. 이제는 약혼 반지를 고를 때 지르코늄과 같은 현실적인 원소로 만든 반지를 선택하자(당신 먼저!).

큐빅 지르코니아가 장신구로 합리적인 선택이지만 더 고풍스러운 느낌을 주는 보석을 원한다면 질투심 많기로 유명한 니오베가 적격이다.

◀ 지르코니아 세라믹으로 만든 강도 높고 마찰력이 작은 볼 베어링.

▼ 지르코니아로 만든 세라믹 칼은 매우 날카롭지만 이가 쉽게 나간다.

◀ 지르코늄으로 만든 실험실용 도가니. 백금으로 된 도가니보다 훨씬 싸다.

▶ 실리콘 대신 은이나 지르코늄이 쓰였던 오래된 코닥 카메라.

▼ 지르코니아(ZrO_2)는 용접공이 쓰는 납작한 이 바퀴처럼 산업 분야에서 유용한 연마제로 쓰인다.

◁ 아이오딘화지르코늄의 열분해로 생긴 순수한 지르코늄의 막대형 결정.

전자를 채우는 순서
1s 2s 2p 3s 3p 3d 4s 4p 4d 4f 5s 5p 5d 6s 6p 6d 7s 7p

원자 방출 스펙트럼

물질의 상태
0 500 1000 1500 2000 2500 3000 3500 4000 4500 5000 5500

Niobium

Nb

41

나이오븀 (Niobium)

원자량
92.90638
밀도
8.570
원자의 반지름
198pm
결정구조

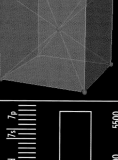

나이오븀은 그리스 신화의 '니오베'에서 유래한 이름이다. 니오베는 제우스의 아들인 탄탈루스의 딸이며 나이오븀은 주기율표에서 그녀의 아버지 이름을 딴 원소 탄탈럼(73) 바로 위에 위치한다. 애석하게도 탄탈럼 아래의 원소는 제우슘이 아니다. 1997년 탄탈럼 아래의 원소 이름은 많은 논쟁을 거쳐 더브뮴(105)이 되었다. 하지만 수많은 논쟁 중에 제우슘으로 부르자는 제안은 없었는데 이는 고전문학이 전인교육에서 더이상 필수가 아님을 보여주는 증거가 되었다.

내가 연방수사국에 나이오븀 표본을 압수당해 슬퍼하는 동안 니오베도 아르테미스와 아폴론에게 살해당한 자녀의 죽음을 애도했다. 내가 가지고 있던 것은 지금은 쓰이지 않는 미사일 부품이었다. 나이오븀 초합금 노즐이 달린 로켓의 엔진으로 꽤 최신 물품이고 공군기지에서 도둑맞아 잃어버린 것이었다(이베이에서 원하는 물건을 찾을 때는 입조심해야 한다).

로켓의 노즐이 나이오븀 합금으로 만들어진 이유는 높은 온도에서도 부식에 강하기 때문이다. 또한, 나이오븀은 아름다운 무지개 빛깔을 만들어내며 양극 산화되어 흔히 장신구나 동전에도 쓰였다. 이때 무지개 빛깔은 표면 위에 덮인 얇고 투명한 산화막을 통과하며 굴절된 빛들이 간섭해 나타난다. 부식에 대한 저항성과 아름다운 빛깔, 이름 덕분에 나이오븀은 피어싱에 가장 적합한 금속이 되었다. 이렇게 나이오븀으로 만든 제품은 많아 순수한 나이오븀을 구매하는 것은 놀랄 만큼 쉽다. 단, 당신이 피어싱 가게에 들어가는 것을 너무 부끄러워하지만 않는다면 말이다.

피어싱 중 하나가 탈이 난다면 당신은 훨씬 더 많은 양의 나이오븀에 둘러싸일 것이다. 나이오븀-티타늄 초전도선의 코일이 병원에서 몸 안에 있는 물체를 찾는 데 사용하는 MRI(Magnetic Resonance Imaging) 안에서 커다란 자기장을 만드는 데 쓰이기 때문이다.

나이오븀 다음에는 나이오븀의 장점을 많이 가졌지만 낭만적인 구석이라곤 찾아볼 수도 없는 몰리브데넘이 기다리고 있다.

▶ 나이오븀은 사랑스러운 색의 범위에서 양극 산화한다.

▲ 연방수사국에 압수당한 나이오븀 합금 로켓 엔진 노즐.

▲ 나이오븀과 구리 손잡이가 맞닿는 패턴이 감싸진 다마스쿠스강 나이프.

◀ 구소련에서 나온 '다섯 개 9'(99.999%)만큼 순수한 나이오븀 결정 조각.

▲ 황록석 광물, $(Ca,Na)_2Nb_2O_6(OH,F)$.

◀ 고순도의 나이오븀 결정 막대.

◀ 몸의 일부나 다른 곳에 피어싱하는 나이오븀 링 바벨.

▶ 위치에 따라 색이 바뀌도록 양극 산화된 두꺼운 나이오븀 판.

Mo

42

몰리브데넘 (Molybdenum)

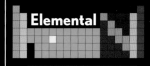

원자량
95.94
밀도
10.280
원자의 반지름
190pm
결정구조

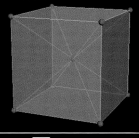

몰리브데넘은 하나부터 열까지 공업과 관련된 금속이다. 몰리브데넘은 M 시리즈 고속도강과 같은 큰 강도와 열저항을 가진 철 합금에 주로 쓰인다(M은 몰리브데넘을 뜻한다).

순수한 몰리브데넘은 훨씬 더 보기 힘든데 오랜 시간 동안 고온에서 강한 힘을 버텨야 하는 압력 용기와 같은 곳에 순수한 몰리브데넘을 사용한다. 매우 높은 온도에서도 몰리브데넘의 힘은 약해지지 않지만 500℃ 이상으로 온도가 높아지면 너무 빨리 산화되기 때문에 매우 극한인 환경에서는 사용하지 않는다.

기계의 작동을 제어하는 데 있어서 몰리브데넘 황화물은 매우 좋은 초고압력 윤활제다. 건조한 가루 형태나 기름이나 윤활유와 섞인 몰리브데넘은 기계가 멈추지 않도록 유지하며 엄청난 압력과 무시무시한 온도를 견디게 해준다.

몰리브데넘은 다음에 나오는 테크네튬(43)과 직접적인 관련이 있다. 의료 영상 분야에서 $^{99}Tc_m$(테크네튬-99m) 동위원소가 필요하다면 반감기가 6시간밖에 안되기 때문에 현장에서 직접 $^{99}Tc_m$을 만들어야 한다. ^{99}Mo(몰리브데넘-99)가 붕괴하면 $^{99}Tc_m$이 되는데 이 반응은 ^{99}Mo가 가득 찬 장치 안에서 일어난다. 축적된 $^{99}Tc_m$을 제거하는 과정을 '우유짜기(milking)'라고 부르기 때문에 이 장치는 '몰리 소(Moly cow)'라는 이름이 붙었다. 귀여운 이름이지만 테크네튬은 강한 방사성을 띠며 의학용으로 쓰이는 방사성 물질 중 가장 강력하다. 다음 쪽에서 더 자세히 살펴보자.

◀ 몰리브데넘강은 일반적으로 고강도 합금이지만 이렇게 커다란 순수한 몰리브데넘 막대는 흔치 않다.

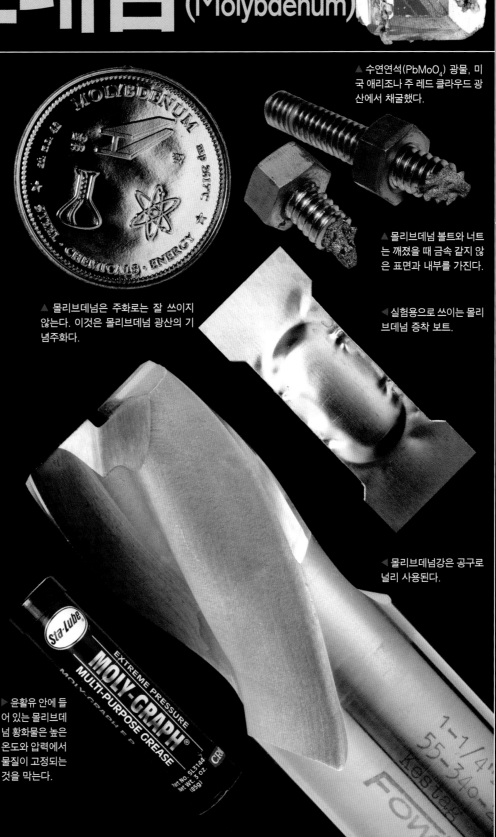

▲ 수연연석(PbMoO₄) 광물, 미국 애리조나 주 레드 클라우드 광산에서 채굴했다.

▲ 몰리브데넘 볼트와 너트는 깨졌을 때 금속 같지 않은 표면과 내부를 가진다.

▲ 몰리브데넘은 주화로는 잘 쓰이지 않는다. 이것은 몰리브데넘 광산의 기념주화다.

◀ 실험용으로 쓰이는 몰리브데넘 증착 보트.

◀ 몰리브데넘강은 공구로 널리 사용된다.

▶ 윤활유 안에 들어 있는 몰리브데넘 황화물은 높은 온도와 압력에서 물질이 고정되는 것을 막는다.

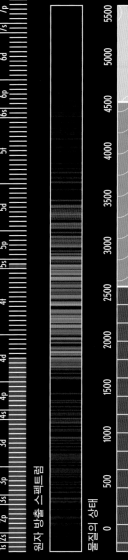

전자를 채우는 순서

원자 방출 스펙트럼

물질의 상태

Techne

IC

45

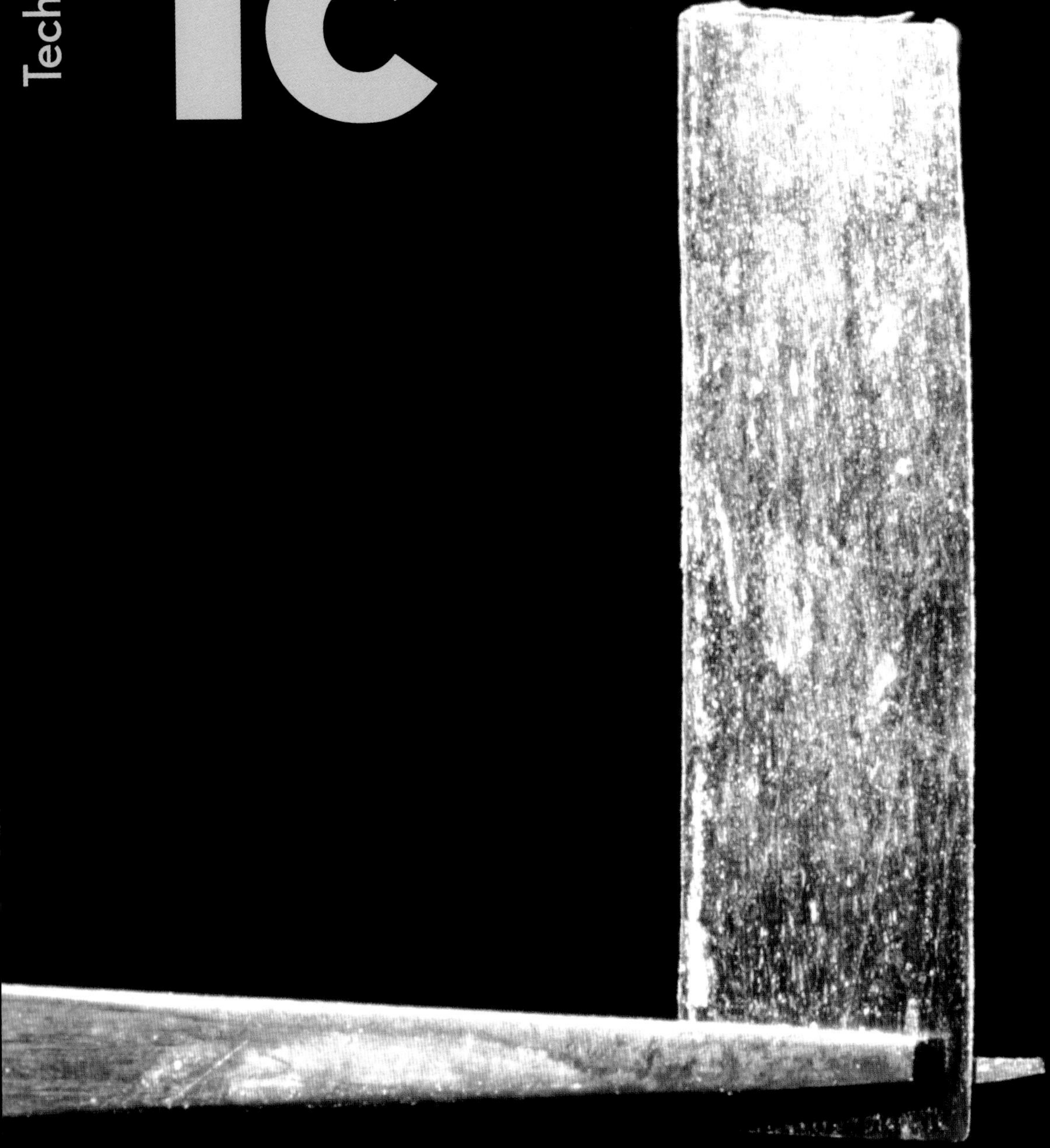

테크네튬 (Technetium)

원자량
[98]
밀도
11.5
원자의 반지름
183pm
결정구조

기이하면서 변칙적인 테크네튬은 가장 안정적이면서도 완벽한 5주기 전위 원소 주기율표의 중간에 위치한 방사성 원소다. 방사성 원소와 안정적인 상태의 원소 사이에는 분명한 경계선이 존재하는데 테크네튬과 프로메튬(61)을 제외하면 비스무트(83)보다 원자번호가 낮은 원소들은 안정적이다. 비스무트보다 원자번호가 높은 원소들은 방사성이다.

만약 당신의 손가락이 너무 아파 골수암이라고 생각한다면 뼈를 찾는 역할을 하는 짧은 반감기를 가진 $^{99}Tc_m$을 몸에 주사한 다음 감마선 카메라를 사용하면 종양이 발견된 뼈 사진을 확인할 수 있다.

$^{99}Tc_m$은 방사성이 매우 커 의사들이 $^{99}Tc_m$을 운반할 때 작은 수레 안에 납(82)이나 텅스텐(74)으로 만든 '피그'에 넣어 운반한다. 피그는 주사를 놓을 준비가 된 테크네튬 주사기를 둘러싼, 밀폐가 잘 된 상자다. 피그 안에 테크네튬이 있더라도 상당한 방사선이 외부로 방출되기 때문에 피그를 운반하는 수레는 놀랄 만큼 긴 손잡이를 가지고 있다.

당신이 입원한 병실에서 환자로부터 최대한 멀리 떨어져 테크네튬을 주사하는 의사를 보는 것은 상당히 위험한 광경이다. 당신은 일생에서 방사능에 한 번 노출되는 것이지만 의료진은 매일 방사능에 노출되기 때문에 오랜 시간 방사능이 위험 범위까지 축적되지 않도록 극도로 조심하는 것은 어쩌면 당연하다.

테크네튬은 인공적으로 만든 첫 번째 원소여서 이런 이름이 붙었다. 이 원소는 오직 기술(technology)을 통해서만 존재한다(역청우라늄석에서 금방 사라질 정도로 매우 적은 양의 테크네튬이 존재한다는 사실이 1962년에서야 밝혀졌다). 루테늄부터는 다시 안정적인 원소로 넘어간다. 다음 방사성 원소를 만나려면 17개 원소를 더 지나가야 한다.

▲ $^{99}Tc_m$ 약물을 고정하기 위해 납으로 만든 '피그'를 운반하는 카트.

▶ 멸균 식염수는 테크네튬 발생기에서 $^{99}Tc_m$을 씻어내는 데 사용된다.

▲ 테크네튬은 자연에 존재하지 않는다지만 1962년 아프리카의 역청우라늄 광물(피치블렌드)에서 발견되었다.

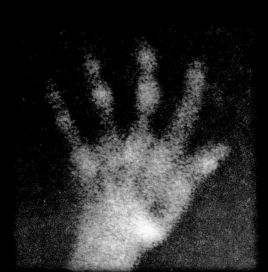

▼ 감마선 사진은 $^{99}Tc_m$이 환자 몸에 들어가 뼈의 성장 부위에 모일 때 생긴다.

◀ 구리로 전기 도금된 순수한 테크네튬의 얇은 층.

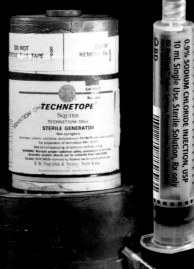
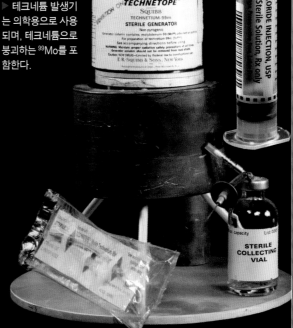

▶ 테크네튬 발생기는 의학용으로 사용되며, 테크네튬으로 붕괴하는 ^{99}Mo를 포함한다.

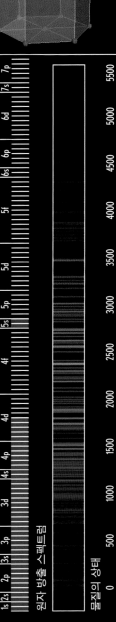

전자를 채우는 순서 · 원자 방출 스펙트럼 · 물질의 상태

Ru

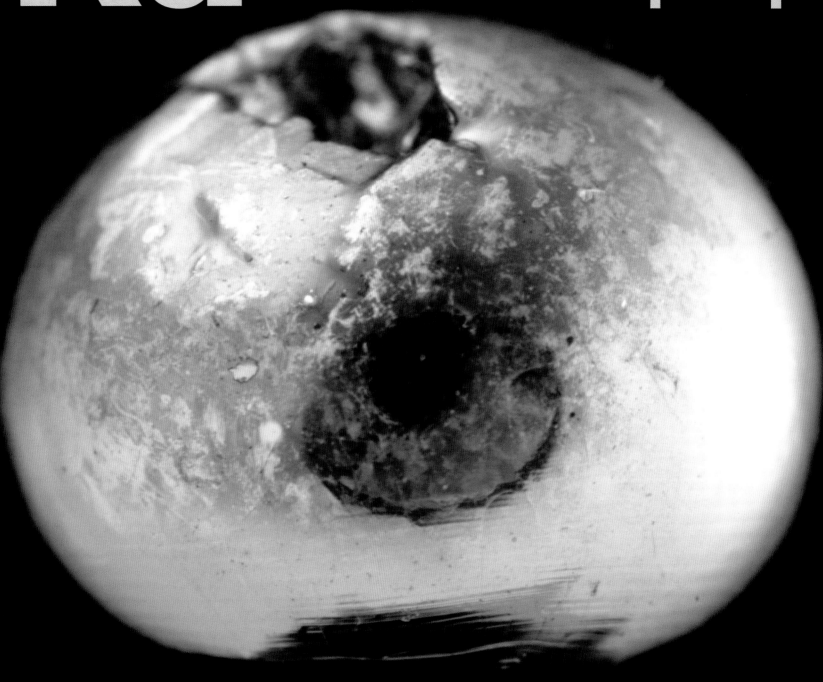

44

루테늄 (Ruthenium)

원자량
101.07
밀도
12.370
원자의 반지름
178pm
결정구조

중세시대 루테니아는 오늘날의 러시아, 우크라이나, 벨라루스를 포함한 지역이었다. 게르마늄(저마늄)이라는 이름이 지어지기 전에 루테늄이 먼저 발견되어 루테니아라는 이름을 따 원소의 이름을 지었기 때문에 루테늄은 발견자의 국적에서 이름을 딴 첫 번째 원소가 되었다. 하지만 루테늄 발견자 칼 클라우스(Karl Klaus)가 살던 시대에 러시아 제국으로 알려진 이 지역은 더이상 존재하지 않기에 나는 루테늄이 지명에서 나온 이름이라는 사실을 별로 중요하게 생각하지 않는다.

루테늄은 귀금속이며 백금과 같은 광물에서 발견되는 백금계 희소금속 중 하나로 가치가 높은 백금의 속성들을 많이 가진 금속이다. 루테늄이 귀금속으로 분류된 사실에 걸맞게 우리는 얇으면서 어두운 회색빛으로 장신구에 도금되어 백랍처럼 빛나는 루테늄을 일상에서 자주 접하게 되었다. 루테늄은 부식에 강하기 때문에 별로 비싸지 않은 기본 금속 위에 매우 비싼 루테늄을 매우 얇게 도금하는 것이 적당히 비싼 백랍 덩어리를 사용하는 것보다 경제적이다.

그러나 대부분의 백금계 금속과 마찬가지로 루테늄은 주로 촉매와 합금용 물질로 사용된다. 또한, 예산에 큰 무리가 없을 때 루테늄으로 만든 단결정 초합금이 고성능 터빈 날개에 사용되는 등 루테늄이 색다르게 쓰이는 것도 볼 수 있다.

루테늄 도금은 장신구에 어두운 광택을 주지만 이웃사촌인 로듐은 장신구에 빛나는 광택을 내는 것으로 알려져 있다.

▲ 염화루테늄은 선명한 빨간빛을 띤다.

▼ 실험용 루테늄 태양 전지.

◀ 루테늄 침전물을 만드는 가장 쉬운 방법은 아르곤 아크 용광로에서 가루를 녹이는 것이다.

▶ 저렴한 장신구에 어두운 색의 마감이 필요하다면 루테늄으로 도금한다.

전자를 채우는 순서
1s 2s 2p 3s 3p 4s 3d 4p 4d 5s 5p 4f 5d 6s 6p 6d 7s 7p
원자 방출 스펙트럼
물질의 상태
500 1000 1500 2000 2500 3000 3500 4000 4500 5000 5500

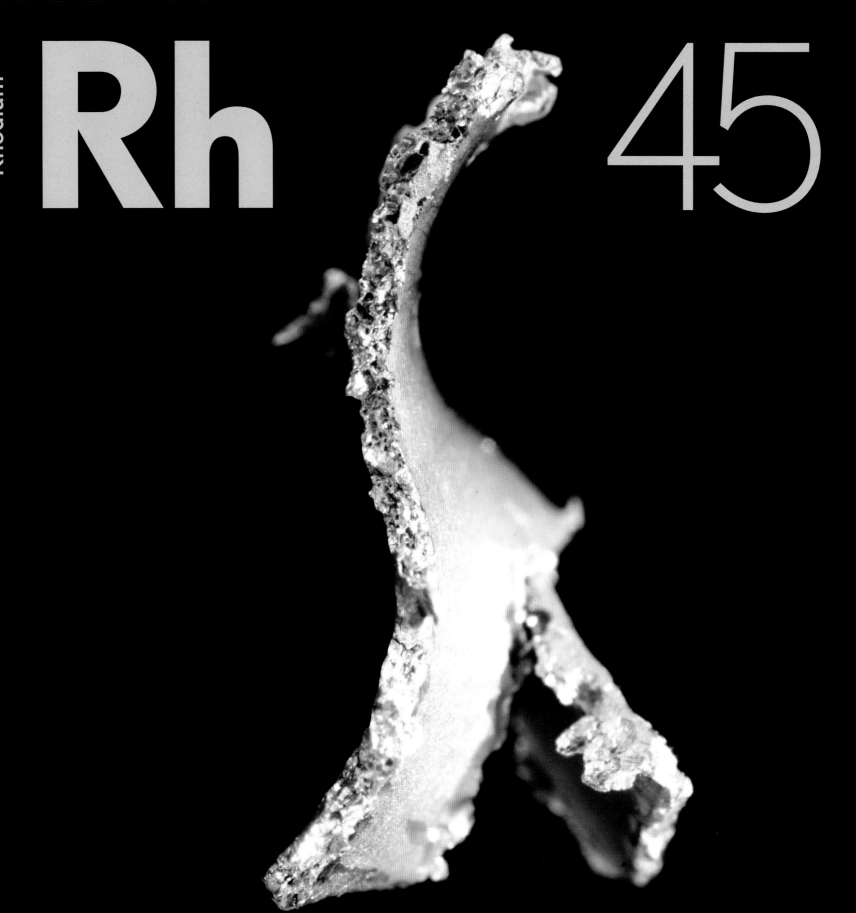

Rhodium

Rh

45

로듐 (Rhodium)

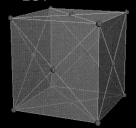

원자량
102.90550
밀도
12.450
원자의 반지름
173pm
결정구조

로듐은 보기 드문 가격변동폭으로 유명하다. 로듐 1파운드를 2004년 6월에 사 2008년 6월에 팔았다면 당신의 투자금은 4년 만에 22배, 즉 5천 달러를 투자했다면 11만 달러를 벌 수 있었을 것이다(그리고 2008년 7월 로듐 5천 달러어치를 사 5개월 후 팔았다면 380달러 가치밖에 없었을 것이다. 로듐이 뒤통수를 칠 수 있으니 조심해야 한다).

이렇게 가격 변동이 심한 이유는 부분적으로는 투기 때문이고 다른 백금계 희소금속과 마찬가지로 로듐의 공급은 주로 백금(78)이 얼마나 많이 채굴되었는가에 따라 달라지기 때문이다. 로듐은 백금 광석에 적은 양이 들어 있어 더 많은 백금이 채굴될수록 더 많은 로듐을 얻을 수 있다. 하지만 로듐 수요가 많아졌는데 백금 가격이 함께 오르지 않으면 로듐 공급은 수요를 충족시킬 수 없다. 따라서 단지 백금 광석 안의 적은 로듐을 위해 더 많은 백금을 채굴하는 것은 경제적이지 못하다.

로듐은 광택으로도 유명하다. 은이나 백금으로 보이고 싶은 저렴한 장신구를 때때로 로듐으로 도금하는데 이는 로듐을 1마이크론 두께로 도금했을 때가 백금보다 더 반짝이기 때문이다(사실 전문가들은 로듐 도금을 구분할 수 있는데 이는 로듐 도금이 지나치게 반짝이

기 때문이다). 이런 반짝이는 성질 때문에 탐조등의 거울 코팅에도 쓰인다.

그러나 슬프게도 로듐이 가장 많이 쓰이는 곳은 이 뛰어난 반짝임을 필요로 하지 않는다. 세계 귀금속의 거물인 로듐은 참혹하게도 자동차 촉매 변환 장치의 촉매로 쓰여 최후의 운명을 맞이한다. 로듐보다 빛을 더 잘 반사하는 금속은 은(47) 하나뿐이지만 장신구로 쓰기에는 적당한 금속이 아니다. 은은 공기 중에서 쉽게 변색되기 때문에 장신구에는 잘 쓰이지 않고 매우 높은 반사도를 가져야 하는 정확한 거울을 만드는 데만 사용된다. 로듐 도금은 장신구 분야에서 은을 대체하는 좋은 역할을 하지만 다음 원소인 팔라듐의 얇은 막도 같은 역할을 한다.

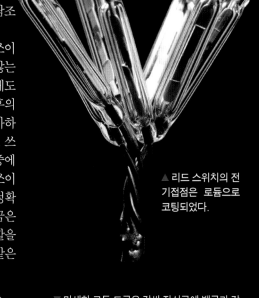

▲ 리드 스위치의 전기접점은 로듐으로 코팅되었다.

▼ 미세한 로듐 도금은 값싼 장신구에 백금과 같은 광택을 준다.

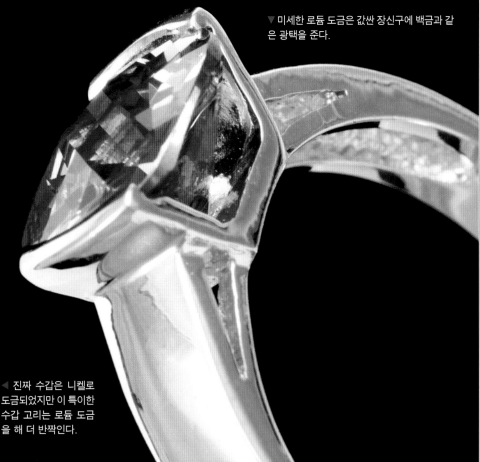

◀ 진짜 수갑은 니켈로 도금되었지만 이 특이한 수갑 고리는 로듐 도금을 해 더 반짝인다.

◀ 로듐 박의 찢어진 단면이 내부의 오돌토돌한 구조를 보여준다.

Pd

46

팔라듐 (Palladium)

당신은 금박에 대해 들어본 적이 있을 것이다. 금(79)으로 된 섬세하고 얇은 판으로 예로부터 물건을 덮거나 도금하는 데 쓰였다. 팔라듐도 두들겨 펴면 금박만큼 미세하게 얇은 판이 되기 때문에 은(47)처럼 보이게 하는 데 쓰였다. 아이러니한 점은 팔라듐 가격이 은보다 20배나 높다는 것이다. 팔라듐 박과 달리 실제 은박은 변색되고 그 두께가 원자 1천 개 두께보다 얇아 변색을 막으려다가 은박이 벗겨질 수 있다.

팔라듐은 장신구로도 쓰이지만 로듐(45)처럼 자동차 촉매 변환기에 주로 쓰인다. 이 장치들은 타지 않은 배기관 속 연기 잔여물을 태우면서 도시의 매연을 감소시킨다. 팔라듐의 작은 입자들은(종종 다른 백금계 희소금속과 섞여 있다) 뜨거운 배기가스가 지나가는 파이프 속의 세라믹으로 된 벌집 구조물에 붙어 있다. 이 촉매 입자의 표면에서 타지 않은 원료는 보통 필요한 온도보다 낮은 온도에서 공기 중에 떠 있는 산소와 결합해 이산화탄소와 물로 변환시킬 수 있다.

낮은 온도에서 불꽃 없이 타는 것이 훌륭한 속임수라고 본다면 팔라듐의 가장 놀라운 능력은 수소 가스를 흡수하는 것이다. 팔라듐 고체 덩어리는 외부 압력이 필요 없이 자기 부피의 900배에 달하는 수소 기체를 흡수한다. 수소는 어디로 사라지는 것일까? 수소는 팔라듐 원자들의 격자 결정체 구조 속으로 숨어 들어간다. 가격이 비싸지만 않다면 팔라듐으로 채워진 탱크는 분명히 높은 압력이 필요 없이 많은 양의 수소를 저장할 수 있을 것이다. 그러므로 팔라듐과 비슷한 작용을 하면서 단가는 낮은 희토류 합금을 찾아내는 연구가 현재 진행 중인 것은 당연하다.

팔라듐이 은을 모방하는 데 사용될지는 몰라도 좋든 싫든 은은 항상 실존한다.

▲ 둥근 팔라듐 주괴. 귀금속은 이런 형태로 거래된다.

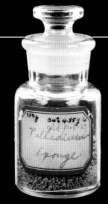

▲ 고풍스러운 팔라듐 '스펀지'. 이 말은 고운 입자를 뜻한다.

▶ 자연적으로 만들어진 팔라듐 금속.

▼ 동전과 소인의 중간 형태를 띤 독특한 팔라듐 호일.

▶ 자동차 촉매 변환기.

◀ 순수한 팔라듐의 아름다운 조각.

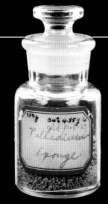

Elemental

원자량
106.42
밀도
12.023
원자의 반지름
169pm
결정구조

113

Ag

47

은 (Silver)

은의 가장 큰 문제점인 변색은 은이 금속의 왕이 되지 못한 이유를 말해준다. 그러나 이런 단점에도 은은 고대부터 명예와 부를 상징하는 최초의 원소였다. 당신이 은을 닦는 사람을 고용할 여유가 된다면 변색 정도는 큰 문제가 아니다.

은과 금(79)은 가까운 사이지만 은은 명백히 금보다 한 수 아래인 친구다. 20세기에는 은과 금의 가격비가 1대100이었지만 역사적으로 보통 은은 금의 1/20 가치를 지녔다. 이 차이점이 은을 화폐로 쓸 수 있게 했다. 매일 사용하기에는 금은 너무 비쌌다. 은은 거의 3천 년 동안 돌고 도는 동전 형태로 사용되었지만 금은 작은 동전이라도 대부분의 사람들이 신줏단지 모시듯 주머니에 고이 넣어 다니고 싶어 했다.

그러나 은이 항상 2인자였던 것은 아니다.

금이 1인자가 될 수 있는 분야는 한 곳도 없다. 금은 부식에 가장 강하지도, 가장 단단한 원소도 아니며 가장 값진 원소도 아니다. 어떤 분야에서도 최고라고 자랑할 만한 구석이 없다. 반면, 은은 두 가지 강점이 있다. 전도성이 가장 뛰어나고 빛을 가장 잘 반사한다는 점이다.

부식 문제를 제외하면 빛을 최대한 완벽히 반사해야 하는 거울을 만드는 재료로써 은에게 필적할 상대는 없다. 은은 전기 분야에서도 쓰이는데, 구리(29)는 적은 비용으로도 약 10%의 전도성을 가질 뿐이다(금이 전기회로로 많이 쓰이는 이유는 좋은 전도체여서가 아니라 절대로 녹슬거나 산화되지 않아 전도성이 변하지 않기 때문이다).

다음에는 고귀한 은으로부터 시선을 돌려 명백한 하층계급 원소인 카드뮴을 만나보자.

▲ 은은 가치가 높은 편이 아니어서 보통 10온스와 100온스 단위의 커다란 주괴가 일반적이다.

◀ 은실로 만든 반바지는 전자기장으로부터 신체를 보호해야 할 때 유용하게 사용된다.

▶ 은은 열 흡수 복합체의 열전도율을 높여준다.

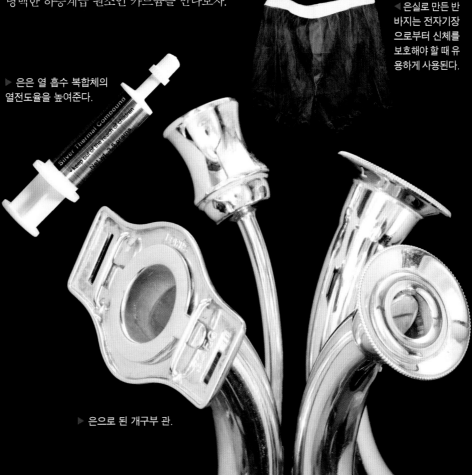

▲ 왼쪽 위로부터 시계 방향으로 은으로 만든 실험실 부품, 펜던트, 빛나는 동전, 과학기술용 표면경.

◀ 알렉산더 대왕의 이름이 새겨진 고대 그리스의 은화. 기원전 261년에 주조된 이 동전들은 거의 알아볼 수 없을 정도로 오래되었지만 쉽게 구할 수 있다.

▶ 은으로 된 개구부 관.

Elemental

원자량
107.8682
밀도
10.490
원자의 반지름
165pm
결정구조

전자를 채우는 순서

1s 2s 2p 3s 3p 3d 4s 4p 4d 4f 5s 5p 5d 5f 6s 6d 6p 7s 7p

원자 방출 스펙트럼

물질의 상태

Cadmium **Cd** 48

116

카드뮴 (Cadmium)

카드뮴은 니켈-카드뮴 전지로 잘 알려져 있다. 최근 더 가볍고 더 강하고 독성이 적은 니켈-수소 합금 전지나 리튬 이온 전지로 많이 바뀌었지만 말이다. 불행히도 카드뮴은 환경과 인체에 축적되어 그것이 발견되는 어느 곳에서든 장기간 피해를 준다는 점에서 납(82)이나 수은(80)과 비슷한 점이 많다(따라서 니켈-카드뮴 전지를 다 쓰면 쓰레기통에 버리지 말고 반드시 폐건전지 수거함에 모아 재활용해야 한다).

대량의 카드뮴을 발견할 수 있는 곳은 오늘날 주로 항공기에 사용되는 카드뮴 도금 잠금장치다. 가정용으로는 아연(30) 도금이 일반적으로 사용되지만, 볼트가 녹슬어서는 안 되거나 부품이 닿는 부분이 부식되지 않아야 하는 상황에서는 카드뮴 도금이 필수적으로 사용된다(예를 들어, 당신이 비행기를 탔을 때 착륙장치에 사용되는 볼트 말이다).

카드뮴의 밝은 면을 살펴보자면 인상주의자들이 좋아했던 강렬한 안료인 카드뮴 옐로가 있다. 클로드 모네(Claude Monet)는 자신이 사용했던 색에 대한 질문을 받았을 때 이렇게 답했다. "간단히 말하면 나는 백연과 카드뮴 옐로, 버밀리언(주홍색 안료), 꼭두서니 물감, 코발트블루, 크롬 그린을 사용했다. 그것이 전부다." (한 문장에 네 가지 원소나 언급하다니! 화가로서 나쁘지 않다.) 버밀리언은 황화카드뮴이기 때문에 모네가 좋아했던 색들은 모두 독성이 있었다. 거기에 파리스 그린이 들어 있진 않았지만 말이다(33번 원소 비소에서 설명한 끔찍한 녀석을 참고하라).

다행히 다음 원소는 상당히 부드럽다.

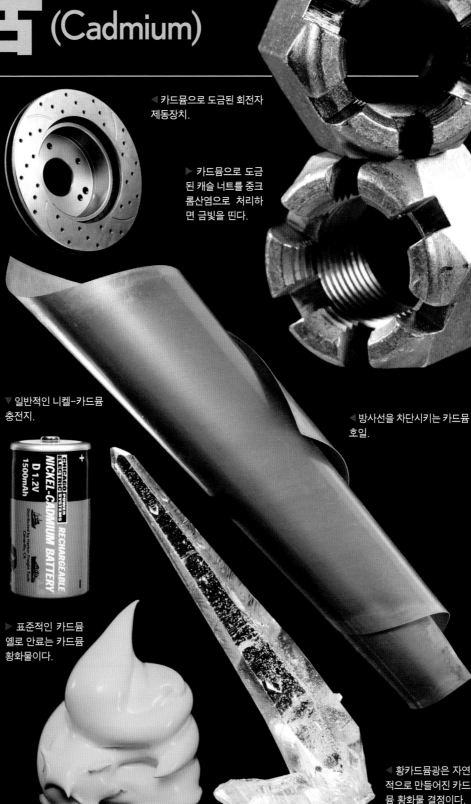

◀ 카드뮴으로 도금된 회전자 제동장치.

▶ 카드뮴으로 도금된 캐슬 너트를 중크롬산염으로 처리하면 금빛을 띤다.

▼ 일반적인 니켈-카드뮴 충전지.

◀ 방사선을 차단시키는 카드뮴 호일.

▶ 표준적인 카드뮴 옐로 안료는 카드뮴 황화물이다.

◀ 저자가 재미 삼아 만든 카드뮴 물고기.

▶ 황카드뮴광은 자연적으로 만들어진 카드뮴 황화물 결정이다.

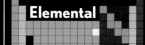
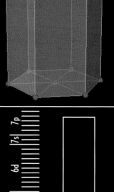

원자량
112.411
밀도
8.650
원자의 반지름
161pm
결정구조

전자를 채우는 순서
1s 2s 2p 3s 3p 3d 4s 4p 4d 4f 5s 5p 5d 6s 6p 6d 7s 7p

원자 방출 스펙트럼

물질의 상태
0 500 1000 1500 2000 2500 3000 3500 4000 4500 5000 5500

Indium **In** 49

인듐 (Indium)

인듐이라는 이름은 인도나 미국 인디애나 주와 같은 지역명에서 유래한 것이 아니라 인듐의 존재를 처음 증명했던 강렬한 인디고블루 스펙트럼선에서 유래했다. 1924년까지 정제된 인듐은 전 세계에 1g에 불과했지만 오늘날에는 매년 수백 톤의 인듐이 LCD TV와 컴퓨터 모니터를 만드는 데 사용된다.

이때 인듐은 인듐 주석(50) 산화물 형태로 쓰이는데 인듐 주석 산화물은 다른 화소(pixel)에서 나오는 빛을 방해하지 않고 각각의 화소에서 신호를 주고받을 수 있는 투명한 전도체의 성질을 띤다.

순수한 인듐은 그 자체로도 훌륭한 전도체이지만 완전히 투명한 것도 아니고 부드럽고 은빛을 띠는 재미있는 금속이다. 순수한 인듐은 손가락으로 쉽게 찌그러뜨리거나 주머니용 칼로 쉽게 자를 수 있을 정도로 매우 부드럽다. 현재까지 인듐에 대해 알려진 바는 독성이 없으며 가지고 놀면 뜻밖의 재미도 준다는 것이다.

인듐은 유리 표면에서 밀리지 않고 유리를 적시는 극소수 금속들 중 하나다. 그래서 고진공 제품에서는 고무 마개로도 미세한 틈이 생기지만 인듐 마개를 사용하면 물질이 바깥으로 새지 않도록 꽉 막을 수 있다.

인듐은 이웃사촌인 주석과 흥미로운 특성을 공유한다. 인듐과 주석 막대를 구부리면 내부 결정들이 깨지거나 재배열되면서 '울음소리'가 난다. 주석의 울음소리는 소수의 사람만 들을 수 있는 반면, 인듐의 울음소리는 그보다 많은 사람들이 들을 수 있다.

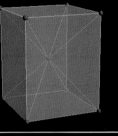

원자량
114.818
밀도
7.310
원자의 반지름
156pm
결정구조

Elemental

▲ 인듐으로 하는 작업에 자부심을 가진 회사의 배지.

◀ 산화인듐주석(ITO, Indium Tin Oxide) 전도체는 LCD 화면에서 보이지 않는다. 이것이 중요하다.

◀ 순수한 인듐은 1kg이나 나가는 막대로 팔리며 사진에서는 그 절반밖에 나타나 있지 않다. 인듐은 매우 부드러워 칼로도 쉽게 자를 수 있다(힘을 약간 주어야 한다).

◀ 매우 희귀한 야노마마이트 광물, $In(AsO_4) \cdot 2(H_2O)$. 브라질 고이아스의 페리키토 광산에서 채굴했다.

▲ 인듐 선을 감아놓은 것. 땜납보다 부드럽다.

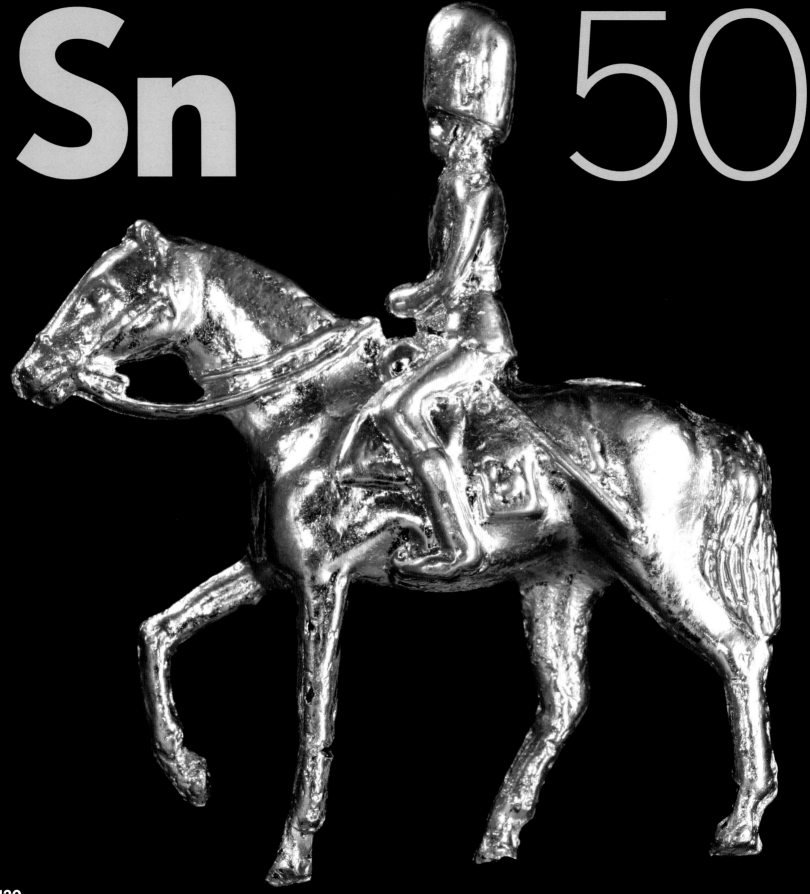

Tin

Sn

50

주석 (Tin)

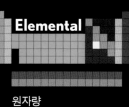
아! 주석. 이 얼마나 아름답고 사랑스러운 원소인가! 거의 완벽한 무독성이고 영원히 반짝이며 잘 녹아 정교한 주형을 쉽게 만들 수 있고 가격이 터무니없이 비싸지도 않다. 주석의 아름다움에 대해 더 이상 설명이 필요할까?

대부분의 주석 장난감 병정은 순수한 주석으로 만들지 않는다. 납(82)이 더 싸고 잘 녹기 때문에 납-안티몬 합금이나 주석-납 합금으로 대체한다. 물론 요즘 대부분의 장난감 병정들은 더 안전한 플라스틱으로 만든다(아이들을 위한 장난감을 만들 때 납을 사용한다는 생각은 풍선을 납으로 만드는 것만큼 말도 안 된다).

주석 깡통, 주석 호일, 주석 지붕 등 주석이라고 불리는 많은 것들은 사실 주석으로 만든 것이 아니다. 고물상에 가면 거대한 전자석으로 끌어올리는 얇은 금속판을 '주석'이라고 할지도 모르지만 주석은 명백히 자성이 없다.

어떤 동전들은 주석으로 주조되었지만 이상한 특징 때문에 한계가 생겼다. 겨우내 주석은 아주 천천히 몇 개월 동안 은색 금속에서 어두운 회색 가루로 변한다. 주석은 녹슬거나 산화하는 등의 화학적 변화를 전혀 거치지 않는다. 대신 결정 구조가 금속 형태에서 회색 주석으로 알려진 입방체 형태의 동소체로 변하는 것이다. 유럽에서는 긴 겨울 동안 주석 오르간 파이프에서 일어난 이런 현상을 주석 페스트라고 불렀다.

만약 당신이 회색 가루로 변해버린 돈을 가지고 있다면 다음 원소인 안티몬을 다루고 있었다고 생각할지도 모른다.

▶ 금속 주석 표면에서 자라는 회색 주석 동소체.

원자량
118.710
밀도
7.310
원자의 반지름
145pm
결정구조

▼ 납이 거의 들어 있지 않은 땜납은 대부분 주석으로 이루어져 있다.

▲ 진짜 주석으로 만든 컵.

▲ 순수한 주석으로 주조된 주괴.

▶ 깜찍한 주석 애벌레.

▲ 볼리비아 라파스 빌로코 광산에서 채취한 석석(錫石) 광물.

◀ 주석 장난감 병정은 보통 주석-납 합금으로 만들지만 이것은 99.99% 순수한 주석으로 만들었다.

전자를 채우는 순서

원자 방출 스펙트럼

물질의 상태

Sb

51

안티몬 안티모니 (Antimony)

원자량
121.760
밀도
6.697
원자의 반지름
133pm
결정구조

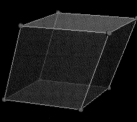

안티몬이라는 이름은 디지몬이나 포켓몬과 같은 TV 속 만화영화 주인공들 이름이 아니다. 만화 속 몬스터들과 달리 안티몬은 전형적인 준금속으로 겉보기에는 금속 같지만 다른 금속들보다 깨지기 쉽고 투명하다.

납(82)에 안티몬을 섞으면 납이 더 단단해지며 납과 주석(50), 안티몬을 적절한 비율로 섞어 주조하면 굳으면서 얇게 퍼지는 멋진 성질을 띤다. 구텐베르크는 이 합금을 손으로 판주형틀에 부어 빳빳하고 단단하면서 재사용이 가능한 금속활자를 발명했다. 금속활자가 발명된 지 650여 년이 지난 지금, 컴퓨터와 사진 평판(사진술을 이용해 제판한 평판 인쇄용 판)이 금속활자의 역할을 대신하고 있지만 구텐베르크가 안티몬을 활용한 아름다운 금속활자를 발명하지 않았다면 이런 문명의 발전은 불가능했을 것이다.

납-안티몬 합금으로 만든 라이노타이프(과거 신문 인쇄에 쓰이던 식자기)는 기억 속에서 사라졌지만 여전히 총알 재료로 광범위하게 사용되고 있다.

▶ 스퍼터링 기법으로 박막을 만들 때 쓰는, 별을 닮은 순수한 안티몬의 스퍼터링 타겟은 화학자들 사이에서 인기가 있다.

총알의 재료가 납이라는 것은 누구나 아는 사실이지만 순수한 납은 무르기 때문에 안티몬을 섞어 더 단단하게 만든다. 자동차용 납축전지는 안티몬으로 단단해진 납 전극을 사용한다.

아무도 주목하지 않는 안티몬의 사랑스러운 특성은 안티몬을 주조할 때 나는 아름다운 소리다. 안티몬이 식으면서 결정 안의 입자들이 깨지거나 미끄러지면 마치 티베트 종이 울리는 듯한 소리가 난다. 다른 금속들이 식을 때 종종 탁탁거리는 둔탁한 소리를 들어본 적이 있지만 안티몬처럼 아름다운 소리를 내는 금속은 없었다.

안티몬이 냉각되면서 내는 소리가 음악이라면 텔루륨은 이름 그 자체가 뮤지컬이다.

▲ 반으로 쪼개진 안티몬 주괴는 안티몬이 식을 때 아름다운 소리를 내는 구조를 보여준다.

▲ 안티몬 술잔에 담긴 와인은 구토를 유발하는 데 안티몬이 의약품으로 쓰이는 한 예다.

▲ 주석 장난감과 안티몬 장난감은 순수한 주석과 안티몬으로만 만들지 않고 납과 같은 금속과 합금으로 만들었다.

◀ 깨진 안티몬 결정의 아름다운 모습은 왜 안티몬 덩어리가 잘 팔리는지를 말해준다.

◀ 안티몬으로 만든 중국의 사자 향로는 이베이가 왜 필요한지를 충분히 말해준다.

전자를 채우는 순서
1s 2s 3s 2p 3s 3p 4s 3d 4p 4s 3d 4d 5p 6s 4f 5d 6p 7s 5f 6d 7p

원자 방출 스펙트럼

물질의 상태

0 500 1000 1500 2000 2500 3000 3500 4000 4500 5000 5500

Te

52

텔루륨 (Tellurium)

텔루륨은 가장 아름다운 이름을 가진 원소다. '지구'라는 뜻을 가진 라틴어에서 유래한 이름으로 이와 관련된 시(詩)가 있을 정도다(나는 이 이름에 특별한 애정을 가지고 있다. 한 컴퓨터 게임 회사가 울프럼이라는 게임의 발매 계획을 세웠는데 내 소프트웨어 회사인 울프럼 연구소와 상표권 분쟁에 휘말릴 뻔했다. 나는 그들에게 게임 이름을 텔루륨으로 바꾸도록 설득해 이 상황을 모면했다).

텔루륨은 우아한 이름과 아름다운 결정 구조를 가졌지만 당신이 이 원소를 만난다면 그 성질이 결코 아름답지 않다는 생각이 들 것이다. 미량의 농도라도 텔루륨이 공기 중에 노출되면 썩은 마늘 냄새가 나는데 이는 초기에 이 물질에 대한 연구가 지연된 이유이기도 하다.

텔루륨이 지독한 냄새를 풍기고 지구 지각에서 8~9번째로 적게 발견될 정도로 희귀한 원소임에도 불구하고 텔루륨은 다양한 곳에 쓰인다. 다시 쓰기가 가능한 DVD-RW와 블루레이 디스크에서도 아산화텔루륨을 발견할 수 있는데, 레이저로 디스크에 열을 가하면 표면에 있는 아산화텔루륨의 반사율이 변하면서 정보가 기록된다.

텔루륨은 희귀하면서도 디스크, 태양전지, 실험용 메모리 칩 등 다양한 분야에서 사용되기 때문에 몇몇 사람들은 텔루륨 가격이 폭등하리라 예상했다. 그러나 온라인 동영상의 발달로 DVD와 블루레이 수요가 줄고 텔루륨을 사용하지 않는 태양전지와 탄소(6) 나노튜브 메모리칩의 발명이나 아직 발명되지 않은 것들에 대한 가능성 때문에 텔루륨의 가격 폭등은 실현되지 않을 것 같다.

다음에 나올 아이오딘에 투자할 것인지에 대한 조언은 해주지 못하겠다.

▲ 비스무트 텔루라이드는 위 사진처럼 냉장고 열전기의 냉각기로 사용된다.

▶ 캘러버라이트 광물 (텔루르화금).

원자량
127.60
밀도
6.240
원자의 반지름
123pm
결정구조

▼ 녹은 텔루륨이 원판 위에서 굳어 만들어낸 아름다운 결정 모양.

▲ CD-RW와 DVD-RW 디스크는 아산화텔루륨을 사용해 다시 쓰기가 가능하다.

◀ 텔루륨은 순수한 상태에서는 거의 쓰이지 않지만 이 아름답고 가느다란 결정은 상업용으로도 사용된다.

전자를 채우는 순서

1s 2s 2p 3s 3p 3d 4s 4p 4d 4f 5s 5p 5d 6s 6p 6d 7s 7p

원자 방출 스펙트럼

물질의 상태

500 1000 1500 2000 2500 3000 3500 4000 4500 5000 5500

53

아이오딘 (Iodine)

원자량
126.90447
밀도
4.940
원자의 반지름
115pm
결정구조

할로겐족을 따라 내려가다 보면 사나운 불소(플루오린(9))에서 치명적인 염소(17)를 지나 겨우 액체 상태를 유지하는 브롬(브로민(35))을 거치면, 드디어 우리 몸의 부상이나 병을 치료하는 데 도움을 주는 아이오딘을 만날 수 있다.

아이오딘은 상온에서 고체이지만 브롬처럼 아슬아슬한 상태다. 살짝 열을 가하면 녹기 시작해 특정 온도에 다다르면 아름다우면서 짙은 보라색 증기로 증발한다.

아이오딘은 우리에게 연기와 증기가 다르다는 사실을 가르쳐준다. 연기는 검은 배경에 빛을 비춰 사진을 찍을 수 있는데 이는 연기가 빛을 반사하는 작은 입자들로 구성되어 있기 때문이다. 하지만 증기는 아무리 색을 가졌더라도 사진을 찍을 수 없다. 증기 안에는 빛을 반사할 수 있는 입자가 없기 때문이다. 증기 안에는 오직 개별적인 분자들만 존재한다. 증기를 보기 위해서는 밝은 배경으로부터 빛을 흡수하게 해야 한다. 그 덕분에 나는 검은색 바탕의 포스터에 아이오딘 증기의 사진을 찍는 데 엄청난 시간을 소비했다.

알코올에 약간의 아이오딘을 녹인 수용액(자극적이지만 아이오딘 때문은 아니다)은 한때 소독약으로 많이 쓰였으며 현재도 특정 용도로 쓰인다. 주기율표 위쪽의 염소와 브롬처럼 아이오딘은 미생물의 저항력을 낮춰 치명적인 세균들을 살균한다. 오늘날 우리가 사용하는 이 화려한 주목을 받는 항생제가 효력을 잃는다면 할로겐 원소들이 대신 우리를 지켜줄 것이다.

할로겐 원소 다음에는 불활성 기체가 나오는데 여기에는 불활성 기체답지 않게 행동하는 기체가 있다. 크세논(제논)이다.

◀ 아이오딘은 가열하면 아름다운 보랏빛 증기가 되어 증발한다. 사진의 접시 밑에 토치램프가 있다.

▼ 아이오딘을 많이 섭취하면 갑상샘종을 일으킨다. 그러나 갑상샘종은 오늘날 흔치 않다. 소금이나 껌을 만들 때 더 이상 아이오딘을 쓰지 않기 때문이다.

▲ 알코올에 용해된 아이오딘은 오랫동안 소독약으로 사용되었다. 소독약의 톡 쏘는 향은 아이오딘이 아닌 알코올 때문이다.

▲ 수의학용 소독약으로 사용되는 아이오딘 승화물.

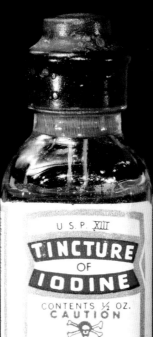

◀ 요오드가 주입된 예쁘고 오래된 병은 수집가들이 애호하는 수집품이다.

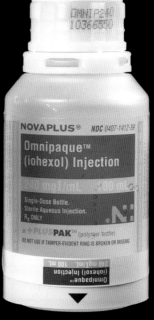

▶ 아이오딘을 함유한 조영제는 CT로 심장을 촬영하는 데 사용된다.

전자를 채우는 순서
1s 2s 2p 3s 3p 3d 4s 4p 4d 4f 5s 5p 5d 6s 6p 7s 7p

원자 방출 스펙트럼

물질의 상태

54

크세논 제논 (Xenon)

대부분의 실용적인 목적에서 크세논은 귀족과 같다. 같은 족에 있는 다른 기체들처럼 극성이 없고 반응성도 없다. 게다가 가장 값비싸기까지 하다. 하지만 1962년 크세논이 다른 일반적인 원소와 화합물을 만든다는, 슬럼가에 발을 들여놓은 듯한 놀라운 사실이 발견되었다.

이후부터 수십 개의 크세논 화합물, 특히 불소(플루오린(9))를 포함한 화합물이 발견되거나 만들어졌다. 예를 들어, 이불화크세논은 다양한 실험용 약품 카탈로그에서도 쉽게 이름을 찾을 수 있으며 다른 약품들처럼 평범한 병에 들어 있다. 크세논이 불활성 기체임을 감안하면 이는 매우 충격적인 사실이다. 이것은 불활성 기체들이 해서는 안 될 일이다.

이런 무분별한 행동 속에서도 크세논이 사용되는 대부분의 분야에서는 여전히 전형적인 특성인 불활성이 이용되고 있다. 크세논으로 채워진 전구는 크세논의 낮은 열전도성 때문에 더 뜨겁고 더 밝은 빛을 낸다. 하지만 아크등 불빛이야말로 크세논이 가장 밝게 빛나는 곳이다.

영상 프로젝터와 조명의 핵심 문제는 작고 강렬한 광원에서부터 빛을 쏘아 포물면 초점 거울에 산란되는 평행 빔으로 만들어내야 한다는 것이다. 거울의 초점에 빛이 더 모일수록 더 좋은 빔이다. 아이맥스(IMAX) 상영기는 환상적으로 밝은 15킬로와트 크세논 아크등을 사용해 엄청난 크기의 이미지를 상영한다. 크세논으로 채워진 전구는 매우 높은 압력을 가지기 때문에 폭발할 위험성이 있어 특별한 방법으로 저장되고 다루어져야 한다.

더 작은 수준에서 보면 할로겐화 크세논 메탈 할라이드 램프는 고가 브랜드의 승용차 전조등으로 사용되는데 밤길을 걷다가 마주치면 짜증날 정도로 눈부시다.

주기율표에서 할로겐 원소 다음에는 불활성 기체, 불활성 기체 다음에는 알칼리 금속이 나온다. 다음에는 알칼리 금속 중 반응성이 가장 강한 원소가 등장한다.

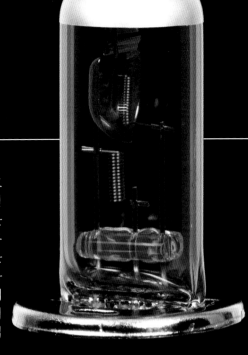

▲ 푸른색의 필름은 크세논으로 채워진 백열 전구를 고가의 크세논 메탈 할라이드 헤드램프처럼 보이게 한다.

▶ 프로젝터에 쓰이는 크세논 아크등.

◀ 폐 기능을 공부할 때 방사능을 띤 ^{133}Xe (크세논-133)을 흡입한다.

▶ 사진작가의 스튜디오에서 쓰이는 고성능 크세논 섬광 전구.

◀ 높은 전압으로 충전된 크세논 기체는 아름답고 창백한 자줏빛을 낸다.

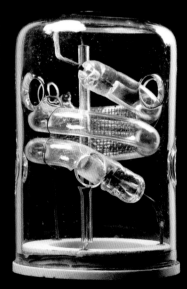

▶ 진짜 할로겐화 크세논 금속 램프.

Xenon Xe 133 Gas
One Dose Vial*
Exp. Date 10 Days
After Calibration
740 MBq (20mCi)
Bristol-Myers Squibb
Medical Imaging

원자량
131.293
밀도
0.0059
원자의 반지름
108pm
결정구조

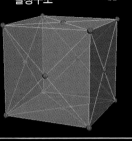

전자를 채우는 순서

1s 2s 2p 3s 3p 3d 4s 4p 4d 4f 5s 5p 5d 6s 6p 7s 7p

원자 방출 스펙트럼

500 1000 1500 2000 2500 3000 3500 4000 4500 5000 5500

물질의 상태

Cs

55

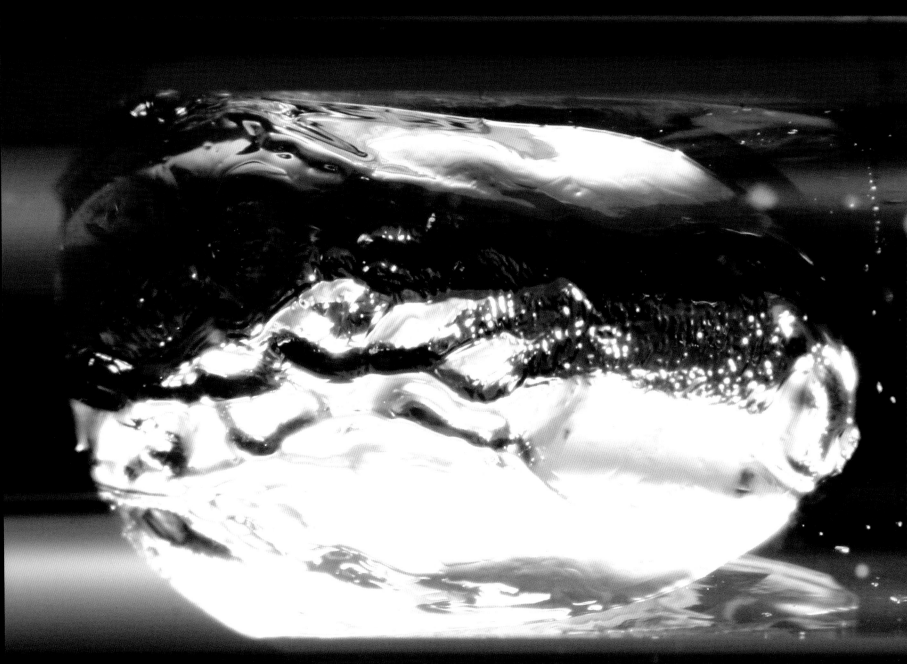

세슘 (Cesium)

세슘은 알칼리 금속 중 반응성이 가장 높은 금속으로 널리 알려져 있다. 물에 세슘을 약간 떨어뜨리면 즉시 물방울이 사방으로 튀면서 빠르고 격렬히 폭발한다. 그러나 세슘이 알칼리족 원소 중에서 가장 큰 폭발을 일으키는 것은 아니다. 나트륨(11)의 경우, 폭발하기까지 시간이 걸리지만 그동안 수소(1) 기체가 형성되고 수소가 점화되면 세슘으로 할 수 있는 어느 것보다 훨씬 큰 폭발이 일어난다. 나는 며칠 동안 알칼리 금속과 물의 폭발 실험을 관찰하면서 모 영국 방송사에서 세슘의 폭발 강도를 예상하는 것과 일치시키기 위해 다이너마이트를 사용해서 조작했다는 사실을 알아냈다.

세슘의 전공 분야는 폭발이 아닌 시간이다. 현재 공식적으로 쓰이는 1초의 정의는 다음과 같다. '바닥 상태에 있는 세슘-133 원자가 두 개의 초미세 준위 사이를 전이할 때 발생하는 전자기파 복사의 9,192,631,770주기 동안 걸리는 시간'이다. 이 기준을 실제로 알아보기 위해서는 세슘 원자 무리를 향해 그 진동수와 거의 비슷한 신호를 쏘아 보낸 다음 원하는 값 주변으로 진동수를 천천히 조절하면서 얼마나 많은 신호가 흡수되었는지 살펴보면 된다. 신호가 최대로 흡수되었을 때 전이 상태 에너지 레벨에서 신호가 사라졌다면 정의에 의해 진동수는 정확히 9,19263177000000…GHz일 것이다. 만약 그렇다면 세슘 원자가 완전히 고립되어 전기장이나 자기장, 중력장의 영향을 받지 않는다.

일반적으로 많이 쓰이는 국제 표준시의 밑바탕이 되는 국제 원자시(TAI, International Atomic Time)는 세계 곳곳에서 동시에 운영되는 300개의 세슘 원자시계를 기준으로 정한다. 가장 정확한 세슘 원자시계는 밀폐된 방 안에서 레이저가 수십만 개의 고립된 세슘을 위로 던진 후 외부의 영향을 거의 받지 않고 자유낙하하는 세슘을 측정한다. 만약 공룡이 7천만 년 전에 NIST-F1 세슘 원자시계를 콜로라도에 세웠다면 지금 시계는 1초 늦어졌을 것이다.

떠다니는 세슘을 뒤로하고 우리는 무겁다는 이름을 가진 원소로 이동할 것이다.

▶ NIST(미국 국립 표준기술연구소)가 만든 세슘 원자시계 축소 모형.

▼ 세슘 게터가 열에 의해 활성화되면서 진공 챔버 안에 남아 있는 산소와 물을 제거한다.

▶ 유정(油井) 시추 작업에 쓰이는 세슘 가루.

▼ 농축 세슘 포름산염 용액에 떠 있는 마그네슘 금속 조각. 유정 시추 작업을 할 때 돌 부스러기를 제거하는 데 사용된다.

▼ 영국 국립물리연구소에 있는 세슘 원자시계의 진공실.

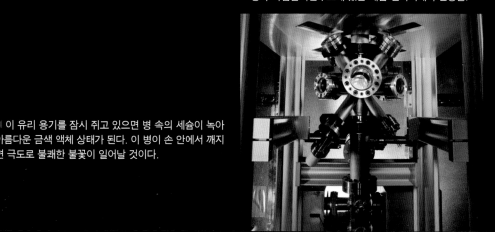

◀ 이 유리 용기를 잠시 쥐고 있으면 병 속의 세슘이 녹아 아름다운 금색 액체 상태가 된다. 이 병이 손 안에서 깨지면 극도로 불쾌한 불꽃이 일어날 것이다.

원자량
132.90545
밀도
1.879
원자의 반지름
298pm
결정구조

전자를 채우는 순서

원자 방출 스펙트럼

물질의 상태

131

Ba

56

바륨 (Barium)

그리스어로 '무겁다'라는 뜻을 가진 바륨은 사실 무겁지 않다. 실제로 바륨은 가볍다고 알려진 티타늄(타이타늄(22))보다 밀도가 낮다. 그러나 순수한 상태의 바륨은 무겁지 않지만 바륨 혼합물 혼탁액은 밀도가 낮아 여기저기에 활용된다.

예를 들어, 유정 시추 작업을 할 때 점토 형태의 황산바륨이 시추공 안에 주입된다. 이 용액의 밀도로 인해 시추공 안의 돌 조각이 시추공 밖으로 떠오른다. 또한, 황산바륨 수용액은 CT, MRI 등의 의료 영상을 촬영할 때 조영제로 사용된다. 황산바륨은 X선이 통과할 수 없기 때문에 황산바륨을 삼키거나 주입해 X선을 찍으면 원하는 부위의 소화관 모습을 관찰할 수 있다.

순수한 바륨은 산소(8)와 빠르게 반응해 금속이 가진 성질은 사라지지만 산소를 제거하는 데는 유용하게 쓰인다. 오래된 진공관에는 내부를 둘러싼 유리 외피에 은빛 바륨을 발라 놓는다. 이 바륨은 제조 과정에서나 시간이 지나면서 나오는 산소, 물, 증기, 이산화탄소, 질소 등과 반응한다. 이런 바륨 '게터'는 산소나 습기를 제거하기 위해 전등이나 다른 진공이 필요한 곳에 사용되기도 한다.

진공관 시대가 지난 후에 바륨은 이트륨(39)에서 설명한 YBCO(이트륨 바륨 구리 산화물) 초전도체에 쓰인다. 다음에는 자기부양 초전도체를 통해 다양한 자기적 성질을 가진 희토류 원소들을 살펴볼 것이다.

Elemental

원자량
137.327
밀도
3.510
원자의 반지름
253pm
결정구조

▲ 거의 모든 진공관이 바륨 게터를 포함한다. 유리관 안에 커다란 금속 조각이 보인다.

KEMET
TRADE MARK REG.
KIC BARIUM
"GETTERS"
PACKED IN VACUUM
PATENT NO. 2180714
KEMET LABORATORIES CO., Inc.
CLEVELAND, OHIO, U. S. A.
UNIT OF
Union Carbide UCC and Carbon Corp.

◀ 순수한 바륨은 다른 금속들처럼 광택이 난다.

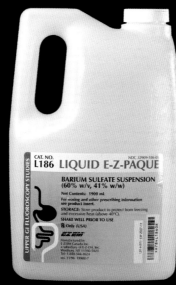

◀ 바륨 게터를 운반할 때는 산소와 닿지 않도록 밀봉된 통에 보관한다.

CAT. NO. L186 LIQUID E-Z-PAQUE
BARIUM SULFATE SUSPENSION
(60% w/v, 41% w/w)
Net Contents: 1900 mL

◀ 황산바륨은 소화관 사진을 촬영하는 데 흔히 쓰인다.

▶ 중정석 광물(황산바륨). 페루의 후안카벨리카 줄카니 광산에서 채굴했다.

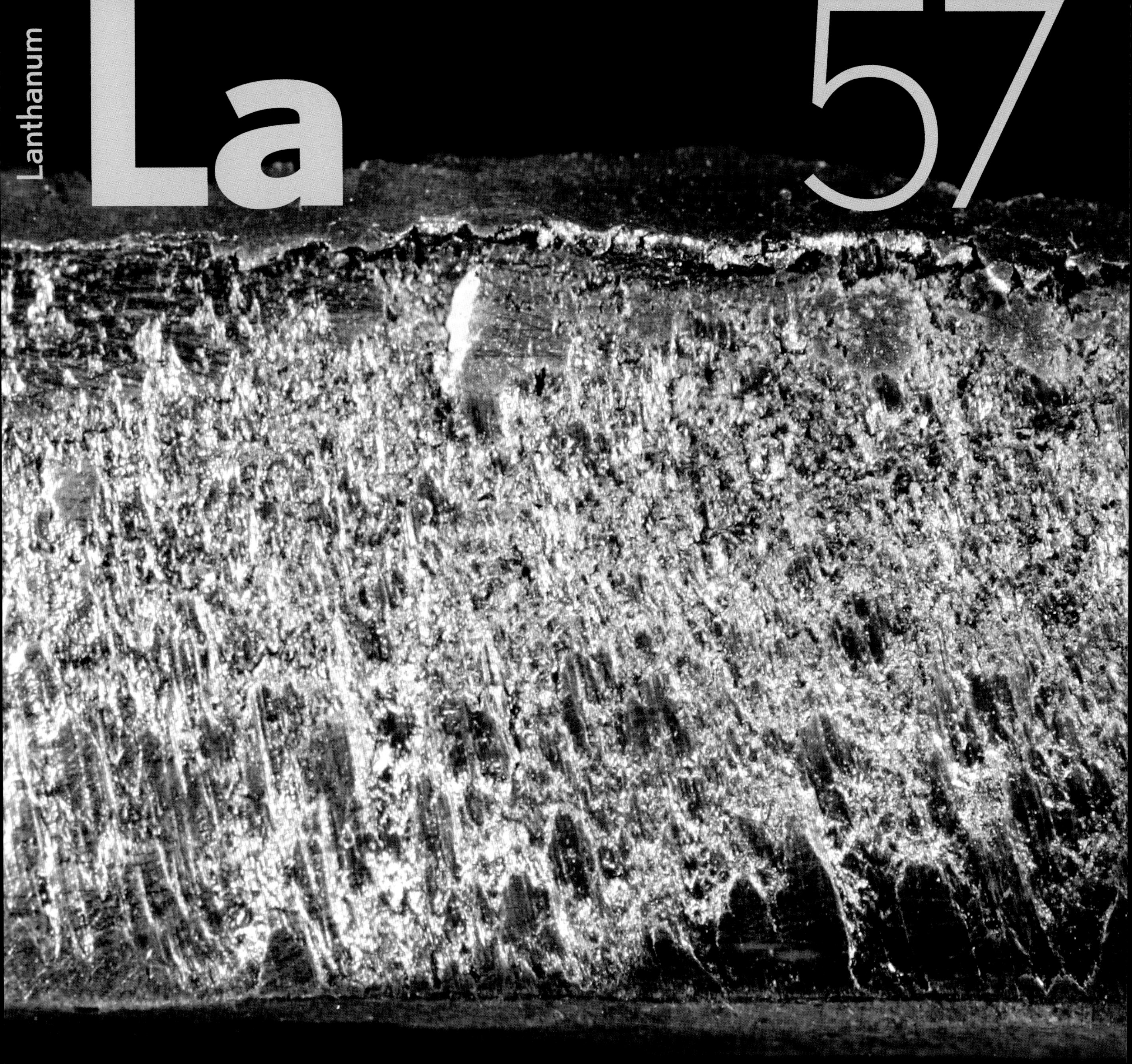
Lanthanum
La
57

란타넘 (Lanthanum)

원자량
138.9055
밀도
6.146
원자의 반지름
195pm
결정구조

란타넘은 주기율표 아래쪽에 두 줄로 따로 표기된 란타넘족 희토류 원소 중 맨 첫 번째다. 모든 란타넘족 원소들은 거의 같은 화학적 성질을 가지며 모두 같은 광석에서 발견되었다. 그래서 어떨 때는, 화학자들이 하나의 원소라고 생각했던 물질이 여러 희토류 원소의 혼합물이라는 사실을 깨닫기까지 수 년이 걸렸다.

하지만 같은 희토류라도 자성에서는 다양성을 보인다. 네오디뮴(60)과 같은 몇몇 희토류 원소는 매우 강한 자성을 띠는 반면, 테르븀(터븀(65))과 같은 원소는 자기장에서 모양을 바꾸는 합금을 만드는 데 사용된다.

란타넘은 희토류 중에서 가장 많이 발견되는 원소 중 하나이며(사실 희귀하다는 이름과 어울리지 않는다) 우리와 별 상관이 없어 보이는 곳에도 사용된다. 그 예로 라이터 '부싯돌'을 들 수 있는데 실제로 철과 '미시메탈(mischmetal)'의 합금이다. 미시메탈은 독일어로 '혼합 금속'이라는 뜻이며 란타넘과 세륨(58), 소량의 프라세오디뮴(59)과 네오디뮴이 함유되어 있다(미시메탈은 값비싼 합금이 아니다. 광산에서 그날그날 발견되는 혼합물일 뿐이다. 희토류의 조성은 변할 수 있기 때문에 혼합물을 분리하기 위해 큰 돈을 들일 필요는 없다).

희토류의 산화물은 열 저항성이 있으며 가열하면 밝게 빛나는 성질이 있어 전기 대신 가스로 불을 밝히는 랜턴을 만드는 데 유용하게 쓰인다.

'희토류'라는 이름이 무색할 정도로 란타넘이 지구 지각에 포함되어 있는 양은 납(82)의 세 배 이상이고 세륨은 란타넘의 두 배 이상이다.

▲ 주로 란탄과 세륨으로 구성된 미시메탈 벽돌. 영화에서 불꽃 효과를 낼 때 사용한다.

▲ 바스트나사이트 광물,(La,Ce)(F,CO₃).

◀ 순수한 란타넘 주괴의 큰 조각.

▲ 캠핑용 랜턴에서 빛나는 산화란탄.

▲ 연삭숫돌에 미시메탈을 넣으면 화려한 불꽃이 뿜어져 나온다.

전자를 채우는 순서

원자 방출 스펙트럼

물질의 상태

Ce

58

세륨 (Cerium)

세륨은 지구상에서 구리(29)만큼 많이 발견되는 원소이며 값도 매우 싸다. 특히 산화세륨은 유리에 광을 내는 연마제로 많이 사용된다.

세륨 금속은 마찰을 일으키거나 갈면 불이 붙는 자연 발화성을 가지고 있다. 이것은 금속 덩어리 자체에 불이 붙는다는 뜻이 아니라 오히려 부스러기를 만들어내 물질이 타기 쉽게 해주는 것이다. 놀랄 것도 없이 세륨의 이런 성질은 철(26)과 합금을 이루어 적당한 자연 발화성을 가진 부싯돌을 만드는 데 사용된다. 란타넘(57)에서 설명했듯이 희석되지 않은 많은 양의 미시메탈, 즉 란타넘-세슘 혼합물은 영화에서 자동차가 콘크리트와 충돌할 때 나는 폭발처럼 강한 불꽃을 일으키는 특수효과에 사용된다.

내가 가장 좋아하는 희토류 원소 중 하나는 캠프파이어에 불을 붙일 때 사용하는, 플라스틱 손잡이에 고정된 커다란 부싯돌이다. 부싯돌을 칼날 뒷면으로 문지르면 강렬한 폭발을 일으키며 건조한 나뭇가지를 불타오르게 한다. 나는 한 번도 직접 불을 일으켜보진 않았지만 보는 것만으로도 만족한다.

다른 응용 분야로는 소량의 세륨과 알루미늄(13), 마그네슘(12), 텅스텐(74) 합금 용접 전극이 있다.

프라세오디뮴의 경우, 옆 원소들이 보충해주는 기능보다 응용 분야가 더 적다.

▶ 미저라이트 광물, $K(CaCe)_6Si_8O_{22}(OH,F)_2$, 캐나다 퀘벡 빌레디에에서 채굴했다.

▲ 연장과 유리를 연마하는 데 쓰이는 산화세륨 분말.

◀ 순수한 세륨 원소의 주괴 단면. 희토류 원소 중에서 가장 비싸지 않은 원소 중 하나다.

▶ 지름이 0.5인치 정도인 커다란 세륨-란탄-철 합금은 기본적으로 부싯돌로 사용되며 칼로 문지르면 강한 불꽃을 일으킨다.

원자량
140.116
밀도
6.689
원자의 반지름
158pm
결정구조

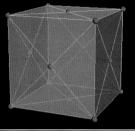

전자를 채우는 순서

원자 방출 스펙트럼

물질의 상태

Pr

59

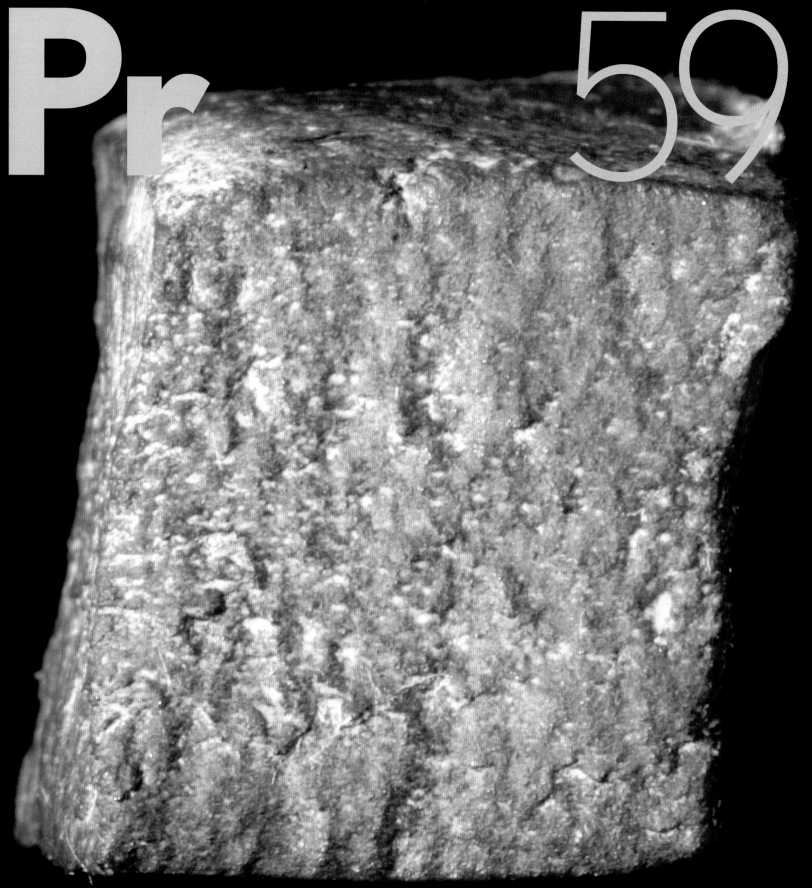

프라세오디뮴 (Praseodymium)

Elemental
원자량
140.90765
밀도
6.640
원자의 반지름
247pm
결정구조

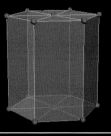

당신이 타일 세트 위에 원소 이름을 조각한다면 프라세오디뮴은 이름이 가장 긴 원소라는 것을 기억해야 할 것이다(즉, 프라세오디뮴은 공간적으로 가장 긴 이름이다. 반면, 104번 원소인 러더퍼듐은 철자가 가장 많다. 프라세오디뮴과 m 한 글자 차이로 말이다). 이 정보는 나무 타일에 주기율표를 새기다 보면 알게 된다. 내가 몇 년 전에 그랬던 것처럼 말이다. 당신이 이런 일을 계획하지 않는다면 이런 종류의 정보를 알아내기란 불가능할 것이다.

실제로 많은 희토류 원소들은 그렇게 드물지 않다. 희토류 혼합물은 단지 분리하기 어려워 그런 이름을 갖게 된 것이다. 최근 희토류를 분리하는 용해 추출 방법에서는 물과 기름처럼 섞이지 않는 두 가지 액체 사이에서 희토류 원소의 용해도 차이를 이용한다. 용해도 차이가 작더라도 수많은 역류 용해 추출계를 연속적으로 배열하면 마지막에는 거의 순수한 물질을 얻을 수 있다.

역류 용해 추출법은 모든 희토류의 유용성에 대변혁을 일으켰고 순수한 희토류의 가격을 상당히 낮추었다. 많은 양의 희토류 원소들을 합리적인 가격에 사용할 수 있게 되면서 사람들은 그것들을 이용해 쓸모 있는 것을 만드는 연구를 시작했다. 이 연구들은 다른 연구들보다 매우 성공적이었다.

예를 들어, 프라세오디뮴은 유리 제조공들이 그들의 작업을 살펴보는 데 사용하는 매우 특수한 장비인 '다이디뮴' 안경에 쓰였다. 프라세오디뮴과 네오디뮴(60)을 섞으면 렌즈가 흐릿한 푸른 빛깔을 내고 특정 노란빛 파장을 강하게 흡수한다. 이 파장대는 뜨거운 소다석회 유리가 방출하는 밝은 노란색과 유사하다. 이는 매우 주목할 만한 사건이었다. 다이디뮴 렌즈를 사용하면 유리를 녹이는 뜨거운 토치를 직접 바라볼 수 있고 흐릿한 푸른 빛깔의 불꽃과 빨갛게 달아오른 주황빛의 유리를 희미하게 볼 수 있다. 안경을 벗으면 토치의 강렬한 불빛에 곧바로 시선을 돌리게 된다.

하나의 양성자가 만들어내는 차이를 보라. 사람들이 잘 모르는 프라세오디뮴에서부터 집에 몇 개쯤 굴러다니는 네오디뮴까지 말이다.

Molycorp
These elements are no longer rare.
Molycorp plants refine 25 million pounds a year.
Try them.

▲ 희토류를 합리적인 가격에 사용할 수 있다는 것을 홍보하기 위해 만든 샘플.

▶ 유리 제조공이 사용하는 다이디뮴 안경의 렌즈.

◀ 프라세오디뮴은 감람석을 기초로 한 가짜 큐빅 지르코니아의 빛깔을 만든다.

▼ 프라세오디뮴을 가진 푸른 필터는 비효율적으로 노랗게 빛나는 전구를 자연 빛 수준으로 바꾸어준다.

▼ 영화를 촬영할 때 햇빛처럼 하얀 빛을 만드는 탄소아크등 막대. 가운데 프라세오디뮴이 들어 있다.

◀ 약간 산화된 프라세오디뮴의 덩어리.

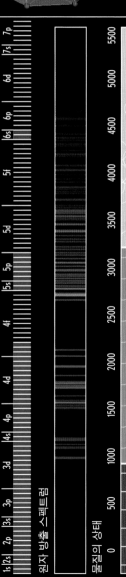

Neodymium **Nd** 60

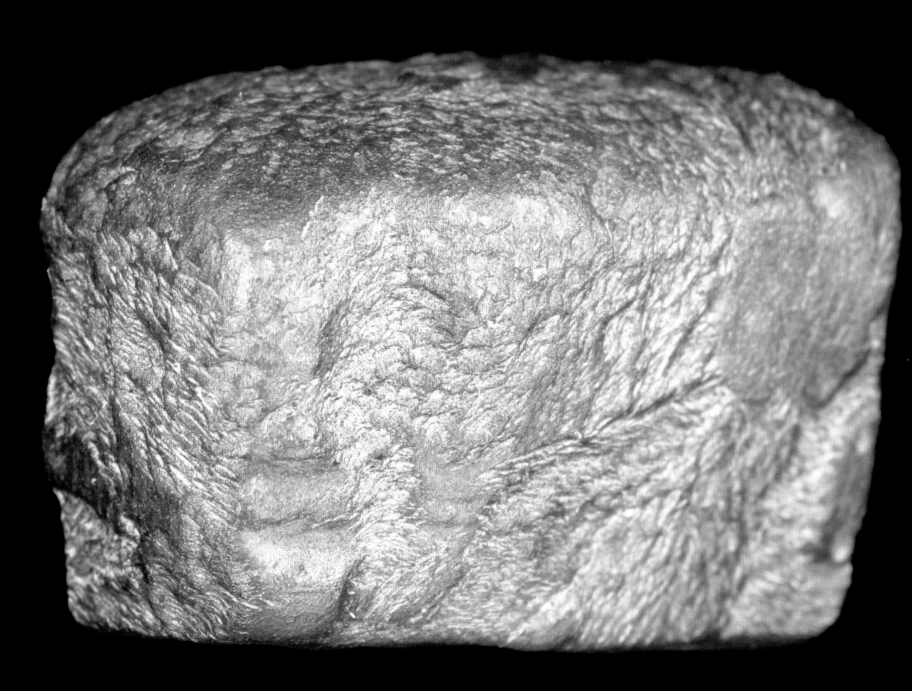

네오디뮴 (Neodymium)

원자량
144.24
밀도
7.010
원자의 반지름
206pm
결정구조

네오디뮴은 희토류 원소와 란탄족 원소 중에서도 네오디뮴 자석으로 유명하다(실제로 네오디뮴과 붕소, 철의 합금으로 만들어진다). 이 자석은 영구자석 중 가장 강한데 너무 강해 두 개 이상 가지고 있으면 위험하기까지 하다.

두 자석을 30cm 이상 멀리 떼어놔도 서로에게 달려와 붙어버린다. 당신이 손에 네오디뮴 자석을 쥐고 있다가 그런 일을 당한다면 하늘의 도움을 바랄 수밖에 없다. 매우 작은 자석은 몸에 물집만 잡히게 하지만 자석 크기가 몇 cm만 되어도 손가락이나 손 전체를 망가뜨릴 수 있다. 작은 네오디뮴 자석 한 개를 삼켜도 큰일은 일어나지 않는다. 자석이 몸 밖으로 나오길 기다리면 된다. 그러나 시차를 두고 자석 두 개를 삼키면 의학적으로 문제가 발생한다. 자석들이 장에서 서로 달라붙어 생명을 위협하는 구멍을 만들 수도 있다.

살갗을 짓누르는 네오디뮴의 이런 성질은 귀를 뚫지 못하는 사람들이 귀걸이나 비슷한 종류의 액세서리를 착용한 것처럼 보이게 해준다.

유리에 섞인 네오디뮴은 광학적 성질도 있다. 네오디뮴이 포함된 백열등은 노란 백열광을 걸러내 자연광에 가까운 더 하얀빛을 낸다. 이는 기존에 쓰던 노란빛 백열전구보다 엄청나게 비효율적이라는 점에서 어리석은 행동이다. 다른 대안은 일광 스펙트럼 형광등을 사용하는 것인데 유로퓸(63)을 사용한 형광등은 불쾌한 스펙트럼을 흡수해 네오디뮴을 사용한 형광등보다 효율적이며 더 기분 좋은 스펙트럼을 방출한다.

네오디뮴 유리는 레이저의 구성 요소로도 사용되는데, 섬광 전구에서 높은 에너지로 방출된 빛의 파동을 증폭시킨다. 다음 원소는 빛과 별 관련이 없는 프로메튬이다.

▲ 네오디뮴 자석은 작은 모터를 매우 강하게 만들어준다.

▲ 네오디뮴 자석은 가벼운 하이파이 헤드폰의 필수 요소다.

▶ 오일 필터에 붙은 강한 자석은 금속 불순물을 잘 걸러낸다.

▲ 작은 네오디뮴 자석이 달린 귀걸이는 귀를 뚫지 않아도 착용할 수 있다.

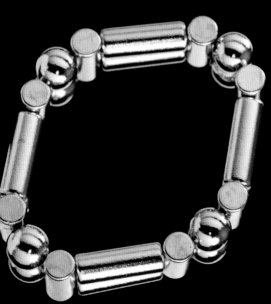

◀ 순수한 네오디뮴 금속.

▲ 작은 네오디뮴 팔찌는 별다른 연결 고리가 없어도 끊어지지 않을 만큼 자성이 강하다.

▶ 작은 모터에서 볼 수 있는 네오디뮴 자석 고리.

전자를 채우는 순서
1s 2s 2p 3s 3p 3d 4s 4p 4d 4f 5s 5p 5d 5f 6s 6p 6d 7s 7p

원자 방출 스펙트럼

물질의 상태

Promethium **Pm** 61

프로메튬 (Promethium)

원자량
[145]
밀도
7.264
원자의 반지름
205pm
결정구조

비스무트(83)보다 원자번호가 작은 원소들은 일반적으로 안정적인데 프로메튬(61)과 테크네튬(43)만은 예외다. 이 두 원소에서는 핵의 껍질에 양성자와 중성자가 채워지는 방식을 결정하는 다양한 요소들이 복합적으로 작용한다. 그래서 안정적인 상태를 이루는 적절한 배열을 찾을 수 없고 이는 둘 중 어느 원소도 안정적인 동위원소가 존재하지 않는다는 뜻이 된다.

테크네튬은 의학 분야에서 잘 활용되고 있지만 프로메튬은 거의 활용되고 있지 않다. 다만 짧은 황금기가 있었는데 사람들이 라듐(88)을 사용하지 않기 시작한 시점에서 삼중수소가 사용되기 전까지 프로메튬은 황화 아연(30) 인광 물질과 섞어 야광 버튼을 만들거나 표시하는 데 사용되었다. ^{147}Pm(프로메튬-147)의 반감기는 2.6년밖에 되지 않기 때문에 프로메튬을 사용해 만든 기구는 거의 남아 있지 않고 더 이상 사용되지도 않는다.

프로메튬은 수소(1)의 동위원소인 삼중수소로 대체되었는데 이는 삼중수소가 훨씬 안전하기 때문이다. 삼중수소에서 나오는 방사선은 삼중수소를 보관하고 있는 유리관을 통과하지 못하며 유리관이 깨졌더라도 삼중수소는 수소나 헬륨(2)처럼 공기보다 훨씬 가벼우므로 매우 빠르게 위로 올라가 사람들로부터 멀어진다(그와 반대로 프로메튬과 라듐 페인트는 매우 끈적끈적해 페인트가 벗겨지거나 여기저기 묻어 주위가 엉망이 되기도 하는데 이를 청소하는 비용도 만만치 않다).

사마륨부터 시작해 프로메튬 다음에 위치한 21개 원소들은 안정적인 상태다.

▲ 소형 형광등의 점등관 안에 들어 있는 매우 적은 양의 프로메튬이 안쪽 기체들을 이온화된 상태로 유지한다.

◀ 잠수용 시계를 만들고 남은 프로메튬으로 만든 야광 버튼.

◀ 프로메튬 점등관을 사용하는 소형 형광등(대부분 프로메튬을 사용하지 않는다).

▲ 라듐이 사용되지 않은 후부터 삼중수소를 사용하기 전까지 사용된 프로메튬 형광 페인트. 위 사진에서는 나침반의 문자판에서 볼 수 있다.

전자를 채우는 순서
1s 2s 2p 3s 3p 3d 4s 4p 4d 4f 5s 5p 5d 5f 6s 6p 6d 7s 7p

원자 방출 스펙트럼

물질의 상태

500 1000 1500 2000 2500 3000 3500 4000 4500 5000 5500

Sm

62

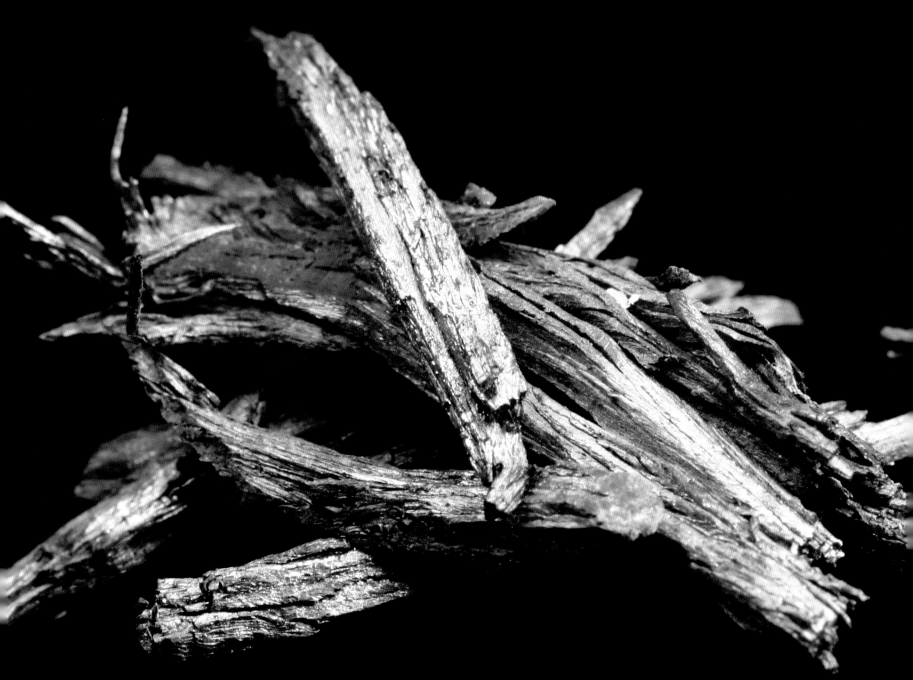

사마륨 (Samarium)

사마륨은 고대 도시 사마리아가 아니라 사마스카이트(samarskite)라는 광물의 이름을 따 지어졌고 사마스카이트는 이 광물을 처음 발견한 바실리 사마스키 비쇼베츠(Vasili Samarsky Byk-hovets)라는 러시아인의 이름을 따 지어졌다 (그의 이름의 기원을 찾아 거슬러 올라가면 사마리아가 배후에 있을지도 모르지만 말이다). 사마륨이라는 이름이 지어졌을 때 사마스키 비쇼베츠는 생존해 있었기 때문에 사마륨은 나중에 소개할 시보귬(106) 다음으로 생존한 인물의 이름을 따 명명된 두 번째 원소가 되었다. 하지만 시보귬과 달리 사마륨은 그 사람을 기념하기 위해 지은 이름이 아니다. 광물의 이름을 따라 지은 간접적인 명명은 내 책에서 다루지 않았다.

네오디뮴-철-붕소 자석은 오늘날 가장 강력한 자석이다. 하지만 사마륨-코발트 자석은 네오디뮴이 자성을 잃는 높은 온도에서도 작동할 수 있다. 무슨 이유인지 사마륨-코발트 자석은 멋지게 생긴 전기 기타의 픽업에 주로 사용된다. 하지만 기타를 불에 태울 생각이 없는 한 그런 낮은 온도에서 사마륨-코발트 자석을 쓰는 것이 어떤 차이가 있는지 잘 모르겠다.

사마륨은 자석 외에도 여러 분야에서 사용되고 있다. 다른 원소들과 마찬가지로 화학 시약, 의약품(이 경우, 사마륨의 방사성 동위원소가 사용된다), 연구에서도 다양하게 사용된다. 예를 들어, 사마륨 이용법에 대한 연구에서 말이다. 내가 사마륨은 달리 중요하게 사용되는 곳이 없다고 말한다면 누군가는 불만을 가지고 "아닙니다. 이러이러한 것은 정말 중요하다고요."라고 불평할 것이다. 하지만 당신은 내가 무슨 말을 하는지 이해할 것이다.

다음에 나올 유로퓸의 경우, 더 명확히 나타난다.

Elemental

원자량
150.36
밀도
7.353
원자의 반지름
238pm
결정구조

▲ 순수한 사마륨으로 만든 주화. 실제 존재하는 거의 모든 원소들로 만든 동전 시리즈 중 하나다.

▶ 사마륨-코발트 자석은 네오디뮴계 자석만큼 강력하진 않지만 높은 온도에서도 자성을 잃지 않는다.

▼ 모나자이트 광물에는 거의 모든 희토류가 어느 정도 함유되어 있다.

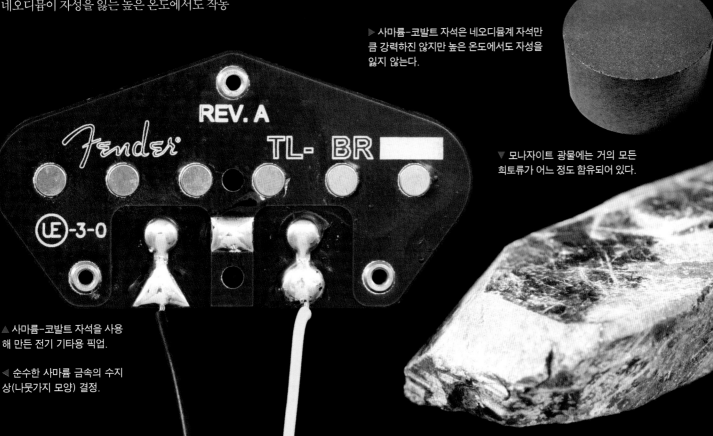

▲ 사마륨-코발트 자석을 사용해 만든 전기 기타용 픽업.

◀ 순수한 사마륨 금속의 수지상(나뭇가지 모양) 결정.

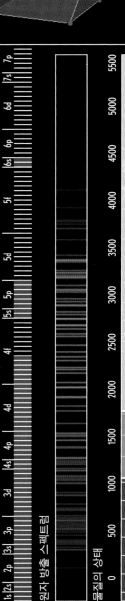

Eu

63

유로퓸 (Europium)

유로퓸은 유럽 대륙에서 그 이름을 따왔다. 루테늄(44)과 함께 어느 정도 나라 이름에서 그 유래를 찾을 수 있지만 같진 않기 때문에 국명에서 따온 네 원소 게르마늄(저마늄(32)), 폴로늄(84), 프랑슘(87), 아메리슘(95)에 포함시키지 않았다.

유로퓸은 다른 희토류 금속과는 조금 달리 자성이 아닌 빛을 내는 용도로 주로 사용된다. 유로퓸은 강한 광원에 잠시만 노출되어도 매우 밝게 몇 분, 또는 희미하게 몇 시간 동안 빛을 낼 수 있는 여러 종류의 인광 페인트에 사용된다.

유로퓸은 점점 이용이 줄고 있는 CRT(Cathode-Ray Tube) 모니터나 컬러 TV에 들어가는 인광 물질로 사용된다. CRT나 컬러 TV와 같은 기계들은 커다란 진공관이다. 그 속에 모인 전자 빔이 수천 볼트에 달하는 전압에 의해 가속되고 화면 안쪽에 있는 빨강, 초록, 파랑 인광 물질로 이루어진 점을 지나게 된다. 각각의 점에서 방출되는 빛의 색은 각각의 점을 이루는 원소나 화합물에 의해 결정된다. 빨간색은 초기 컬러 TV에서 문제가 되었는데 밝은 빛을 내는 빨간색 인광 물질이 없었기 때문에 나머지 두 색을 의도적으로 어둡게 해 색 균형을 유지해야 했다. 유로퓸을 기반으로 한 빨간색 인광 물질이 발명되면서 컬러 TV 색이 급격히 향상되었고 전 세계 어린이들의 마음을 더 효과적으로 빼앗는 데도 일조했다.

전구형 형광등은 에디슨이 발명한 비효율적인 백열전구로부터 우리를 해방시켜주었다. 이 멋진 형광등도 아름다운 빛의 스펙트럼을 만들어내는 다양한 인광체 중 유로퓸을 사용한다. 나는 이제 전구형 형광등에서 나오는 밝고 아름다운 일광 스펙트럼 빛에 너무 잘 적응해 백열전구의 우울하고 칙칙한 노란빛이 어색하다.

이제 약간 다른 종류이지만 자성을 지닌 희토류인 가돌리늄을 살펴보자.

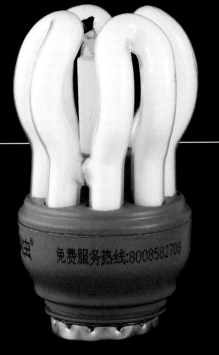

▲ 거의 대부분의 일반적인 전구형 형광등은 유로퓸 인광체를 사용한다.

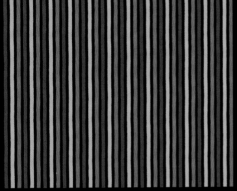

▲ 유로퓸 인광체는 CRT TV의 빨간색 빛을 낸다.

▼ 모나자이트 모래 속에는 거의 대부분의 희토류 금속이 들어 있다.

▼ 손톱깎기와 함께 팔리고 있는 전구형 형광등. 일본인들이 본다면 우스꽝스럽겠지만 중국에서 실제로 구할 수 있다.

▶ 2와트짜리 전구형 형광등은 전력을 거의 소모하지 않고도 이 정도 빛을 낸다.

◀ 순수한 유로퓸은 기름 속에 보관해도 시간이 지나면 산화된다.

원자량
151.964
밀도
5.244
원자의 반지름
231pm
결정구조

전자를 채우는 순서

원자 방출 스펙트럼

물질의 상태

147

Gd

64

가돌리늄 (Gadolinium)

Elemental

가돌리늄 화합물은 높은 상자성(paramagnetic)을 띠기 때문에 인체 안에 주입할 수 있다. 가돌리늄의 주요 응용 형태 중 하나는 MRI 스캔에 사용되는 조영제다. 황화바륨이 위장관 X선 촬영의 조영제로 사용되는 원리와 비슷하다.

X선은 몸속 조직 중 뼈나 근육이 아닌 연한 조직을 매우 잘 통과하지만 황화바륨으로 코팅하면 X선이 쉽게 통과하지 못해 소화기관 안쪽 표면을 자세히 보여준다. 마찬가지로 가돌리늄은 MRI 안에서 자기장에 매우 강하게 반응하기 때문에 당신이 가돌리늄(가도펜테틴산 디메글루민 형태로)을 혈류에 주사하면 MRI는 혈액이 어디에 있는지, 어디에 없는지 보여줄 것이다. MRI는 내출혈이 일어난 위치를 3차원으로 시각화해 정확히 찾아내고, 혈액의 흐름이 좁아지거나 멈추는 장소를 또렷이 보여주어 혈관이 어디서 협착되거나 막혔는지 알려준다.

다음에 설명한 현상에 대한 상업적인 제품은 아직 나오지 않았다. 하지만 가돌리늄의 퀴리점(Curie point)이 실온과 비슷한데(19℃) 퀴리점이 도대체 무엇인지 다른 사람들에게 설명해줄 수는 있다. 퀴리점이란 어떤 물질이 강자성체(ferromagnetic, 자석에 붙음)에서 상자성체(paramagnetic, 자석에 붙지 않음)로 변하는 온도다. 얼음물로 가돌리늄 조각을 차갑게 하면 자석에 붙겠지만 따뜻하게 만들면 자석에서 떨어진다.

퀴리점에서의 변화는 희토류 원소의 특이한 자기적 성질 중 하나다. 하지만 자기장에 놓았을 때 모습을 바꾸는 테르븀(터븀)의 모습만큼 특이하진 않을 것이다.

원자량
157.25
밀도
7.901
원자의 반지름
233pm
결정구조

▲ 순수한 가돌리늄 정보를 새겨 넣은 주화. 이렇게 사용될 수도 있다는 것 외에는 별다른 의미가 없다.

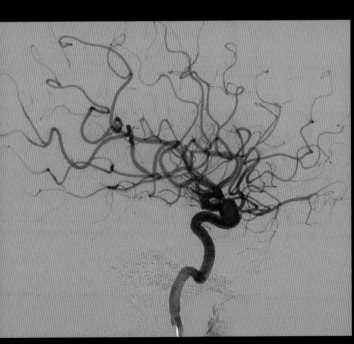

◀ 가돌리늄 조영제는 MRI 영상에서 혈관의 어느 부분에 혈액이 새는지 보여준다.

◀ 갈고리 모양의 순수한 가돌리늄은 희토류 원소의 생김새와 약간 비슷하다. 물론 여전히 또 다른 회색 금속일 뿐이다.

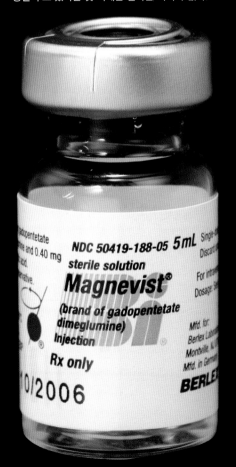

▶ 가돌리늄 MRI 조영제.

Terbium

Tb

65

테르븀 터븀 (Terbium)

테르븀 원소와 테르븀이 많이 함유된 합금인 테르페놀은 자기장 안에서 형태가 변하는 특이한 성질이 있다. 이런 성분의 막대는 자기장의 방향과 세기에 따라 급격히 길어지거나 짧아진다. 이런 성질은 별로 쓸모없어 보일 수도 있지만 이것을 이용해 어떤 고체 표면도 확성기로 바꿀 수 있다.

코일이 감긴 테르페놀 막대 끝을 나무 테이블에 대고 코일에 오디오 신호를 입력하면 막대가 테이블 전체를 진동시키면서 테이블 표면이 커다란 소리를 내게 된다. 이것은 스피커에서 소리의 재생을 담당하는 부품인 스피커 콘의 원리와 같다.

평범한 확성기를 테이블 위에 두면 왜 똑같은 결과가 나오지 않는 걸까? 그 이유는 스피커의 음질이 떨어지기 때문이다. 이것은 임피던스 정합(impedance matching) 문제의 한 예다. 일반적인 스피커는 작은 힘을 이용해 가벼운 스피커 콘을 상대적으로 멀리 옮겨놓는다. 무거운 나무로 만들어진 테이블 판을 옮기기 위해서는 짧은 거리 내에서 큰 힘이 주어져야 한다. 이는 일반적인 스피커 안에 들어 있는 자석과 코일로는 할 수 없다. 따라서 테르페놀 막대는 이렇게 커다란 종류의 스피커를 만들 수 있는 몇 안 되는 방법 중 하나다. 그리고 별로 비싸지 않은 가격으로 정확히 작동하는 테르페놀 장비를 살 수 있다!

디스프로슘이 그렇게 널리 활용된다면 얼마나 좋을까?

▶ 테르븀에 불순물을 첨가해 만든 눈물 모양의 빨간색 유리 공예품.

▼ 이 사운드버그(SoundBug)라고 불리는 기계 스피커에는 아래 사진에 나와 있는 테르페놀 판 형태의 오디오 장비가 들어 있다.

▶ 구리 코일 안에 들어 있는 테르페놀 합금 막대는 판 형태의 오디오 장비를 만드는 데 사용된다.

◀ 순수한 테르븀 고체의 단면.

▶ 울퉁불퉁한 고순도 테르븀 막대.

원자량
158.92534
밀도
8.219
원자의 반지름
225pm
결정구조

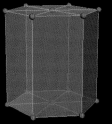

전자를 채우는 순서

원자 방출 스펙트럼

물질의 상태

Dy

66

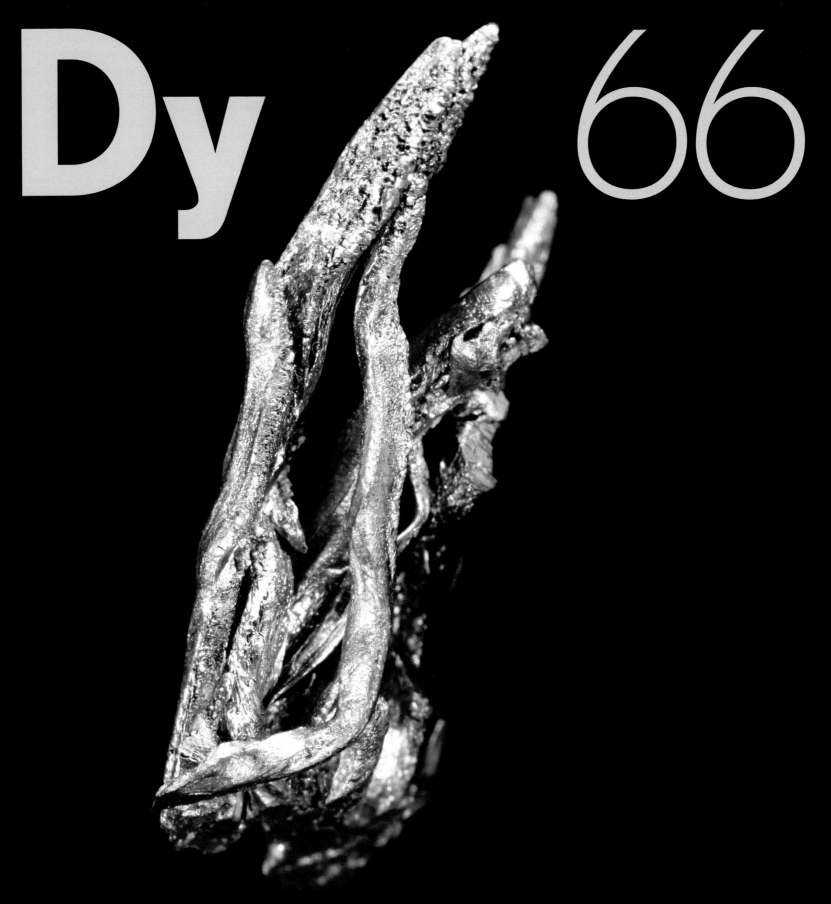

디스프로슘 (Dysprosium)

디스프로슘이 쓸모 없다는 말은 틀린 말이다. 디스프로슘은 테르븀(터븀(65))에서 다루었던 테르페놀 합금에 소량 함유된 성분 중 하나다. 또한, 네오디뮴(60)에서 언급했듯이 네오디뮴-철-붕소 자석을 만들 때 선택적으로 사용되기도 한다. 이외에도 몇 군데서 보조 성분으로 활용된다. 하지만 디스프로슘만 가진 흥미로운 역할을 알고 싶다면 그 이름의 유래를 살펴보면 된다. '접근하기 어려운'이라는 뜻의 그리스어 *dysprositos*를 따라 명명되었다.

디스프로슘을 구글에서 검색해보면 많은 기업들이 디스프로슘을 그들의 제조품에 어떻게 사용했는지에 대한 정보, 또는 디스프로슘의 특이한 성질을 연구한 과학 논문들을 찾을 수 있을 것이다. 디스프로슘을 찾아볼 때는 검색 결과의 네 번째 페이지부터 살펴봐야 한다. 그전에 있는 웹사이트들은 주기율표상의 디스프로슘을 상세히 다루기보다 '디스프로슘은 엄연히 원소이기 때문에 이를 설명하는 페이지가 있어야 한다'라는 등 의무감에 젖은 말들만 늘어놓은 것이 대부분이기 때문이다.

하지만 이것이 디스프로슘의 중요한 응용분야가 없다는 뜻은 아니다! 단지 디스프로슘의 유용함을 알고 있는 사람들이 이를 대중에게 알릴 필요성을 느끼고 있지 않다는 것을 의미한다. 당신이 인터넷이나 책, 과학 논문 안에서 찾을 수 있는 세상 너머에는 회사들 내에서 비밀 정보로 거래되는 사적 지식의 전혀 다른 세계가 펼쳐져 있다. 예를 들어, 디스프로슘은 빨간색 영역의 강렬한 방출선을 만드는 아이오딘화디스프로슘, 브롬화디스프로슘염 형태로 널리 활용되고 있다. 그러나 디스프로슘이 함유된 상업용 조명기구 아래에서 몇 시간 동안 시간을 보내면서도 산업 분야에서 일하고 있는 사람을 알지 않는 한 디스프로슘에 대한 정보를 얻기는 어렵다. 심지어 지금 이 글을 쓰는 시점에서는 모든 원소의 정보를 가졌을 만한 위키피디아에도 디스프로슘에 대한 정보는 없다(저자가 이 책을 쓸 당시는 없었지만 현재는 위키피디아에 상세한 정보가 올라와 있다).

다음에 나오는 두 개의 희토류 원소인 홀뮴과 에르븀(어븀)은 툴륨으로 가는 길에 만날 수 있는 눈부신 친구들이다.

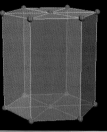

Elemental

원자량
162.5
밀도
8.551
원자의 반지름
228pm
결정구조

▲ 히말라야산 바다소금은 일반 소금보다 몸에 좋다는 소문과 함께 팔리고 있다(일반 소금에는 디스프로슘을 포함해 건강에 좋지 않은 원소들이 포함되어 있다고 주장하지만 약간 의심스럽다). 또한, 이것은 사진과 같이 커다란 고체 덩어리 형태로 팔리는데 안쪽으로 구멍을 파내 램프로 변신하기도 한다.

DYSPROSIUM
1412 °C
66
Dy
854 g/cc
162.50

◀ 순수 디스프로슘을 박아 넣은 주화. 그렇다! 우리는 이상한 세계에 살고 있다.

▶ 중공음극램프(Hollow cathode lamps)는 안에 들어있는 원소에 따라 고유한 스펙트럼선을 만들어내며 거의 모든 원소에 적용할 수 있다. 특히 애매모호한 희토류의 경우, 사진 몇 장만 있으면 더 쉽게 알아낼 수 있다.

◀ 순수한 디스프로슘의 나뭇가지 모양 결정.

전자를 채우는 순서   1s 2s 2p 3s 3p 4s 3d 4p 5s 4d 5p 6s 4f 5d 6p 7s
원자 방출 스펙트럼
물질의 상태   0 500 1000 1500 2000 2500 3000 3500 4000 4500 5000 5500

Ho

67

홀뮴 (Holmium)

원자량
164.93032
밀도
8.795
원자의 반지름
226pm
결정구조

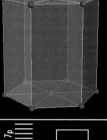

홀뮴은 희토류 원소들 중에서 가장 성공한 원소다. 모든 희토류 원소들은 어떤 식으로든 재미있는 자기적 성질이 있지만 홀뮴이 특별히 중요한 원소로 대접받는 이유는 자기 모멘트(magnetic moment)를 갖고 있기 때문이다.

홀뮴이 자기장 안에 놓이면 홀뮴 원자들은 자기장을 따라 줄을 맞춰 모여든다. 이는 자기력선을 조밀하게 만들어 결과적으로 자기장의 강도를 증가시킨다. 자석 끝부분에 홀뮴 조각을 극편(pole piece)으로 붙이면 더 강한 자석을 얻을 수 있다.

홀뮴 극편은 MRI에 사용되는데 매우 강력한 자기장이 몸속에 있는 원자들을 정렬시켜 핵의 스핀을 측정한다. 이런 자석은 매우 강력하기 때문에 근처에 절대로 금속 물질을 놓으면 안 된다는 신중한 경고를 잊으면 안 된다. 다음은 실화다. 필자는 MRI 촬영을 한 적이 있는데 방사선과 전문의는 먼저 내 눈을 X선으로 촬영해야 한다고 말했다. 처음에는 이해가 되지 않았지만 최근 금속 용접이나 세공을 한 적이 있는지에 대한 입원 서류의 질문을 보고 이해하게 되었다. 환자의 눈꺼풀에 작은 금속 조각이 들어 있으면 엄청난 세기의 자기장을 사용하는 MRI 촬영 도중 안구에 상처가 나거나 시력을 잃을 수도 있기 때문이다(당신도 알다시피 병원 관계자들이 이렇게 묻는 이유는 실제로 이런 사고가 누군가에게 일어난 것이 틀림없기 때문이다).

의학 분야에서 홀뮴이 어떻게 응용되는지 계속 살펴보자. 레이저 수술에 사용되는 레이저는 종종 홀뮴이 첨가된 YAG(이트륨 알루미늄 가닛) 고체 레이저다. 다른 희토류 원소들과 마찬가지로 유리나 수정 안에 포함된 홀뮴 불순물은 빛 에너지를 축적했다가 레이저 파동 형태로 방출하면서 색을 발한다.

홀뮴이 희토류 원소 중에서 가장 특이한 자기적 성질을 가졌다면 에르븀(어븀)은 가장 특이한 광학적 성질을 가졌다.

▲ 염화홀뮴을 고전압 방전등 속에 넣으면 홀뮴 스펙트럼을 얻을 수 있다.

▼ MRI는 홀뮴 극편을 이용해 자기장을 모은다.

▲ 순수한 홀뮴 주화.

◀ 순수한 홀뮴 금속의 다결정 표면.

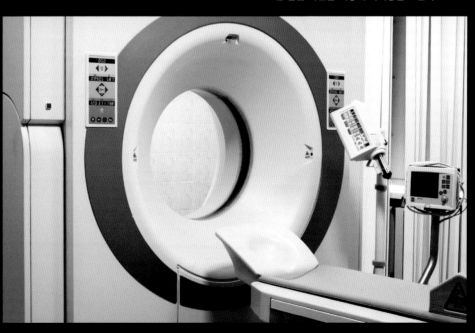

HOLMIUM
1474°C
67
Ho
8.8 g/cc
164.93

Er

68

에르븀 어븀
(Erbium)

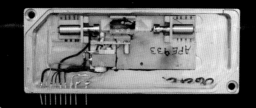

Elemental

원자량
167.259
밀도
9.066
원자의 반지름
226pm
결정구조

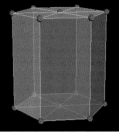

에르븀은 빛의 파동을 전기적 신호로 변환하는 과정 없이 광섬유 케이블에서 바로 증폭시키기 때문에 현대 정보통신 분야에서 매우 중요한 역할을 담당하고 있다. 빛의 파동은 광섬유 케이블 안의 에르븀 불순물이 들어간 구간을 지나면서 처음보다 훨씬 증폭된다. 증폭은 광섬유 내에서만 일어나며, 파동은 도중에 끊어지지 않고 처음보다 더 크기가 커져서 나오게 된다.

물론 처음보다 많은 에너지를 얻었다는 것은 분명히 어디선가 같은 양의 에너지가 공급되어야 한다는 뜻이다(어떤 사람이 이와 다르게 말한다면 그는 분명히 당신에게 뭔가를 팔려는 것이다. 그러니 그것이 무엇이든 절대로 사지 않도록 유의하라).

에르븀이 들어 있는 광섬유 증폭기를 작동시키기 위해서는 먼저 레이저를 이용해 광섬유에 에너지를 넣어주어야 한다. 에너지는 에르븀 원자 주위의 전자가 높은 에너지 준위로 전이되면서 저장된다. 그러다가 정확히 맞아 떨어지는 빛의 파장이 들어와 전자를 바닥상태로 돌아가도록 자극하면 저장된 에너지를 빛으로 방출한다.

이런 과정을 유도 방출이라고 하는데 이것이 레이저의 원리다. 레이저는 복사의 유도 방출 과정에 의한 빛의 증폭(Laser; Light Amplification by Stimulated Emission of Radiation)이라는 긴 단어의 앞 글자만 딴 약자다. 중요한 사실은 이런 방식으로 방출되는 빛은 항상 방출을 유도한 빛과 같은 방향으로 이동한다는 것이다. 따라서 나중에 들어온 빛은 처음 파동과 같은 방향으로 정렬해 처음 파동이 시작된 뒤쪽으로 되돌아가지 않고 반대 방향인 앞쪽 끝으로 빠져나간다.

레이저와 레이저 관련 광학기기들은 지금까지 발명된 기계 중 가장 유용하고 널리 이용되는 발명품에 속한다. 그래서 다음 원소인 툴륨에 이르면 실망스러울지도 모른다.

▲ 에르븀이 첨가된 레이저를 방출하는 고성능 증폭기.

▶ 에르븀 불순물은 유리 막대가 예쁜 분홍빛을 띠게 한다.

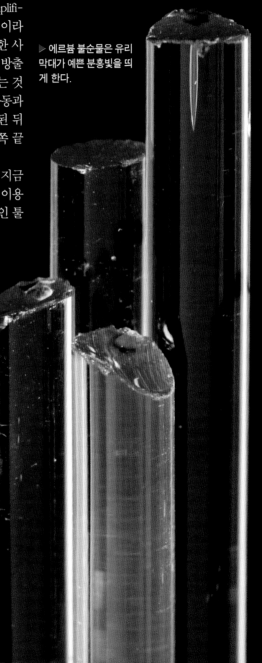

▼ 순수한 고체 에르븀.

▼ 멋진 비스무트-텔루륨-에르븀 합금. 연구용으로 만들었다.

◀ 내부의 결정구조를 볼 수 있도록 부서진 고체 에르븀 주괴.

전자를 채우는 순서   1s 2s 2p 3s 3p 3d 4s 4p 4d 4f 5s 5p 5d 5f 6s 6p 6d 7s 7p

원자 방출 스펙트럼

물질의 상태   500 1000 1500 2000 2500 3000 3500 4000 4500 5000 5500

툴륨 (Thulium)

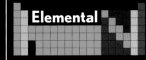

원자량
168.93421
밀도
9.321
원자의 반지름
222pm
결정구조

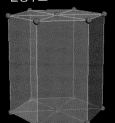

《자연의 구성 요소(Nature's Building Blocks)》의 저자이자 원소 전문가인 존 엠슬리(John Emsley)와 함께 라디오 프로그램에 출연했을 때 그는 툴륨을 '가장 중요하지 않은 원소'라고 말했다. 강하게 와 닿는 말이다. 툴륨에 관심을 보일 사람이 있을까? 나는 분명히 아니다. 툴륨은 단지 화학적으로 다른 물질을 대체할 수 있는 희토류이며 극소량으로 존재하는 원소다. 툴륨을 이용해 란타넘(57)이나 세륨(58)과 같이 좋은 라이터 부싯돌을 만들 수 있다. 하지만 비용이 더 많이 들고 정제하기도 어렵다. 왜 굳이 툴륨을 쓰겠는가?

그 원소가 아무리 잘 알려져 있지 않고 전혀 쓸모없더라도 그것에 관심을 보이는 사람이 어딘가에 항상 존재한다. 나는 툴륨 옹호자와 점심을 함께한 적이 있다.

내 친구 팀처럼 강한 밝기의 아크등을 디자인하려면 아크튜브에 원소들의 혼합물을 첨가해 빛을 방출하는 스펙트럼을 강하게 해야 한다. 이때 스칸듐(21)이 널리 이용되는데 스칸듐은 멋진 하얀빛을 만들기 위한 넓은 범위의 스펙트럼선을 제공하기 때문이다.

툴륨의 가장 큰 존재 목적은 다른 원소가 쉽게 대체할 수 없는 스펙트럼 영역에서 넓은 범위의 녹색 방출 광선을 제공하는 것이다. 대부분의 사람들이 툴륨에 대해 들어본 적이 없더라도 조명 디자인 분야에서 툴륨이 없다면 그 손실이 엄청날 것이다(당신은 내가 팀에게 '나는 툴륨이 가장 쓸모없는 원소라고 생각해.'라고 말했을 때 그의 표정을 보았어야 했다).

툴륨은 1879년 발견된 이후 80년의 세월이 지나 상업적으로 이용되기 전까지 매우 희귀하고 분리하기 어려운 원소였다. 그것도 다른 모든 희토류 원소를 분리할 수 있는 효과적인 방법이 발견되고 나서야 비로소 이용 가능해진 것이다(용매의 추출 방법은 59번 원소 프라세오디뮴에서 자세히 다루었다. 이 방법을 통해 많은 양의 순수한 희토류 원소를 분리해낼 수 있었다. 이온 교환 방법으로 더 비싼 가격에 매우 순수한 표본을 분리해낼 수 있다).

툴륨은 이제 꽤 저렴한 가격에 사용할 수 있다. 아크등에 사용되는 양보다 더 많은 양의 툴륨을 필요로 하는 분야가 생겨나고 툴륨의 희소가치가 높아져 가격이 급등하기 전까지 툴륨 가격대는 저렴하게 유지될 것이다.

다음에 소개할 이테르븀(이터븀)에서는 다른 종류의 빛이 방출된다.

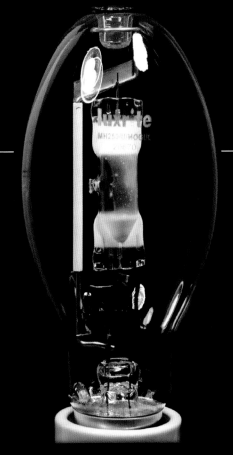

▲ **툴륨**은 메탈할라이드 램프의 초록빛을 내는 데 이용된다.

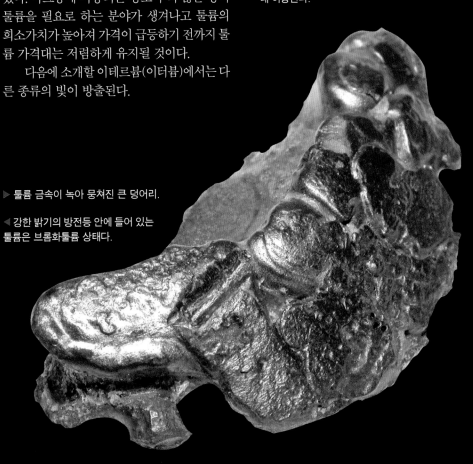

▶ **툴륨** 금속이 녹아 뭉쳐진 큰 덩어리.

◀ 강한 밝기의 방전등 안에 들어 있는 **툴륨**은 브롬화툴륨 상태다.

◀ 순수한 **툴륨**의 나뭇가지 모양 결정.

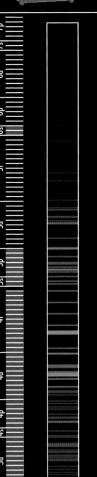

전자를 채우는 순서

원자 방출 스펙트럼

물질의 상태

159

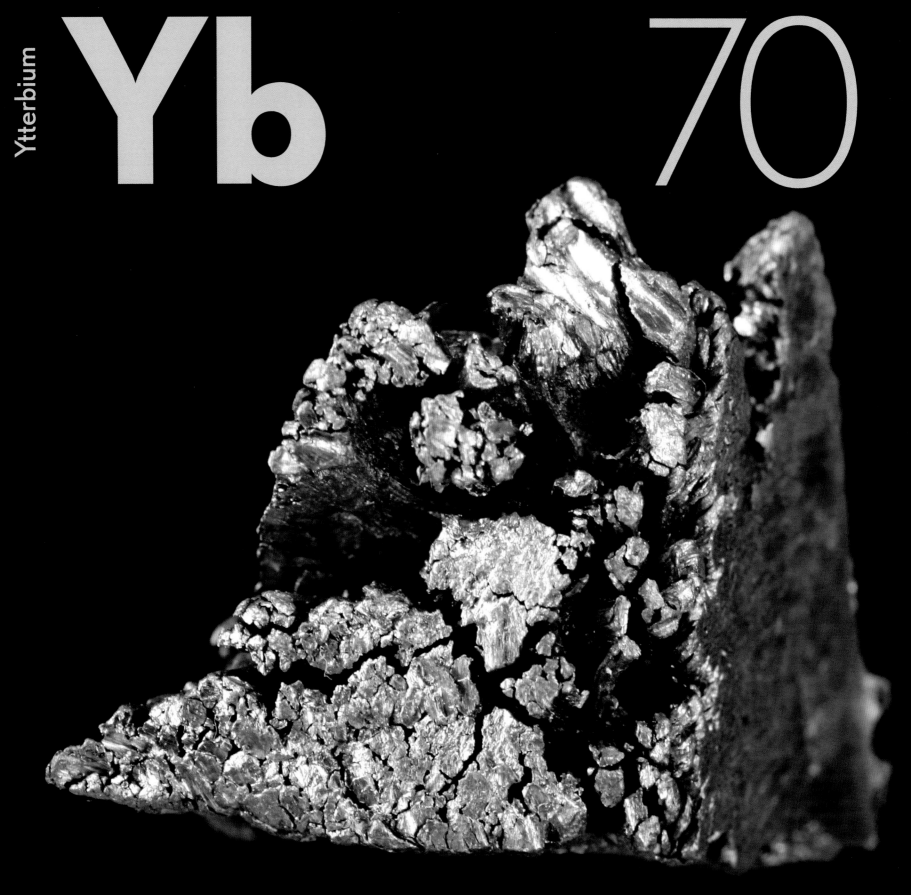

이테르븀 이터븀 (Ytterbium)

Elemental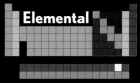

원자량
173.04
밀도
6.570
원자의 반지름
222pm
결정구조

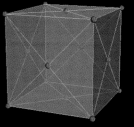

캘리포니아의 버클리, 러시아의 듀브나, 독일의 다름슈타트, 이 세 도시는 자신의 이름을 따 명명한 원소를 발견하기 위해 열심히 연구해야 했다. 사실 각 연구소는 아무 사전 지식 없이 처음부터 거대 입자 가속기에서 그들만의 원소를 발견해야만 했다.

버클륨(97), 더브늄(105), 다름스타튬(110)은 모두 아주 짧은 시간 동안만 연구실에서 이용할 수 있는 매우 불안정한 원소들이다. 스웨덴의 이테르비(Ytterby)라는 마을 근처에 적어도 네 개의 멋지고 안정적인 원소들이 분포하고 있다는 사실은 정말 굉장하다. 이트륨(39), 테르븀(터븀(65)), 에르븀(어븀(68)), 이테르륨은 모두 이테르비 마을 외곽의 같은 광산에서 발견되었다!

이테르븀이 주로 이용되는 곳은 레이저의 도핑제다. 이테르븀은 이전에 다루었던 원소 에르븀이 광섬유 내에서 증폭기로 작동하는 것과 같은 방식으로 에너지를 저장하는 발색점을 만들어낸다.

레이저가 처음 나와 사람들의 이목을 끌었을 때를 기억하는 것을 보니 나도 나이가 꽤 들었나 보다. 나는 레이저를 여전히 나만의 간단한 도구 목록에 포함시켜 놓았는데, 만약 레이저가 아직도 당신이 입을 다물지 못할 만큼 놀랄 만한 기계라면 당신은 레이저가 어떻게 작동하는지 전혀 이해하지 못한 것이다.

레이저 안에 있는 공진 공동(Resonant Cavity)에는 수많은 원자들이 양자 영역에서만 일어날 수 있을 정도로 완벽하게 움직인다. 빛의 모든 광자들은 완벽히 같은 파장과 같은 파동을 가지고 하나의 빛줄기처럼 함께 움직인다. 이것은 단지 초점이 잘 맞추어진 빛이 아니다. 이는 완전히 다른 종류의 빛으로 머리 아픈 양자역학 법칙들로만 설명할 수 있다.

나는 몇 개 문단으로 레이저가 작동하는 원리에 대한 설명을 끝내고 싶다. 할 수만 있다면 말이다. 하지만 이를 위해서는 2년 동안의 미적분학 공부와 한두 학기 정도의 물리학 공부가 필요하다. 이렇게 공부해도 적절한 질문을 던질 수 있을 정도다. 그러나 당신이 그 경지에 이르면 분명히 매우 가치가 있고 깊이가 있고 아름답고 생생한 답을 맛볼 수 있을 것이다. 또한, 이것과 비슷한 많은 대답들이 고차원 수학을 공부하는 주요 이유다. 수학은 우주의 비밀들이 적힌 언어이며 이것을 이해하면 깨달음에 다다를 수 있다. 그러니 숙제는 꼬박꼬박 하라. 분명히 가치 있는 여정일 것이다.

반면, 루테튬을 이해하는 것은 전혀 다른 방식으로 의미 있는 노력이다.

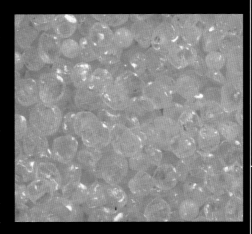

▲ 조명 산업에서 이용되는 고순도 브롬화이테르븀.

◀ 이테르븀 주화.

YTTERBIUM
70
Yb
173.04

▶ 제노타임 광물, (YB,Y)PO₄.

◀ 뜯겨나간 나뭇가지 모양의 순수한 이테르븀 결정.

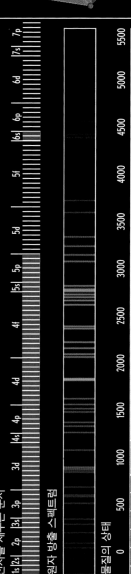

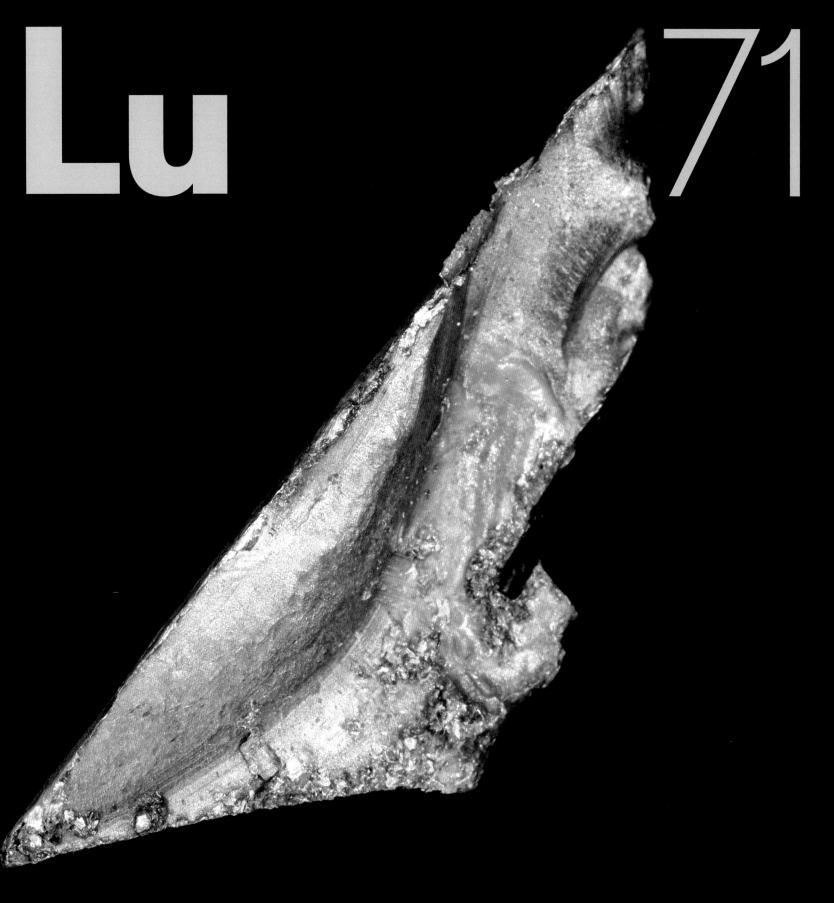

루테튬 (Lutetium)

희토류의 란탄족 마지막 원소인 루테튬이 반가운 이유는 드디어 란탄 계열 원소의 마지막이기 때문이다. 루테튬을 지나면 여섯 번째 주기인 전이 금속의 역동적이고 다양한 세계로 다시 돌아갈 수 있다. 그 세계는 조밀도(76, 77), 온도(74), 아름다움(79)으로 절정을 이루는 곳이다. 그러나 지금도 우리는 희토류 중에서 돋보이지도 않는 루테튬에 머물러 있다.

당신은 이런 의문을 품고 있을지도 모른다. 수년간 이들 대부분이 하나의 성분을 가진 순수한 표본으로 생각되었을 정도로 희토류는 서로 비슷하고 교체 가능할까?

특정 원소의 원자 안에 있는 전자는 중앙의 '껍질'에 배열된다. 양자역학의 기묘함은 전자가 실제 위치를 갖지 않는 데 있다. 오히려 확률로 가득 찬 구름과 같은데 이를 전문용어로 확률분포라고 한다. 그러나 당신이 화학을 '수박 겉핥기' 식으로 이해한다면 아마도 몇몇 전자는 핵 근처에 다른 전자들은 바깥쪽 떨어진 곳에 분포한다고 상상할지도 모르겠다.

화학은 최외각 전자들의 이야기다. 같은 수의 최외각 전자를 가진 원소는 주로 유사한 특성을 가지는 경향이 있다. 사실 이것은 기본적인 원칙으로 주기율표 형태를 만들어 준다. 세로줄에 배치되어 있는 원소들은 같은 수의 '원자가 전자(Valence electron)'를 가진다.

주기율표에서 대부분 한 원소의 바로 옆에 있는 원소로 옮겨 갈 때마다 하나의 '원자가 전자'를 더해야 한다. 이에 따라 각 원소는 독특한 특성을 가진다. 그러나 희토류 금속에서는 전자들이 안쪽 껍질에 하나씩 더해진다. 원자번호 57~71의 모든 희토류 금속

은 채워진 최외각 전자 껍질 '6s'를 가지며 더 안쪽 '4f'껍질의 전자수 차이에 따라 소소한 화학적 특성을 나타낸다.

가돌리늄은 '4f'에 원자를 채우는 대신 '5d'궤도에 채우는데 이는 이웃 원소들과 비교하면 예외적인 화학적·전기적 특성을 가지게 한다. 각 페이지 오른쪽에 있는 전자 배치도를 보면 이처럼 예외적인 녀석이 더 있다는 것을 알 수 있다.

희토류 금속 모두의 최외각 전자 껍질은 같은 모양으로 배치되기 때문에 그들의 화학적 성질은 비슷하다. 그러나 전자기적 성질은 최외각 전자만이 아닌 모든 전자를 포함하는 전체적인 규칙을 따른다. 그래서 희토류 금속은 화학적 다양성의 결핍을 풍부한 전자기적 성질로 만회한다.

루테튬은 가끔 가장 비싼 원소로 묘사된다. 그러나 그 정보는 오래된 것이다. 루테튬은 아직도 굉장히 싸지는 않지만 최신 추출법으로 가격이 합리적인 수준까지 내려갔고 이제 루테튬을 구하기 위해 많은 노력을 기울이는 사람도 없다. 나는 원소 수집가가 순수한 금속을 취급하는 큰 시장 중 하나라는 사실에 놀라지 않는다.

루테튬에 대해서는 할 말을 다 한 것 같으니 하프늄으로 넘어가자.

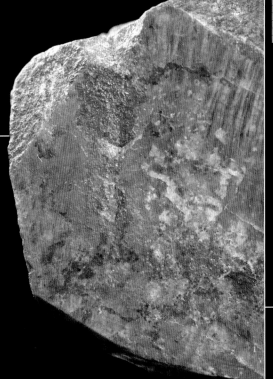

▲ 유크세나이트 광물.
(Y,Ca,Ce,Lu,U,Th)(Nb,Ta,Ti)$_2$O$_6$.

▲ 집에 원소를 아무도 가져다주지 않는다면 조명 산업이 한 단계 상승하고 있는 것이다. 고순도의 브롬화루테튬은 고강도 축전기 방전등에 사용된다.

◀ 순수한 루테튬의 단면.

◀ 순수한 루테튬으로 만든 주화. 수십 년 전만 해도 상상도 못할 고가였지만 지금은 합리적인 수준으로 내려갔다. 글쎄, 비싸진 않지만 별로 쓰이는 일이 없어 굳이 구할 필요는 없다.

원자량
174.967
밀도
9.841
원자의 반지름
217pm
결정구조

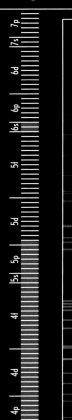

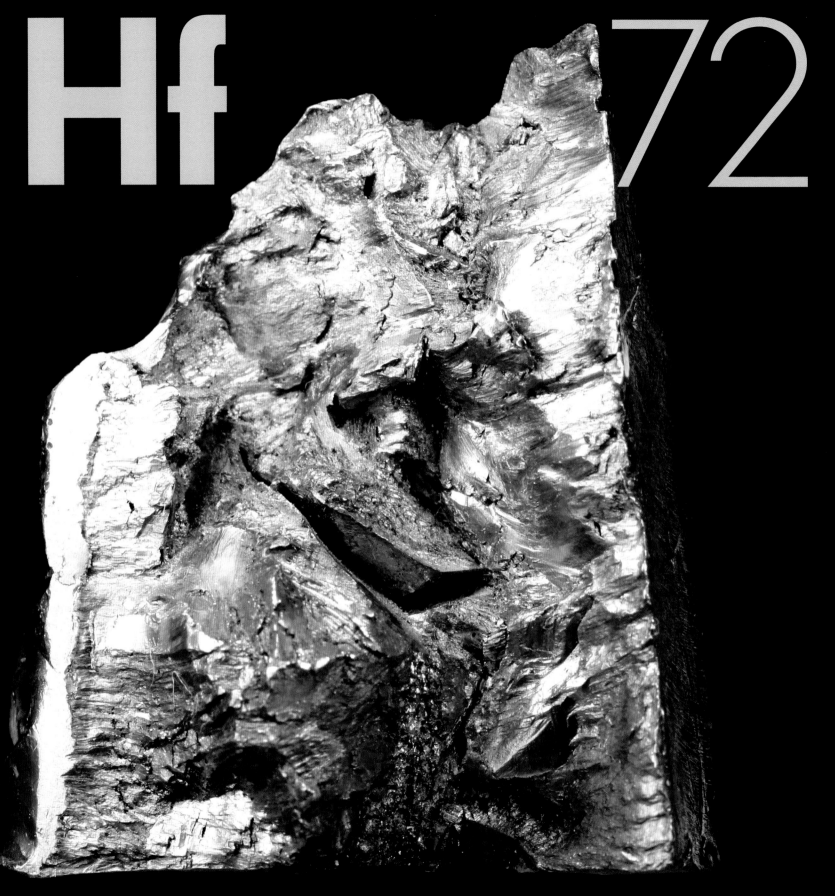

Hafnium

Hf

72

하프늄 (Hafnium)

원자량
178.49
밀도
13.310
원자의 반지름
208pm
결정구조

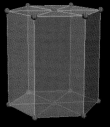

하프늄은 전문가다. 일단 맡은 일은 무엇이든 잘 해낸다.

과거에는 강철을 자르기 위해 압축가스가 든 두 개의 무겁고 위험한 실린더에 연결된 산소 아세틸렌 토치가 필요했다. 요즘은 표준 120 볼트 콘센트와 주위의 공기만 있으면 훨씬 간단한 구조의 플라스마 토치로 강철을 자를 수 있다.

플라스마 토치는 공기압축기, 상당히 복잡한 제어 전자장치, 순수한 하프늄이 들어간 아주 작은 버튼이 붙어 있는 구리 전극으로 이루어져 있다. 토치의 전원을 켜면 전자장치는 하프늄 버튼에서 아크(두 전극 간에 생기는 호 모양의 전광)를 만들어낸다. 압축된 공기의 흐름이 토치 끝에서 아크 플라스마를 내보내 금속을 원하는 만큼 자를 수 있다.

강철이 충분히 높은 온도로 가열되면 공기 중에서 점화한다. 절단 작업의 대부분은 플라스마 토치의 압축 공기 흐름에 의해 이루어지며, 이는 강철과 반응하여 연소되는 산소를 포함한다. 아크는 스스로 강철을 자르는 것이 아니라 강철이 계속 탈 수 있도록 충분한 열을 제공하는 역할을 한다.

하프늄은 왜 토치의 끝부분에 있을까? 하프늄은 녹는점이 높아 매우 높은 온도에서도 녹아버리지 않기 때문에 장기간 아크 상태를 견뎌낼 수 있다. 그러나 다른 금속도 이런 성질을 가지고 있다. 하프늄만의 특별한 장점은 전자를 공기 중으로 쉽게 방출한다는 것이다. 전기불꽃이 금속 표면을 떠나 공기 중으로 날아가려면 전자들이 뛰어나가야 하는데 이를 위해서는 어느 정도 에너지가 필요하다. 하프늄은 그 에너지가 매우 작아 전극 버튼이 냉각기와 아크 가열기 모두 작동할 수 있게 한다.

플라스마 토치에서 아크의 흐름을 조절하는 전자회로에는 탄탈럼으로 만든 축전지가 사용된다.

▶ 탄화하프늄 절단 삽입면.

▲ 순수한 하프늄 금속.

▶ 고순도 하프늄 결정체.

▲ 하프늄 광물, (Hf,Zr)(SiO₄).

▶ 하프늄은 이 주화처럼 아름다운 색으로 양극 처리될 수 있다.

▲ 하프늄 버튼에서 방출되는 플라스마는 강렬한 불꽃을 뿜으며 강철을 자른다.

◀ 엄청나게 큰 이 그림은 러시아에서 가져온 거대한 고순도 하프늄 결정 막대의 단면을 보여주고 있다. 이것은 사아이오딘화하프늄을 열선으로 분해하는 반 아켈(van Arkel) 공정으로 얻은 것이다.

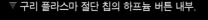

▼ 구리 플라스마 절단 칩의 하프늄 버튼 내부.

전자를 채우는 순서 1s 2s 2p [3s] 3p 3d [4s] 4p 4d 4f [5s] 5p 5d 5f [6s] 6p 6d [7s] 7p

원자 방출 스펙트럼

물질의 상태   0 500 1000 1500 2000 2500 3000 3500 4000 4500 5000 5500

165

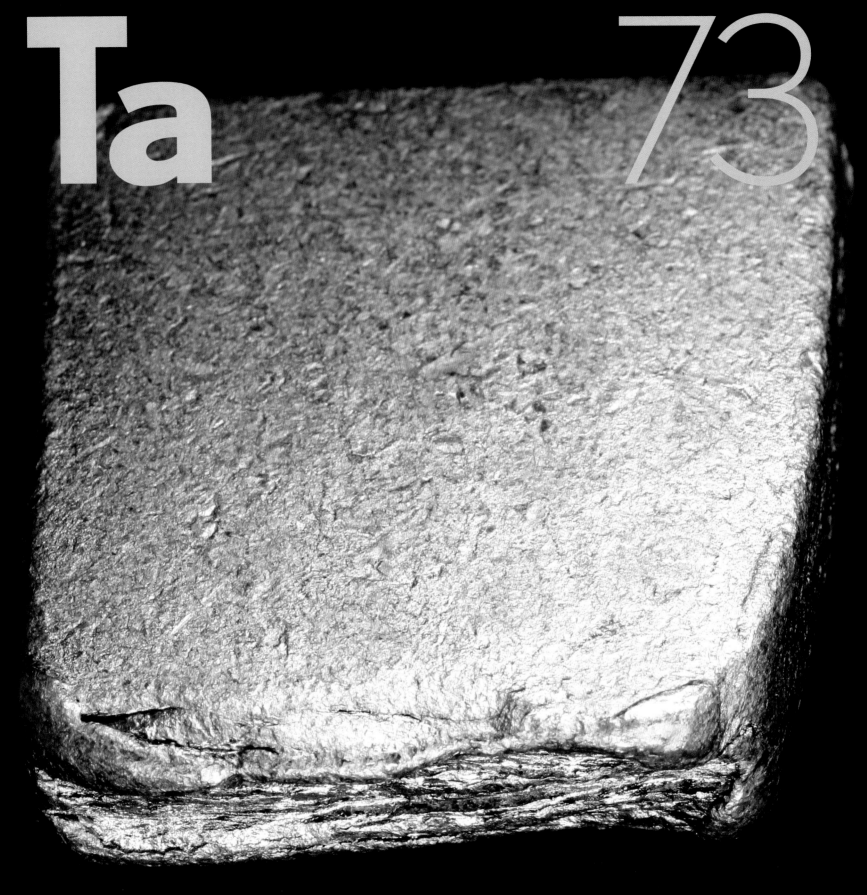

탄탈럼 (Tantalum)

▶ 오래된 탄탈럼 필라멘트 전구.

Elemental

원자량
180.9479
밀도
16.650
원자의 반지름
200pm
결정구조

탄탈럼은 불매 운동이 벌어졌던 두 원소 중 하나다. 사람들은 탄소(6) 불매 운동도 벌였는데 '분쟁 다이아몬드' 거래가 다이아몬드 채굴 지역에서 끔찍한 전쟁을 야기했기 때문이다. 탄탈럼도 비슷한 이유로 반대받았다. 한 가지 이유를 더하면 그 지역에는 멸종 위기에 처한 고릴라들이 살았는데, 게릴라전에 자금을 대기 위해 탄탈럼을 차지하려는 이유로 고릴라들이 죽어가고 있었기 때문이다.

탄탈럼과 같은 잘 알려지지 않은 원소를 어떤 방식으로 불매할 수 있을까? 휴대폰을 생각해보라! 탄탈럼은 인지도에 비해 사용되는 곳이 너무 많다. 휴대폰뿐만 아니라 컴퓨터, 말하는 인형, 의료기기, 라디오, 비디오게임 등 사실상 모든 디지털 전자장치가 포함된 장치들이 탄탈럼 콘덴서를 사용하고 있다.

다른 것과 비교했을 때 탄탈럼 콘덴서의 장점은 크기가 작고 용량이 높으며 고주파에 반응할 수 있다는 것이다. 디지털 회로는 고주파 전기 소음을 만들어내는데 전기 신호가 한 회로에서 다른 회로로 이동하면서 이 소음이 새어나간다. 탄탈럼 콘덴서는 특히 이런 소음을 흡수하기 때문에 고주파를 줄이는 데 효과적이다.

따라서 만약 당신이 탄탈럼 불매 운동을 하겠다고 한다면, 1982년 이후 발명된 모든 전자장치를 불매해야 할 것이다.

텅스텐(74)이 없었다면 당신은 전구 불매 운동을 또 했을 수도 있다. 빛이 발명되기 전에는 탄탈럼-필라멘트 전구가 상업적으로 이용되었다. 그리고 호화 여객선인 타이타닉호에

설치된 수많은 전등은 탄탈럼 필라멘트를 가지고 있었다. 이는 오래된 탄소 필라멘트 전구보다 안전해 타이타닉호에서는 밤에 이 등을 야간등으로 켜둘 수 있었다.

그러나 초기의 다양한 전구 필라멘트 대신 최고의 백열전구 필라멘트 물질인 텅스텐 철사를 제조할 수 있게 되면서 탄소, 탄탈럼, 오스뮴(76), 심지어 백금(78)까지 버림받았다.

▲ 탄탈럼 분말을 압축해서 만든 콘덴서 중심부.

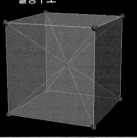
▲ 탄탈럼 증착 보트.

▼ 탄탈럼 수술용 두개골 덮개.

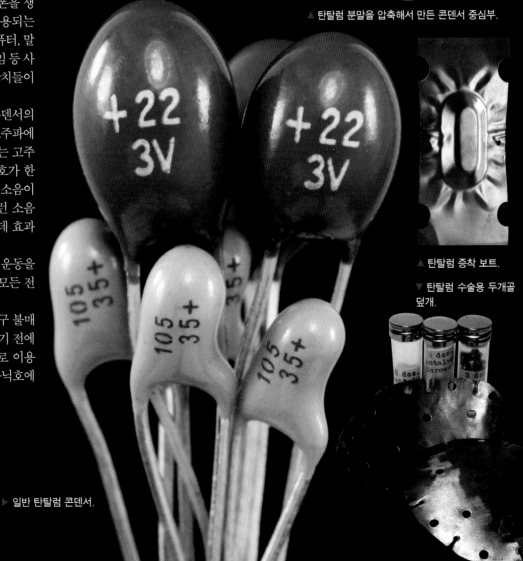
◀ 무거운 고체 탄탈럼 판. 수천 개의 콘덴서를 만들기에 충분하다.
▶ 일반 탄탈럼 콘덴서.

전자를 채우는 순서
원자 방출 스펙트럼
물질의 상태

W

74

텅스텐 (Tungsten)

▶ 텅스텐 산탄은 여러 면에서 납 산탄보다 나으며 환경에 덜 유해하다.

Elemental

원자량
183.84
밀도
19.250
원자의 반지름
193pm
결정구조

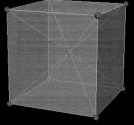

텅스텐은 딱 한 가지 실용품과 깊은 관련이 있는데 슬프게도 그 실용품은 비효율적인 백열전구다. 이 비극적인 창조물은 얇은 선에 전기를 통과시켜서 노란색의 빛과 열을 만들어낸다. 텅스텐은 초고온에서 가장 강한 금속이고 가격도 꽤 저렴해 높은 온도에서 활용하기에 매우 적합하다.

그러나 텅스텐의 장점은 양호한 수준에도 미치지 못한다. 일반적인 백열전구는 전기의 10%만 가시광선으로 전환한다. 다른 90%는 단순히 낭비되어 열이나 적외선으로 전환된다. 이 전구들은 빛을 부산물로 배출하는 전기난로라고 불러도 될 것 같다. 닭장을 덥히는 데 쓰지 않는 한 쓸모가 없다.

정말 빛을 원한다면 지금 훌륭한 대안이 있다. 바로 소형 형광등이며 백열등보다 몇 배 효율적이고 10~20배나 오래간다. 당신 집에 백열전구가 있다면 지구를 위해 제발 치워버리길! 2달러짜리 소형 형광등이 전기를 만들어내는 데 사용되는 수천 kg의 이산화탄소를 줄여줄 것이다. 그리고 그 빛은 더 유쾌하다. 텅스텐 빛처럼 우울하고 노랗지 않다.

텅스텐이 전구에 계속 사용된다는 사실에 혐오감이 들지만 텅스텐 탄화물은 놀랍게도 꽤 널리 쓰이며 유용하다. 예리해야 하는 절단 도구에 사용될 때 다이아몬드보다 단단하고 강철보다 훨씬 튼튼하다는 점에서 다른 금속보다 우월하다.

텅스텐과 금(79) 사이의 금속은 모두 밀도가 높다. 오스뮴(76)과 이리듐(77)은 모든 원소 중에서 가장 밀도가 높다. 그러나 텅스텐은 약 100가지 이유로 가장 싸다. 대부분 평형추, 낚시 추, 다트, 강아지용 귀 장신구(사실이다) 등과 같이 작은 공간에 무게감을 주기 위해서다.

레늄의 등장으로 지금부터 우리는 값비싼 금속들을 살펴볼 것이다. 그런 후 금속의 정점인 금으로의 여정을 시작하겠다.

▲ 탄화텅스텐은 절단기 날의 부속으로 사용되는 가장 일반적인 금속이다.

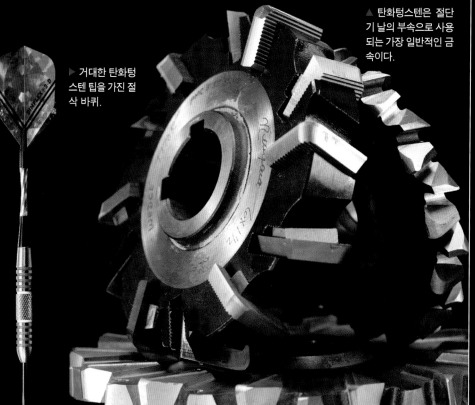

▶ 거대한 탄화텅스텐 팁을 가진 절삭 바퀴.

▶ 텅스텐은 밀도 덕분에 다트가 작고 공기역학적 무게를 가질 수 있게 해준다.

◀ 골동품 텅스텐 필라멘트 전구.

◀ 텅스텐 백열등의 필라멘트. 하루 빨리 골동품 유물이 되길 바란다.

Tungsten
74

▲ 면이 있는 탄화텅스텐은 고리를 만드는 데 가장 많이 사용된다. 평범한 도구로는 제거할 수 없기 때문에 의사들은 꽉 조인 것을 풀기 위해 새로운 방법을 고안했다. 로킹 플라이어로 그것들을 다시 풀어내는 것이다.

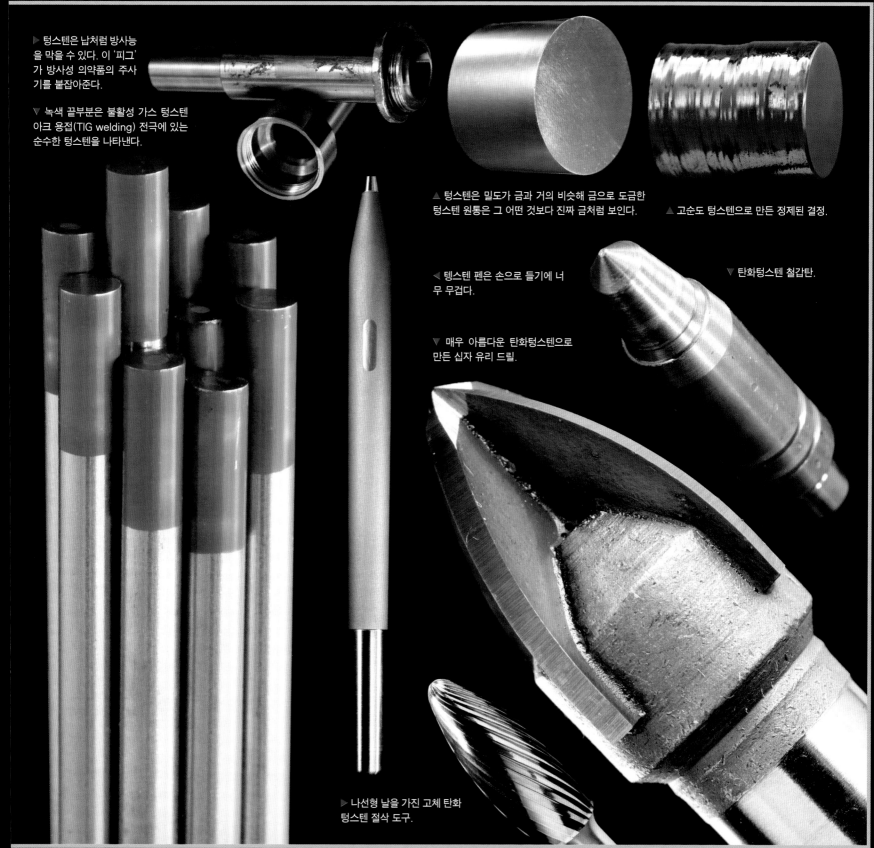

▶ 텅스텐은 납처럼 방사능을 막을 수 있다. 이 '피그'가 방사성 의약품의 주사기를 붙잡아준다.

▼ 녹색 끝부분은 불활성 가스 텅스텐 아크 용접(TIG welding) 전극에 있는 순수한 텅스텐을 나타낸다.

▲ 텅스텐은 밀도가 금과 거의 비슷해 금으로 도금한 텅스텐 원통은 그 어떤 것보다 진짜 금처럼 보인다.

▲ 고순도 텅스텐으로 만든 정제된 결정.

◀ 텡스텐 펜은 손으로 들기에 너무 무겁다.

▼ 탄화텅스텐 철갑탄.

▼ 매우 아름다운 탄화텅스텐으로 만든 십자 유리 드릴.

▶ 나선형 날을 가진 고체 탄화텅스텐 절삭 도구.

Re

75

레늄 (Rhenium)

원자량
186.207
밀도
21.020
원자의 반지름
188pm
결정구조

레늄은 안정적인 원소 중 마지막으로 1925년 독일에서 발견되었다. 레늄은 1908년 일본의 오가와 마사타카가 더 일찍 발견할 뻔했다. 오가와가 지금은 테크네튬으로 알려진 43번 원소를 발견했다고 주장하지만 않았다면 니포늄(Nipponium)이라는 이름이 붙었을지도 모른다.

주기율표의 같은 주기에 있는 원소는 많은 화학적 성질을 공유한다. 그래서 오가와가 원소를 발견했을 때 아연(25)과 매우 비슷했지만 조금 더 무거워 주기율표의 당시 매우 유명한 빈칸, 43번 원소라고 가정하는 것은 상당히 합리적인 일이었다. 하지만 안타깝게도 그는 틀렸다. 실제 43번 원소 테크네튬은 방사성이 있으며 자연에서는 찾아볼 수 없다. 이 사실은 1908년 아무도 추측할 수 없었다.

레늄이 발견된 후 상업적으로 이용 가능한 양이 생산되기 전까지는 희귀했기 때문에 가격이 매우 비쌌다(트로이 온스당 수백 달러였다).

레늄의 대부분은 제트 전투기의 터빈 날개를 만드는 니켈-철 합금에 사용된다. 6%의 레늄을 함유한 최신식 단결정 합금은 최첨단 터빈 날개에 사용된다. 생산하는 전투기가 많진 않지만 이들은 매년 레늄 생산량의 약 3/4을 소비한다.

사진에 필요한 1회용 플래시 전구는 일반적으로 지르코늄(40) 섬유로 채워져 있다. 그러나 오래된 광고에서는 지르코늄에 대한 언급 없이 '레늄 점화기'가 있다고 자랑하곤 한다. 아마도 그 광고는 우리에게 다른 종류의 플래시 전구처럼 폭발성 있는 점화기가 아닌 전기(텅스텐-레늄 철사) 점화기가 있다는 것을 말해주고 싶었을지도 모른다.

오래된 악기와 만년필에는 다음에 소개할 두 원소 오스뮴과 이리듐 모두 사용된다.

▲ 레늄 분말을 압축한 버튼. 아르곤 아크 용광로 안에 있는 구슬에 녹아들 준비가 되었다.

◀ 희귀한 광물인 레나이트(황화레늄).

▼ 레늄 호일 스트립은 질량 분석기에서 증착 필라멘트로 사용된다.

◀ 450g의 순수한 레늄. 현재 시장가격에 따르면 꽤 값진 물건이다.

◀ 엑스선관 안에서 회전하는 텅스텐-레늄 합금 원판에 고전압 전자가 충돌하면서 엑스선이 방출된다.

전자를 채우는 순서
7s 7p 6d 6p 6s 5f 5d 5p 5s 4f 4d 4p 4s 3d 3p 3s 2p 2s 1s

원자 방출 스펙트럼

물질의 상태

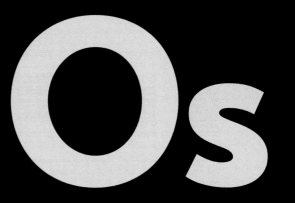

Osmium

Os

76

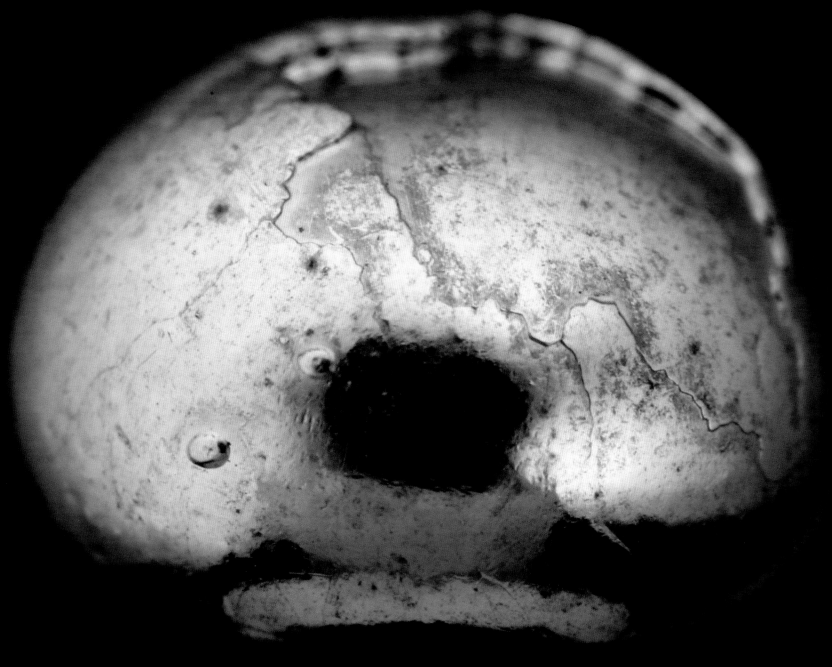

오스뮴 (Osmium)

원자량
190.23
밀도
22.59
원자의 반지름
185pm
결정구조

오스뮴은 구리(29), 금(79)과 같이 회색이나 은색을 띠지 않는 소수의 금속에 속한다. 하지만 오스뮴의 미약한 파란색 광택은 너무나 엷어 보는 동안에도 실제로 보이는 것인지 헷갈리기도 한다. 기본적으로 오스뮴은 은빛을 내는 금속이다.

그러나 단지 은빛 금속인 것만은 아니다. 오스뮴은 레늄(75)만큼 비싸며 브리넬 경도 시험(재료의 표면에 일정한 하중을 가하였을 때 재료 표면에 둥글게 눌린 자국의 표면적을 측정하는 방법) 결과 경도가 가장 높은 금속 원소인 것으로 밝혀졌다(경도가 가장 높은 물질도 원소도 아니지만 순수한 금속 중에서는 가장 높다).

오스뮴은 드물게 이리듐(77)과 함께 발견되며 자연적으로 오스미리듐(혹자는 이리도스민이나 이리도스뮴이라고 부르기도 한다.)이라는 합금 형태로 존재한다. 단단하고 닳지 않는 이 금속은 몇 세대 전부터 만년필의 펜촉이나 축음기에 쓰이는 바늘처럼 장기간 써야

하는 비싼 혼합물의 모습으로 대부분의 가정에서 이용되고 있다.

잘 산화되지 않는 주기율표의 일반적인 금속과 달리 가루 상태의 오스뮴은 공기 중에서 천천히 산화되어 사산화오스뮴을 형성한다. 심지어 무거운 금속산화물들과 달리 사산화오스뮴은 휘발성이고 상온에서 승화되어 강력한 유독성 기체로 변한다. 냄새는 오존과 약간 비슷하지만 치사량인 농도는 꽤 낮고 그에 대한 정보는 대략적으로 알려져 있다.

휘발성과 독성이 강하고 매우 비싼 데도 불구하고 사산화오스뮴은 전자현미경으로 관찰하는 조직 검체의 염색 및 화학 합성 시약 등 다양한 용도로 사용된다.

오스뮴이 특별한 이유는 한 가지 더 있다. 모든 원소 중 밀도가 가장 높다는 것이다. 이 사실을 다른 책이나 웹사이트를 통해 찾아보면 잘못된 정보를 얻을 수 있다. 밀도가 가장 높은 원소는 이리듐이 아니다.

▶ 오스뮴 축음기 바늘.

▲ 오스뮴이 얼마나 강력한 금속인지는 오스뮴으로 만든 축음기 바늘이 증명해준다.

◀밝으면서도 푸르스름한 빛을 내는 순수한 오스뮴 구슬.

▲ 파란빛을 내는 오스뮴 구슬.

▶ 매우 위험하고 독성이 있어 잘 밀봉된 유리 앰플에 보관해야 하는 사산화오스뮴 결정.

전자를 채우는 순서 1s 2s 2p 3s 3p 3d 4s 4p 4d 4f 5s 5p 5d 6s 6p 6d 7s 7p

원자 방출 스펙트럼

물질의 상태 0 500 1000 1500 2000 2500 3000 3500 4000 4500 5000 5500

이리듐 (Iridium)

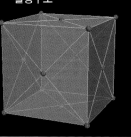

원자량
192.217
밀도
22.56
원자의 반지름
180pm
결정구조

가장 널리 알려진 오스뮴(76)의 밀도는 22.61g/cm³고 이리듐의 밀도는 22.65g/cm³이므로 밀도가 가장 높은 원소는 이리듐이지만 이 수치는 맞지 않다. 오스뮴의 올바른 밀도는 22.59g/cm³이고 이리듐의 밀도는 22.56g/cm³로 0.1% 차이도 나지 않지만 밀도가 가장 높은 원소는 이리듐이 아니라 오스뮴이다.

밀도 측정은 주의깊게만 하면 쉬운 작업일 거라고 생각할지도 모른다. 하지만 사람들이 밀도에 대해 이야기할 때는 완벽히 순수한 결정의 밀도를 의미하는 것이다.

가장 이상적인 샘플을 만드는 것은 당연히 불가능하고 심지어 그에 가깝게 만들기도 매우 어렵다. 가장 정확한 방법은 엑스선 결정법(x-ray crystallography)으로 작지만 완벽한 결정을 포함하는 샘플의 원자 사이 공간을 측정하는 방법이다. 각 원자의 무게와 크기를 알고 있다면 완벽한 결정의 무게를 계산할 수 있으며 이것을 통해 이상적인 밀도를 계산할 수 있다.

문제는 처음 측정했을 때 당시 알려진 오스뮴과 이리듐의 원자량이 틀렸다는 것이다. 원자량은 오래 전 수정되었지만 아무도 밀도를 다시 계산하지 않았다. 모든 참고 문헌은 70년

간 서로 베끼기만 반복했다.

이 수치들은 학생들이 학교에 제출할 리포트를 쓸 때를 제외하면 거의 사용되지 않아 오랫동안 수정되지 않았다. 그 어떤 오스뮴이나 이리듐 샘플도 이론적으로 도출되는 밀도와 같을 수는 없다. 이론적인 밀도의 몇 % 이내 밀도가 되기도 꽤 어렵다. 녹이는 과정도 불완전하고 차가워지는 동안 생기는 빈 공간과 불순물은 부피를 늘리기 때문에 밀도를 감소시킨다. 그래서 어떤 원소의 이론적 밀도는 순수하게 이론적으로만 가치가 있다.

높은 가격 때문에 이리듐은 극소량이 필요한 곳에 주로 쓰인다. 예를 들어, 일부 고급 자동차의 점화플러그는 매우 얇은 이리듐으로 만들어져 일반적으로 사용되는 것보다 훨씬 긴 주행 거리인 약 16만 km까지 지속될 수 있다.

그러나 이리듐은 그보다 더 유명한 백금과의 합금으로 가장 많이 쓰인다.

▼ 이산화토륨 이리듐 이온원.

◀ 이리듐은 녹이기 굉장히 어렵다. 이 덩어리는 반쯤밖에 녹지 않아 모양이 이상해졌다.

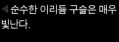

◀ 순수한 이리듐 구슬은 매우 빛난다.

▶ 매우 얇은 이리듐 합금으로 점화플러그의 수명을 16만 km 까지 늘릴 수 있다.

▲ 이리듐이 있는 풍부한 점토의 얇은 층은 전 세계에서 백악기와 제3기 사이의 경계에서 나타난다. 소행성에서 유래된 이리듐은 6,500만 년 전 공룡을 멸종시켰다.

전자를 채우는 순서
원자 방출 스펙트럼
물질의 상태

Pt

78

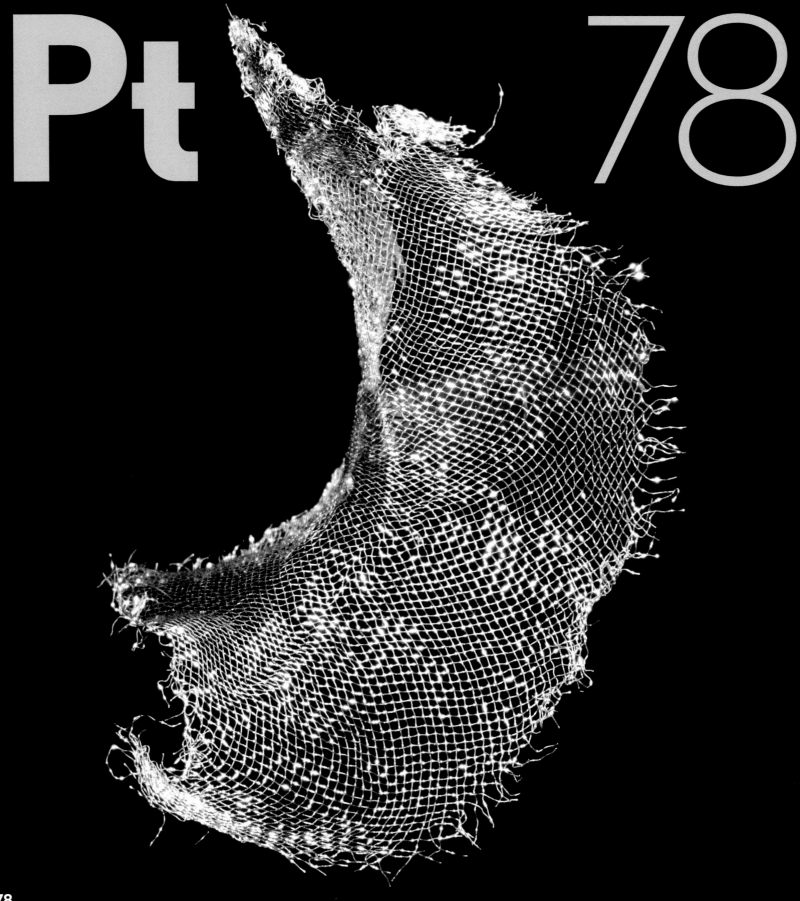

백금 (Platinum)

원자량
195.078
밀도
21.090
원자의 반지름
177pm
결정구조

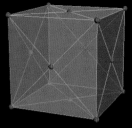

백금은 유명한 일류 원소다. 금도 물론 훌륭하지만 백금은 언제나 더 훌륭하다. 골드 카드? 플래티넘 카드에 비하면 아무것도 아니다. 백금은 지각에 존재하는 양이 로듐(45), 오스뮴(76), 이리듐(77), 심지어 금(79)보다 많은 금속이지만 수요가 많아 가격이 매우 비싸다.

백금은 실험실에서 쓰이거나 산업용으로 매우 중요하게 사용되며 터무니없이 비싸지만 백금 그릇, 도가니, 필터 홀더, 전극 등을 어렵지 않게 구할 수 있다. 백금은 다른 금속들에 비해 강산과 고온에 대한 내성이 강하며 던져도 깨지지 않고 얼룩이 지지도 않는다.

부식에 강하다는 것 외에도 백금은 원유 정제에서 필수적인 가솔린 반응 촉매제로도 중요하게 쓰인다(원유 정제에 쓰이는 것은 정말 엄청난 일이다). 석유제품은 그 수명이 다하기 전 가솔린과 디젤 자동차의 촉매 변환제인 백금을 종종 만난다. 백금의 도움으로 미처 타지 못한 배기가스의 탄화수소 조각은 산화되어 물과 이산화탄소가 된다.

시간(55번 원소 세슘 참고)과 거리(36번 원소 크립톤 참고)를 포함한 모든 기본 측정 단위는 누구나 측정할 수 있는 기초적인 속성을 사용해 정의된다. 그러나 한 가지 예외가 있다. 질량은 국제 킬로그램원기(IPK, International Prototype Kilogram)에 의해 정의된다. 10%의 이리듐이 포함된 백금 원기둥이 1879년에 만들어져 프랑스 파리의 특별한 곳에 보관되어 있는데 이 기둥이 1kg의 질량을 정의한다.

하지만 이것은 별로 좋은 정의가 아니다. 이 원기둥은 청소를 하거나 사용될 때 무게가 규칙적으로 변한다. 마이크로그램 수준에서 질량 변화가 일어나므로 더 세밀한 정의가 필요하다. 대부분 kg은 하나 또는 그 이상의 특정 원자 수로 정의되거나 정확히 통제되는 전류에 의해 생성되는 자기장에 기초해 정의된다.

백금을 장신구로 쓸 때 문제점은 은(47), 팔라듐(46)이나 심지어 크롬(크로뮴(24))과 비슷해 보인다는 것이다. 즉, 반짝이는 은빛이 다른 모든 금속과 비슷하다. 그래서 만약 내가 손가락에 낄 반지에 큰돈을 써야 한다면 최소한 어떤 색이 있는 금속(결국은 금)을 고를 것이다.

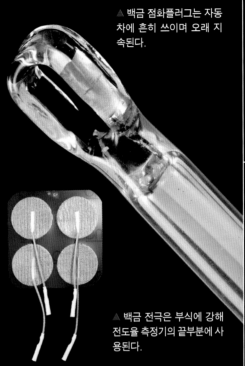

▲ 백금 점화플러그는 자동차에 흔히 쓰이며 오래 지속된다.

▲ 백금 전극은 부식에 강해 전도율 측정기의 끝부분에 사용된다.

▲ 치료 목적으로 피부에 전기 자극을 주기 위해 백금 전극을 사용한다.

▼ 원뿔형의 얇은 백금 필터는 값비싼 실험 기자재로 사용된다.

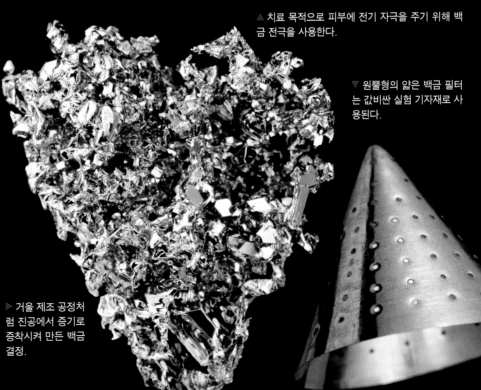

▶ 거울 제조 공정처럼 진공에서 증기로 증착시켜 만든 백금 결정.

◀ 모기장과 비슷한 실험실용 백금 철망.

전자를 채우는 순서
1s 2s 2p 3s 3p 3d 4s 4p 4d 4f 5s 5p 5d 6s 6p 7s 7p

원자 방출 스펙트럼

물질의 상태
0 500 1000 1500 2000 2500 3000 3500 4000 4500 5000 5500

Au

79

금 (Gold)

원자량
196.96655
밀도
19.3
원자의 반지름
174pm
결정구조

금은 금속의 가치를 결정하는 기준이다. 로듐(45)도 가치가 높지만 아무도 금을 원하는 만큼 로듐을 원하지는 않는다. 탄소(6)도 다이아몬드일 때는 가치가 높아지지만 열에 의해 쉽게 변할 수 있으며, 간단히 합성하는 방법이 개발된다면 가치가 뚝 떨어질 것이다.

다이아몬드는 왠지 사기꾼 같지만 금은 찬사를 받을 만한 진짜다.

금은 귀하다. 우리 주변에 매우 적은 양만 존재하며 지금까지 인류가 채굴한 모든 금은 가로세로 약 30cm 크기의 정육면체 안에 모두 넣을 수 있다(화폐의 기준을 다시 금으로 해야 한다고 주장하는 멍청이가 있다면 모든 금을 다 합쳐도 현재 돌고 있는 돈보다 훨씬 적은 몇 조 달러밖에 안 된다고 말해줘야 한다. 우리 주변에는 충분한 금이 없다).

금은 누구도 부인하지 못할 만큼 아름답다. 모든 금속 중에서 색이 있는 동시에 그 색의 광채와 아름다움을 영원히 지닌 것은 금밖에 없다. 땅에서 금 조각을 주워 먼지를 털어주면 바로 그 순간을 위해 기다려 온 것처럼 빛을 발할 것이다. 지금으로부터 수십억 년 후 태양이 폭발하기 전 외계인들이 지구에 있는 유물들을 가져가기 위해 지구에 온다고 가정하자. 그들이 보게 될 투탕카멘 왕의 순금 가면은 처음 만들어진 3,300년 전, 그리고 지금과 똑같이 광채가 날 것이다. 표면적이지도, 일시적이지도 않은 금의 아름다움은 바로 원자 구조에 새겨져 있다.

금은 아주 쓸모가 많다. 금은 변색되지 않는 좋은 전도체이므로 전기접점에 가장 좋은 물질이다. 전도체가 두 회로와 살짝 닿게 만들면 어느 쪽 표면에 있든 연결 부위에 부식되는 부분이 생긴다. 그래서 많은 양의 금이 전자기기에 사용되는데 이런 이유로 금을 회수하여 재활용하는 것은 큰 사업이 될 수 있다.

금은 언어가 생기기 이전부터 우리에게 매혹적이고 고무적인 존재였다. 고대인들에게 많은 궁금증을 불러일으킬 만큼 매혹적이었던 원소가 하나 더 존재했다. 그 원소는 바로 살아있는 것처럼 '빠른' 은(quicksilver)으로도 알려진 수은이다.

▼ 고순도의 증기를 진공에서 증착하여 만든 금 결정으로, 세상에서 가장 순수하고 빛나는 금이다.

▲ 석영에 포함된 금.

▼ 싼 가격의 쇼핑몰 보석은 얇게 도금한 제품이지만 실제 금제품만큼 아름답다.

◀ 아래 금속 제품은 도금 과정에서 우라늄을 사용하였지만 최종 완성품에는 방사능이 남아 있지 않다.

◀ 1890년 호가모스 마리온(Hogamorth Marion)이 알래스카에서 발견한 약 28g의 순금 금괴는 에스키모에게 신발을 팔러 가다가 발견되었다. 정말이다.

OUR SPECIAL
GOLD PAINT
SHAKE WELL BEFORE USING

For all ornamental gilding
and decorative purposes
B.F.DRAKENFELD & CO.INC.
50 MURRAY ST. NEW YORK

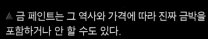

▲ 금 페인트는 그 역사와 가격에 따라 진짜 금박을 포함하거나 안 할 수도 있다.

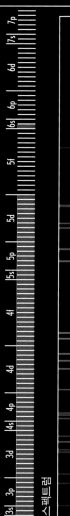

전자를 채우는 순서
원자 방출 스펙트럼
물질의 상태

Gold 79

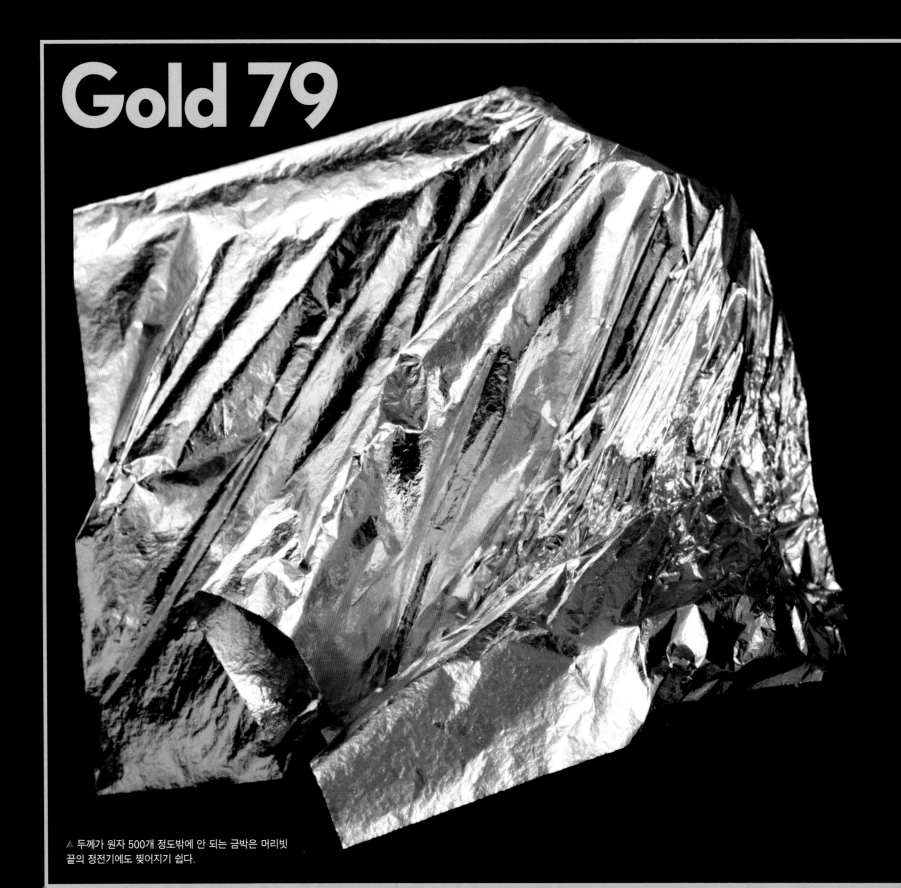

▲ 두께가 원자 500개 정도밖에 안 되는 금박은 머리빗
끝의 정전기에도 찢어지기 쉽다.

▼ 비싼 가격의 금박이 들어간 오디오 부품이 음질을 향상시켜줄 거라는 오디오 애호가들의 생각은 잘못된 것이다.

▶ 1891년 네바다 주 캐슨 시티에서 금으로 만든 주화.

◀ 85g 이상의 순금으로 만든 금 손가락.

▶ 칩을 장착하기 위해서 아름답게 도금된 회로 기판.

▲ 도금된 전기 커넥터는 잘 변색되지 않는다.

▲ 금으로 도금된 거대하고 값싼 이 목걸이를 표현할 수 있는 말은 '반짝반짝'밖에 없다.

▶ 순금을 녹인 금괴.

▶ 금으로 만든 거울은 적외선을 반사시킨다.

Hg

80

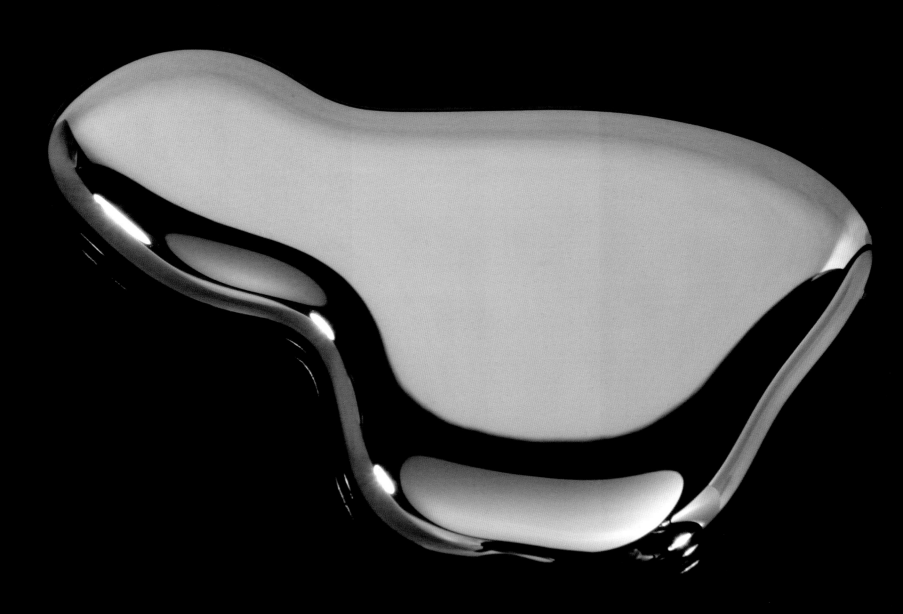

수은 (Mercury)

▶ 수은 온도 조절 장치 스위치. 수은이 두 번째 선까지 올라오면 회로가 닫힌다.

원자량
200.59
밀도
13.534
원자의 반지름
171pm
결정구조

액체 수은은 스페인 알마덴에 있는 고대 광산의 벽에서 방울방울 떨어진다. 이것이 어떻게 가능한지 알 수 없었던 시절에는 금속이 액체라는 사실이 얼마나 매력적으로 보였을까!

수은에 대해 얼마나 알든 이것은 오늘날에도 마법 같은 존재다. 수은은 많이 가질수록 더 신비롭다. 나는 샐러드 그릇을 채울 정도의 수은을 가진 적이 있는데 그 위에 작은 포탄을 띄워보기도 했고 (고무장갑을 낀 채) 몇 cm 아래까지 손가락을 담갔을 때 엄청난 압력도 느꼈다. 납(82)도 수은 위에 뜬다. 수은 한 병을 집어들자마자 밀도가 높다는 것을 알 수 있다. 알마덴의 광부들처럼 수은을 매우 많이 가지고 있다면 수은 위에 몸을 띄울 수도 있다. 불과 몇 cm만 가라앉을 뿐 결국 수은 위에 뜬다.

하지만 액체 금속이 그토록 놀라운 것일까? 어떤 금속이든 충분히 가열만 하면 액체가 되는데 말이다. 납이나 철(26)을 틀로 찍어내는 것이 가능한 것도 액체 상태가 있기 때문이다. 사실 수은은 모든 면에서 평범한 금속이며 녹는점의 범위가 많이 옮겨진 것뿐이다. 당연한 말이지만 수은을 액체 질소에 넣어 냉각시키면 주석과 굉장히 비슷하게 단단해져 두드려 펼 수 있는 금속이 된다.

수은에 관한 비극적인 사실은 독성이 매우 강하다는 것이다. 수천 년 동안 사람들은 여러 분야에서 수은을 가지고 놀고 실험하는 데 사용하곤 했다. 하지만 그 모든 시간 동안 수은은 잔인하게도 그것을 접했던 모든 사람을 중독시켜 중추신경계에 손상을 입혔고 정신이상을 일으켰다. 수은은 독 중에서도 가장 지독하다. 수은을 접해도 피해가 눈에 보이기까지는 몇 년이 걸리기 때문이다. 영문을 알 수 없던 일들이 수은중독으로 밝혀지기까지 몇 세기가 걸린 것

도 별로 놀랍지 않다.

우리는 수은이 주로 메틸수은 같은 유기화합물의 형태로 먹이사슬에 끼어들어 몸속에 쌓이게 된다는 것을 안다. 수은은 참치처럼 덩치가 크고 먹이사슬의 상위에 있는 동물일수록 더 농축된다.

노출되고부터 증상이 나타나기까지 시간이 오래 걸리기 때문에 수은의 독성을 눈치채기까지 수백 년이 걸렸다. 수은보다 증상이 훨씬 빠르게 나타나지만 탈륨의 독성도 오랫동안 발견되지 않았다.

▲ 수은은 참치처럼 크고 지방이 많은 해양 동물의 몸속에 잘 축적된다.

▼ 수은 증기 조명은 가장 좋은 빛을 내지는 않지만 매우 효율적이다.

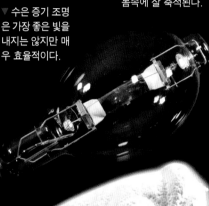

▼ 주홍색 페인트에 들어가는 색소는 황화수은이다.

▲ 치과에서 사용하는 수은을 보관하는 세라믹 플라스크. 떨어뜨리면 큰일 난다!

▶ 고체 수은으로 만든 물고기.

수은 건전지는 환경문제 때문에 사용이 중단되었다.

◀ 저자가 사진 찍은 사랑스러운 액체 수은.

탈륨 (Thallium)

원자량
204.3833
밀도
11.850
원자의 반지름
156pm
결정구조

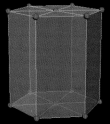

탈륨은 비소(33) 다음으로 치명적인 독성을 지 닌 원소다. 물론 셀레늄(34), 카드뮴(48), 수은 (80) 그리고 몇 가지 다른 원소들도 건강에 좋 은 건 아니지만 당신을 죽음으로 내몰지는 않 는다. 즉, 그것들은 모두 탈륨과 같은 완벽한 살 상 무기는 아니다.

만약 당신이 누군가를 독살하고 범행을 은 폐하고자 한다면 아무도 알아내지 못하는 새로 운 독을 찾아야 한다. 운이 좋으면 살인이 일어 났는지 아무도 모를 것이다(알 수 없는 이유로 죽는 사람이 많았던 100년 전에는 더 그랬을 것이다).

비소는 살상 무기로 거듭나는 데 성공했 다. 비소는 '유산 상속 가루'로 자주 사용되어 그 증상을 누구나 알 수 있게 되었고 1836년 화 학 검사가 강화된 후 더는 은밀한 독약으로 사 용되지 않았다.

반면, 탈륨은 훨씬 더 긴 시간 동안 베일에 싸여 있었다. 유명한 탈륨 살인들은 대부분 이 미 1950년에 발생했지만 오늘날까지 경찰은 탈륨 독살 사건이 고의인지 우연한 사고인지 혼란스러워 한다. 물론 검사해보면 희생자 몸 속에 탈륨이 있는지 없는지 확인할 수 있지만 경찰은 탈륨을 검출하는 작업과 별개로 살인 여부를 밝혀야 한다. 그리고 대부분 조사자가 사건의 실마리를 풀 때까지 몇 달 혹은 몇 년이 걸린다.

만약 당신 스스로 탈륨 독살의 희생자인지 아닌지 확인하고 싶다면 구토, 탈모, 망상, 실 명, 복통 등의 증상을 확인해보라. 당신도 알다 시피 이런 것들은 수천 가지 다른 질병들의 공 통적인 증상이기도 하다.

납에 의한 살인의 흔적은 알아차리기 훨씬 더 쉽다.

◀ 강력한 독성을 품은 탈륨 금속 덩어리는 안전하게 보관 되어야 한다.

▲ 웨이즈버가이트 광물, $TISbS_2$.

◀ 탈륨이라는 향수 브랜드. 실제 탈륨 이 함유되어 있지 않기를 바랄 뿐이다.

▲ 히말라야 바다소금이 건강에 좋다 는 소문도 탈륨을 함유하고 있다는 주 장이 나오면서 다소 수그러들었다. 탈 륨 향수보다 바다소금처럼 정제되지 않은 제품이 탈륨을 더 함유하고 있는 것 같다. 하지만 대부분 그 양이 너무 적어 치명적이진 않다.

전자를 채우는 순서

원자 방출 스펙트럼

물질의 상태

Pb

82

납 (Lead)

2g가량의 납이라도 총구에서 발사된다면 매우 치명적이다.

납은 총알을 만드는 금속으로 많이 사용된다. 밀도가 매우 높아 많은 질량이 작은 공간에 들어갈 수 있어 공기 저항을 줄일 수 있기 때문이다. 또한, 납은 부드러워 총구가 긁히거나 막히는 경우가 없다. 사람들은 종종 납이 극단적으로 밀도가 높다고 생각한다. 하지만 실제로 납은 오스뮴(76)이나 이리듐(77) 밀도의 절반 정도다. 이런 금속들은 군대에서 사용하려고 해도 총알치곤 너무 비싸다. 그러나 텅스텐(74)과 열화우라늄(92)은 납보다 75% 밀도가 더 높고 대전차용 철갑탄으로 사용할 수 있을 만큼 저렴하다(우라늄 편에 더 자세한 설명이 있다).

유서 깊은 납 살인 방법은 보드 게임 클루(Clue)에 의해 대중화되었다. 바로 납 파이프다. 오늘날 가정용 파이프는 주철(26), 구리(29), 플라스틱으로 만들기 때문에 현대인에게 납 파이프는 꽤 낯설게 들릴 것이다. 그러나 납 파이프는 2천 년 넘게 보편적으로 사용되었다.

납으로 만든 배수관은 고대 로마 시대에 로마제국의 각 도시에서 사용되었다. 로마인들이 이런 종류의 파이프를 2천 년 동안 썼다는 것이 아니다. 실제로 같은 파이프가 그곳에 2천 년 동안 있었다는 뜻이다. 그것들은 사실상 영원히 남을 것이다. 납은 파이프 재료로 제격이다. 매우 연해 망치로 두드려 납작하게 만들거나 파이프 속에 집어넣을 수 있기 때문이다. 물이 새는 곳은 납 조각을 망치질해 덧대거나 납을 녹여 구멍난 곳에 부어 막을 수 있다. 장작불 위에서도 쉽게 녹을 정도로 녹는점이 낮아 성채에 침입하려는 적군에게 쏟아 부었다는 유명한 일화도 있다.

◀ 이 육방형 결합체는 배관 견습공이 납을 망치질해 만든 것으로 집주인은 이를 보고 깊은 인상을 받았다.

이미 앞에서 우리는 몇 가지 원소들의 독성에 대해 이야기했기 때문에 납도 독성이 있다는 사실에 별로 놀라지 않을 것이다. 납은 전형적인 중금속으로 독소를 가지고 있고 수은과 함께 현대 들어 가장 해로운 환경오염을 야기해왔다. 가솔린의 성능을 개선하기 위해 더는 납이 첨가되지 않아 정말 다행한 일이다.

놀라운 사실은 매우 해로운 중금속 세 가지를 연달아 지나가면 사람들이 소화제로 자주 먹고 있는 비스무트에 다다른다는 것이다.

▲ 수술할 때 사용하는 손 형태의 납 고정대. 환자의 손가락을 납 손가락에 각각 고정시키고, 납 손가락을 구부리면서 손을 원하는 형태로 고정하여 외과 의사가 손 부위를 수술하기 쉽도록 해준다.

▶ 납으로 된 담배 파이프 유물.

◀ 납으로 만든 총알은 총이 발명되기 전부터 사용되어 왔다. 맨 위는 미국 남북전쟁 당시 라이플총과 머스킷총의 총알. 왼쪽은 고대 로마의 투석기 탄환이다.

▲ 재래식 배관용 납 파이프.

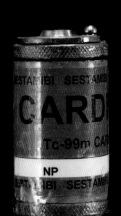

◀ 납 용기는 방사성 약품에 대한 보호 기능을 한다.

◀ 납으로 된 유리에는 대부분 20~30%의 납이 함유되어 있지만 완전히 투명하다.

◀ 납으로 된 탄환은 환경오염 문제로 인기가 없어졌다.

원자량
207.2
밀도
11.340
원자의 반지름
154pm
결정구조

Lead
82

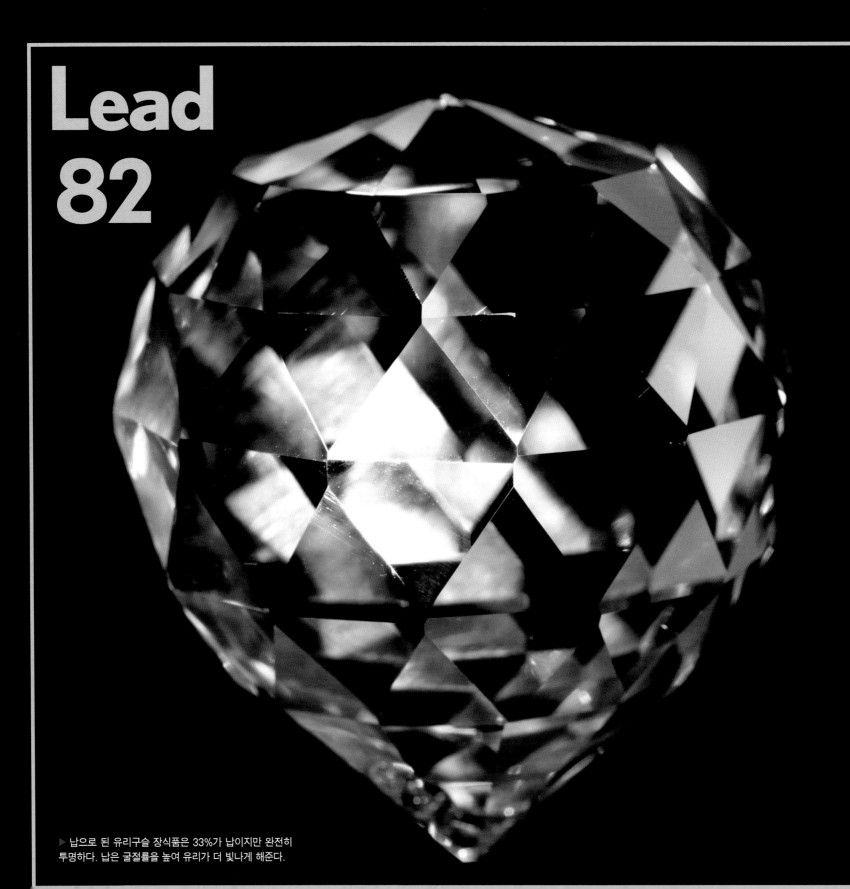

▶ 납으로 된 유리구슬 장식품은 33%가 납이지만 완전히
투명하다. 납은 굴절률을 높여 유리가 더 빛나게 해준다.

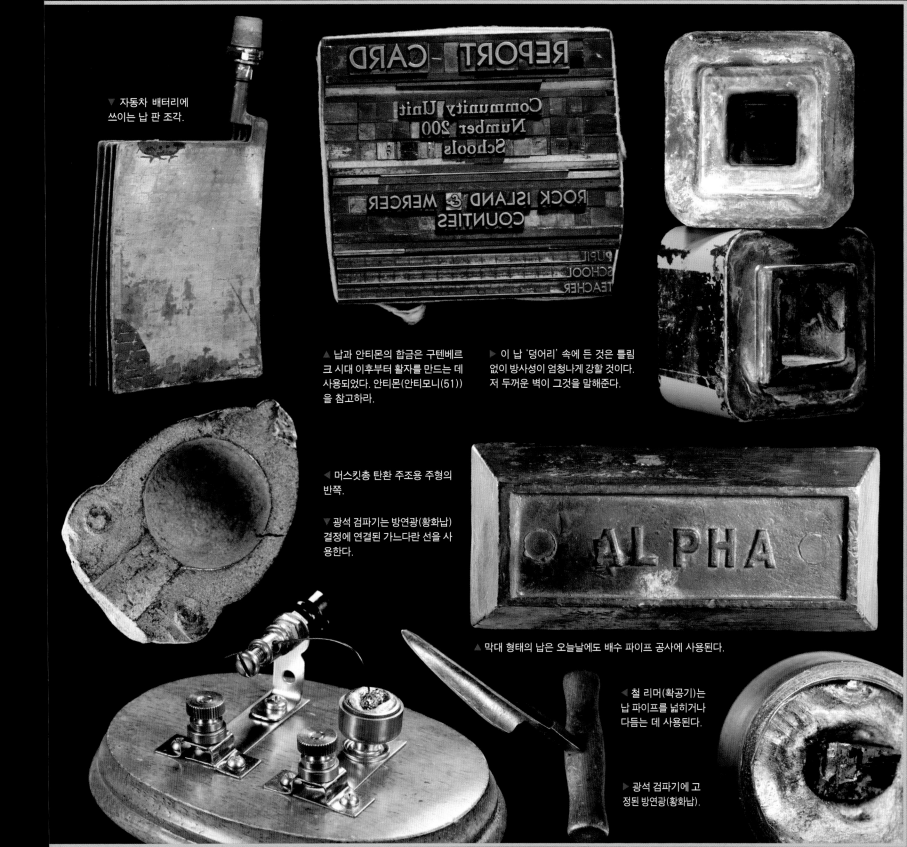

▼ 자동차 배터리에 쓰이는 납 판 조각.

REPORT CARD
Community Unit
Number 200
Schools
ROCK ISLAND & MERCER
COUNTIES
PUPIL
SCHOOL
TEACHER

▲ 납과 안티몬의 합금은 구텐베르크 시대 이후부터 활자를 만드는 데 사용되었다. 안티몬(안티모니(51))을 참고하라.

▶ 이 납 '덩어리' 속에 든 것은 틀림없이 방사성이 엄청나게 강할 것이다. 저 두꺼운 벽이 그것을 말해준다.

◀ 머스킷총 탄환 주조용 주형의 반쪽.

▼ 광석 검파기는 방연광(황화납) 결정에 연결된 가느다란 선을 사용한다.

ALPHA

▲ 막대 형태의 납은 오늘날에도 배수 파이프 공사에 사용된다.

◀ 철 리머(확공기)는 납 파이프를 넓히거나 다듬는 데 사용된다.

▶ 광석 검파기에 고정된 방연광(황화납).

Bi

83

비스무트 (Bismuth)

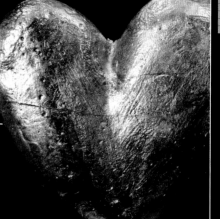

원자량
208.98038
밀도
9.780
원자의 반지름
143pm
결정구조

배 아플 때 먹는 약 펩토비스몰(Pepto-Bismol)에서 57%의 비중을 차지하는 것이 비스무트다. 정말 이상한 사실이다. 비스무트 왼쪽에 있는 납(82)은 독성이 너무 강해 모든 장난감 회사들이 납을 제거하기 위해 온 신경을 쓰고 있고 오른쪽에 있는 폴로늄(84)은 치명적인 방사능 독성 물질로 근래 러시아에서 악한들이 눈에 거슬리는 사람들을 제거하는 데 사용해왔다.

독성이 있는 중금속들 사이에 끼어 있지만 알려진 바에 의하면 금속 형태의 비스무트는 독성이 전혀 없다(녹아 있는 비스무트염을 엄청 먹어버린다면 잇몸이 검은색으로 변하는 부작용이 있지만 이것도 매우 드문 현상이다).

비스무트는 안정적인 원소들 중에서 맨 마지막 주자다. 83번 이후 원소들은 단 하나의 안정적인 동위원소도 가지고 있지 않다. 사실 비스무트는 문화적으로 안정적일 뿐이다. 즉, 사람들은 비스무트가 안정적인 원소라고 생각하고 있고 실용적인 목적으로 쓰일 때도 안정적

이지만 엄밀히 따지면 안정적인 동위원소를 하나도 갖지 않는 것은 비스무트도 마찬가지다. 이론적인 계산을 바탕으로 사람들은 오랫동안 안정적인 동위원소인 ^{209}Bi(비스무트-209)가 불안정해야 한다고 생각했다. 그러나 2003년이 되어서야 비스무트의 반감기가 1.9×10^{19}년인 것으로 밝혀졌다(이 계산 결과, 19,000,000,000,000,000,000년은 우주의 나이보다 약 10억 년이 더 길다. 어디에 있든 금방 사라질 것 같지는 않다).

우리가 안정적인 원소들의 세계를 떠나야 한다는 것이 안타깝다. 여기 있는 이 원소들은 불이 잘 붙기 때문에 건강과 국가 안보를 이유로 엄격히 통제된다. 그러나 당신이 그것들을 구할 수 없다는 말은 아니다. 식료품 가게에서 적어도 하나는 찾을 수 있다.

새로운 방사성 세계를 향한 우리 여정의 시작은 방사성 원소 중에서도 매우 특별한 폴로늄과 함께 할 것이다.

▶ 재미 삼아 만든 비스무트 하트.

▼ 비스무트 게르마늄산염($Bi_4Ge_3O_{12}$)은 불꽃 탐지기에 사용된다.

▼ 펩토-비스몰은 우연히 생긴 이름이 아니다. 그 효과를 만드는 성분이 차살리실산비스무트이다.

▼ 저자가 가지고 있는 사슬의 고리 중 하나는 99.99%의 순수한 비스무트로 주조되었다.

▶ 13.6kg의 순수한 비스무트 주괴를 반으로 부러뜨리면 아름다운 내부 결정이 드러난다.

◀ 비스무트를 냉각시킬 때 자연스럽게 만들어지는 커다란 '호퍼' 결정. 고순도 비스무트를 아주 천천히 냉각시키면 이렇게 커질 수 있다. 높이가 10cm를 넘을 때도 있다.

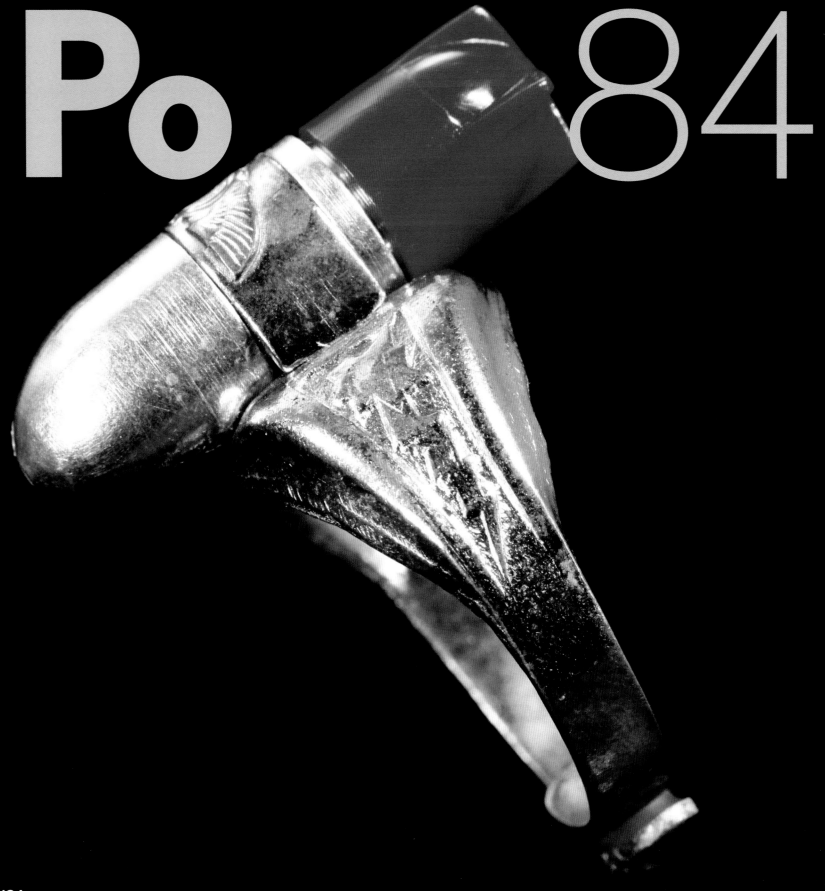

폴로늄 (Polonium)

원자량
[209]
밀도
9.196
원자의 반지름
135pm
결정구조

▶ 이 주화는 퀴리 부인이 폴로늄과 라듐을 발견한 것을 기념할 목적으로 만들어졌다. 이것이 은 대신 이 두 가지 원소로 만들어졌다면 방 안의 모든 사람들을 죽였을 것이다.

폴로늄은 퀴리 부부가 발견했고 자신들의 조국 폴란드에서 원소의 이름을 따왔다. 폴로늄은 우라늄(92) 광석에서 자연적으로 발생하는데 요즘은 정전기 방지 솔이라는 제법 신선한 용도로 사용되고 있다.

이 솔은 레코드판과 필름 원판에 정전기로 먼지가 달라붙는 것을 막는 데 사용된다. 폴로늄이 함유된 가느다란 금색 박편이 솔의 강모 바로 뒤에 있다. 이것이 공기를 이온화해 그 주변의 전하를 전이시킨다. 이 박편은 금(79)을 얇게 도금한 은(47)으로 이루어졌다. 여기서 금과 은 사이에 매우 얇은 폴로늄층이 있다.

흥미롭게도 이런 박편들은 금과 은 사이에 폴로늄을 집어넣어 만든 것이 아니다. 대신 폴로늄은 그 박편이 완전히 구성된 후 그 자리에 생성된다. 은 박편은 먼저 비스무트로, 그 다음 금으로 도금된다. 그 박편에 강한 중성자 빔을 가하면 비스무트의 일부가 폴로늄으로 바뀐다. 이것은 매우 현명한 방법이다. 폴로늄은 절대로 개방된 곳에 존재하지 않는데 폴로늄이 10 나노그램(100억 분의 1g)만큼 작은 양으로도 매우 치명적이라는 것을 감안하면 정말 다행스러운 일이다.

또한, 이것은 러시아 전 KGB 요원 알렉산더 리트비엔코(Alexander Litvinenko)가 2006년 런던에서 폴로늄 중독으로 죽었을 때 사람들이 의심했던 이유이기도 하다. 그의 몸에서는 약 10mg의 폴로늄이 검출되었다. 이 폴로늄의 출처는 핵무기 산업을 주관하는 정부밖에 없다.

이런 것들은 항상 마지막에야 밝혀진다. 틀림없이 앞으로 50년 동안 모든 세부 사항은 밝혀질 것이다. 원소에 대한 이 책에서 누가 정말 리트비엔코를 죽였는지 안다고 주장할 생각은 없다. 그러나 효율적으로 전 세계 폴로늄 공급을 좌우한다는 러시아 정부가 리트비엔코가 죽기를 원했다는 이 사실은 별로 좋게 볼 수만은 없다.

가장 흔한 동위원소 ^{210}Po(폴로늄-210)은 방사성이 매우 커 이것의 고체 덩어리는 주변 공기로부터 에너지를 받아 빛을 낼 수 있다. 1g이 연속적으로 약 140와트의 에너지를 방출한다. 그러나 이것은 아스타틴과 비교하면 아무것도 아니다.

▶ 폴로늄 점화플러그는 속임수이고 정말이더라도 지금쯤이면 이미 방사성을 완전히 잃었다.

◀ 1940~1960년대에 쓰인 스핀더리스코프(알파선 검출 장치)는 폴로늄을 종종 포함하고 있었다.

▶ 폴로늄은 오늘날까지도 정전기 방지 솔에 널리 쓰인다. 그러나 폴로늄의 반감기가 138일이기 때문에 이것처럼 오래된 것은 쓸모가 없다.

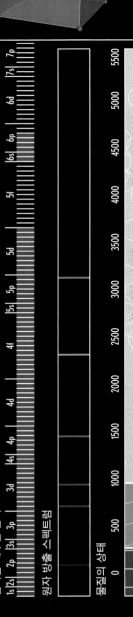

◀ 론 랭거 아토믹 밤 스핀더리스코프 반지는 1947년 킥스(Kix) 시리얼 회사의 상품으로 제공되었다. 원래 가격은 15센트였는데, 지금은 방사선과 폭탄에 대한 인식이 과거와 얼마나 달라졌는지를 보여주는 증거로 100달러 이상에 팔리고 있다.

▲ 정전기 방지 솔 안의 박편은 아래는 은, 위는 얇은 금으로 둘러싸인 폴로늄을 포함한다.

At

85

아스타틴 (Astatine)

Elemental

원자량
[210]
밀도
N/A
원자의 반지름
127 pm
결정구조
N/A

아스타틴은 원소 수집가들을 정말 당혹스럽게 만드는 네 가지 원소 중에서도 단연 최고다. 나머지 세 원소는 프랑슘(87), 악티늄(89), 프로탁티늄(91)이다. 라돈(86)이 조금 짜증스러운 것은 같지만 이 정도까지는 아니다.

아스타틴은 테크네튬(43)을 제외한 수소(1)부터 우라늄(92)까지의 모든 원소들과 마찬가지로 자연적으로 발생한다고 여겨진다. 그러나 아스타틴의 반감기는 겨우 8.3시간이다. 이것은 아스타틴이 자연적으로 언제 발생했든 주변에 오래 남아 있을 수 없다는 것을 의미한다. 언제든지 측정해보면 약 28g의 아스타틴이 전 지구에 존재한다는 것을 알 수 있다. 그리고 매일 같은 양이 존재하지 않는다. 이는 풍부한 양의 우라늄과 토륨(90)의 느린 방사성 붕괴로 인해 새로운 아스타틴이 계속 공급되기 때문이다.

원소 수집가를 위한 전형적인 해결 방법은 우라늄이나 토륨을 포함한 방사성 광석 표본을 전시하는 것이다. 그리고 서로 악수하면서 아마도 이 안에 아스타틴 원자 한두 개가 있을 거라고 수다를 떠는 것이다. 가능하긴 하지만 아스타틴이 하나도 없을 가능성이 훨씬 높다. 북미의 모든 외부 지각으로부터 16km 깊이까지 한 번에 자연적으로 발생하는 아스타틴 원자가 약 1조 개 있다. 당신이 가진 작은 돌에 그중 하나가 존재할 확률은 얼마나 될까?

아스타틴은 짧은 반감기에도 불구하고 방사선 암 치료법으로 사용하기 위해 연구되고 있다. 앞에서 이야기한 짧은 반감기를 가지고 있으면서 기계에 이용되는 $^{99}Tc_m$(테크네튬-99m)을 생각해보면 별로 놀라운 이야기는 아니다. 병원에서는 필요한 물질을 현장에서 만들어내는 기계를 개발한 것이다.

라돈의 반감기는 아스타틴보다 겨우 몇 배 길지만 훨씬 더 많은 양이 존재한다. 세계 곳곳에서 누구나 알 정도로 말이다.

◀ 이 아름다운 형광을 띠는 인회우라늄 광물[Ca(UO₂)2(PO₄)₂·10H₂O]은 때에 따라 아스타틴 원자를 포함할 수도 있고 안 할 수도 있다.

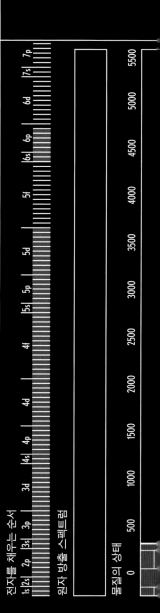

Radon

Rn

86

라돈 (Radon)

Elemental

원자량
[222]
밀도
0.00973
원자의 반지름
120pm
결정구조
N/A

라돈은 무거운 방사성 기체로 반감기는 3.2일이다. 하지만 우리 주위에는 상당히 많은 라돈이 존재한다. 라돈은 화강 기반암에 특별히 많이 존재하는 우라늄(92)과 토륨(90)의 붕괴 사슬 중에 있는 주요 원소이기 때문이다(화강암 건축물들은 무시 못할 양의 방사선을 방출한다. 뉴욕 그랜드센트럴 역이 방사능으로 유명한 이유가 이것이다).

건물의 지면에 스며들어 올라오거나 지하에서 쌓이는 라돈은 많은 사람들의 고민거리다. 라돈을 측정하고 수치를 낮추는 것을 목적으로 하는 산업 분야가 따로 있을 정도다(라돈 서비스 회사는 큰돈을 받고 여러분의 집 아래에 있는 라돈이 내부로 침투하지 못하도록 밖으로 빼내줄 지하 풍동과 팬을 설치해줄 것이다).

아이러니하게도 라돈을 없애려고 큰돈을 쓰는 사람이 있는 반면, 건강에 좋다는 믿음으로 라돈을 잔뜩 머금은 공기를 맡기 위해 우라늄 광산 주위의 동굴 온천으로 모여드는 사람들도 있다. 이런 믿음은 오늘날보다 100여 년 전 더 성행했는데 많은 온천들이 상당량의 방사능이 있다는 사실을 알게 되면서 시작되었다(온천수가 뜨거운 이유는 지구 깊은 곳에서 일어나는 우라늄과 토륨의 붕괴로 인해 뜨거워진 바위 주위로 그 물이 흐르기 때문이다).

방사능이 처음 연구되었던 100여 년 전에는 아무도 그 위험성을 의심하지 않았다. 온천이 건강에 좋다는 사실은 모두 알고 있었지만 그 이유는 아무도 알려고 하지 않았다. 그리고 많은 유명한 온천들에 방사성이 있다는 사실이 밝혀지자 그 이유가 명확해지는 것 같았다. "이 훌륭하고 새로운 방사선이라는 녀석 때문인 것이 분명해!"

그 후 수십 년 동안 방사선이라면 뭐든지 사족을 못 쓰는 건강 열풍이 일었다. 하지만 그것은 이를 지지하던 사람이 끔찍한 죽음을 맞이하면서 끝났다. 이에 관해서는 토륨에 대한 설명에서 들을 수 있다.

당시 사람들이 프랑슘에 대해 알았더라면 누군가는 프랑슘 발 보온기를 팔고 있었을 것이다.

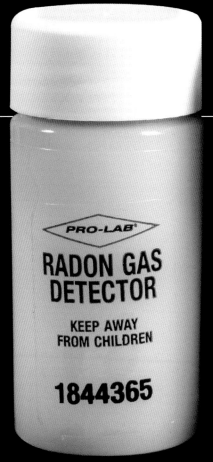

▲ 지하의 라돈 농도가 걱정되는 사람들에게 며칠 안에 답을 내주는 저렴한 테스트 키트가 있다.

Radium Water Bath Will Improve Your Health

RECOMMENDED FOR RHEUMATISM, STOMACH TROUBLE

ECZEMA AND OTHER SKIN DISEASES

THE RADIUM BATH HOUSE, CLAREMORE'S FINEST, CLAREMORE, OKLA.

◀ 이 화강암 공은 라돈의 주요 공급원인 우라늄과 토륨을 포함하고 있다.

◀ 지금껏 라돈을 충분히 경험해보지 못했다고 느낀 사람들을 위해 이 라듐 목욕탕은 라돈이 가미된 온천수에 온몸을 흠뻑 담글 수 있는 서비스를 제공했다(실제 라듐은 이런 용도로는 너무 비싸며 많은 온천수는 지구 깊은 곳에서 일어나는 우라늄과 토륨의 붕괴에서 방출되는 라돈 기체 때문에 방사성이 있다).

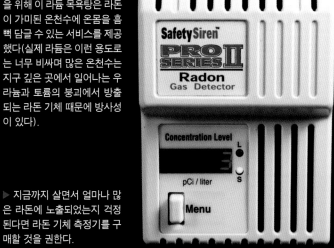

▶ 지금까지 살면서 얼마나 많은 라돈에 노출되었는지 걱정된다면 라돈 기체 측정기를 구매할 것을 권한다.

전자를 채우는 순서
원자가 방출 스펙트럼
물질의 상태

Fr

87

프랑슘 (Francium)

프랑슘은 자연적으로 발생하는 원소 중에서 가장 불안정하고(반감기는 22분) 자연에서 발견된 마지막 원소다(짐작했다시피 '프랑스'에서 1939년 발견되었다).

이 책에서 레늄(75)에 대해 했던 비슷한 이야기를 떠올릴 수도 있지만 레늄은 마지막으로 발견된 안정적인 원소인 반면, 프랑슘은 불안정한 것들까지 포함해 맨 마지막으로 발견된 자연 발생 원소다. 이 책이 집필된 현재 기준으로 맨 마지막으로 발견된 인공 원소는 117번 원소 테네신이다(시간이 흐르면서 더 많은 원소들이 발견될 거라는 데 의심의 여지가 없다. 원자들의 수에는 절대 상한선이 없다). 그리고 마침내 맨 마지막으로 발견되는 자연 발생 원소인 아스타틴(85)이 이 시시한 논쟁거리를 종결시켰다. 잠깐! 조금 전 내가 프랑슘에 대해 같은 말을 한 것을 기억하는가? 여기에는 미묘한 차이가 있다. 프랑슘은 자연에서 처음 발견되었고, 아스타틴은 자연적으로 만들어질 수는 있지만 처음 발견된 것은 인공적으로 만들어졌을 때였다. 자연에서 아스타틴이 만들어진 흔적은 그로부터 3년이 흐른 뒤에야 발견되었다.

22분이라는 반감기는 프랑슘을 쓸모없는 방사성 원소로 만들어버린다. 프랑슘은 상업적 응용이 전무하며 엄청난 방사성이 있는 다른 동위원소들이 광범위하게 사용되는 의약품의 경우에도 마찬가지다.

어떻게든 프랑슘 덩어리들을 한곳에 모으는 데 성공해도 그 덩어리들은 스스로 방사성 붕괴를 일으키면서 뿜어져 나오는 무시무시한 열로 인해 가차 없이 증발할 것이다. 하지만 증발되는 시간을 몇 초가량 늦출 수만 있다면, 아… 그것으로 재미를 좀 볼 수 있을 텐데 말이다!

보다시피, 프랑슘은 물과 폭발 반응을 일으키는 특성 때문에 호수에 던지면서 놀기 좋은 알칼리 금속들 중 맨 마지막에 위치한 녀석이다. 주기율표의 규칙에 따르면 프랑슘은 이들 중 가장 반응성이 높은 원소이다. 100g의 프랑슘을 호수에 던지면 정말 엄청난 폭발이 일어날 것이다.

그 외에도 한때 라듐 산업과 다를 바 없는 엄청난 방사능 오염 사태를 야기할 것이다.

◀ 이 토르석 광물[(Th,U)SiO₄]을 가까이 들여다보면 프랑슘의 원자를 볼 수 있을지도 모른다.

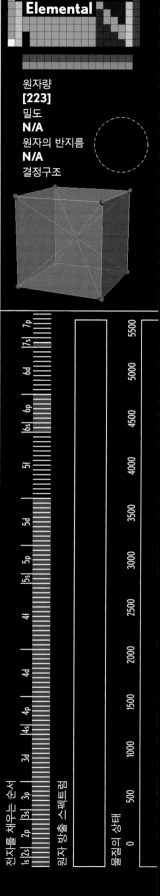

Elemental

원자량
[223]
밀도
N/A
원자의 반지름
N/A
결정구조

Ra

88

라듐 (Radium)

원자량
[226]
밀도
5.0
원자의 반지름
215pm
결정구조

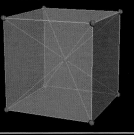

라듐은 1900년대 초 현대의 티타늄(타이타늄(22))과 같았다. 라듐이 실제로 들어 있던 말든 누구든지 자기 회사 제품과 관련짓고 싶어 하던 화려하고 빛나는 강력한 원소였다. 오늘날 많은 '티타늄' 제품들이 실제로는 티타늄이 들어 있지 않은 것처럼 한 세대 전에는 라듐 가구 광택제와 라듐 치약들과 같은 '라듐' 제품들은 실제로 라듐이 들어 있지 않았다.

라듐 좌약 그리고 그야말로 끔찍한 방사성 기구(훗날 엉터리로 밝혀짐) 등과 같은 제품들은 정말 라듐이 들어 있었으며 어떤 때는 그 양이 매우 많기도 했다(라듐 내분비 기기는 남성들이 바지처럼 입어서 은밀한 부위로 방사선을 직접 쬘 수 있도록 디자인되었다. 방사선을 생식기에 장시간 노출시키면 정력에 좋을 거라는 잘못된 믿음을 근거로 벌어진 이 사건은 정말 너무나 어리석은 발상이 아닐 수 없다. 오늘날에는 엑스레이 촬영 중 특정 부위에 티끌만큼의 방사선조차 피하기 위한 특수한 납 보호구가 만들어지고 있다).

야광 손목시계 바늘은 가장 잘 알려진 라듐의 용도이며 라듐을 이베이에서 쉽게 구입할 수 있는 명분을 제공한다. 황화아연(30)과 라듐의 화합물이 들어간 페인트는 수년 동안 어둠 속에서 빛을 발한다. 슬프지만 황화아연은 분해되기 때문에 세월이 많이 흐른 대부분의 라듐 손목시계들은 더는 빛을 발하지 않는다(라듐 자체는 여느 때와 다름없이 방사성이 있다. 라듐의 반감기가 1,602년이기 때문에 라듐제 시계들은 아주 오랫동안 열이 나게 된다).

라듐제 손목시계와 시계들을 도색할 때 여성 근로자들은 작은 작업용 붓을 혀로 핥아 끝을 섬세히 다듬어가며 작업했다. 그 붓에 묻어난 방사성 페인트를 생각해보면 이는 썩 좋은

발상은 아니었다. 여성 노동자들의 명백한 라듐 관련 질병 또는 사망 사건들은 점점 누적되어 결국 많은 사람들이 방사선 안전에 대해 어떤 조치가 취해져야 한다는 사실을 깨닫게 되었다.

'라듐 걸즈' 사태는 노동자들이 위험하며 부당한 작업 조건으로 인한 피해를 고소할 권리를 확실히 얻을 수 있었던, 노동법 역사상 획기적인 사건이었다(국제적으로 방사성 페인트 붓을 핥는 행위의 위험성에 관한 정보를 고의적으로 덮으려는 행위는 위의 고소 사안 중 1순위다). 하지만 방사성 건강 제품들의 인기가 완전히 사라지기까지는 더 많은 죽음과 끔찍한 고문들이 필요했으며 이에 대한 한 이야기는 화가 날 정도로 짧은 반감기를 가지고 사라지는 원소 악티늄(89)과 그 다음 토륨(90) 이야기를 통해 알 수 있다.

▲ 라듐 신발 광택제에는 라듐이 들어 있지 않았다.

◀ 라듐제 녹말에는 라듐이 들어 있지 않았다.

◀ 라듐 내분비 기기는 정말 라듐이 많이 들어 있어서 라듐 시대의 가장 위험한 제품들 중 하나였다.

▲ 이 라듐제 콘돔은 고맙게도 라듐이 들어 있지 않았다.

▶ 라듐 정수기에는 고농도의 우라늄이 들어 있었지만 라듐은 거의 없었다.

▶ 아름다운 황동 스핀더리스코프에는 라듐이 들어 있어서 오늘날까지 여전히 방사능을 띠고 있다.

◀ 손목시계 눈금판에 정성스럽게 손으로 칠한 라듐제 페인트는 근대 노동법의 확립을 불렀다.

전자를 채우는 순서

원자 방출 스펙트럼

물질의 상태

악티늄 <small>(Actinium)</small>

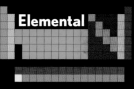

원자량
[227]
밀도
10.070
원자의 반지름
195pm
결정구조

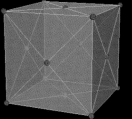

악티늄은 악티늄족 희토류 중 첫 번째에 위치하고 표준 주기율표 배열에서 맨 아랫줄에 있다. 란탄족과 마찬가지로 악티늄족에 속하는 모든 원소들은 서로 화학적 속성을 공유한다. 하지만 식별이 거의 불가능할 때도 있는 란탄족 원소들에 비하면 각양각색이다.

란탄족 원소들과 악티늄족 원소들 간의 가장 큰 차이는 바로 란탄족 원소들은 단 하나를 제외하면 모두 안정적인 반면, 악티늄족 원소들은 모두 방사성이 있다는 사실이다. 이 원소들은 대부분 엄청난 방사성이 있으며 이들 중 단 세 가지만 당신이 그 결정을 손에 쥐고도 목숨을 잃지 않고 모험담을 떠들고 다닐 수 있을 정도로 온순하다.

21.8년의 반감기를 가진 악티늄은 위의 세 녀석들에 속하지 않는다. 악티늄은 방사성이 너무 강해 발광 스크린의 도움 없이도 스스로 발광할 수 있다(88번 원소 라듐과 같이 더 약한 방사성 원소들의 발광을 한 번 보면 악티늄의 방사성이 어느 정도인지 알 수 있을 것이다).

악티늄은 우라늄(92) 광석에서 자연적으로 발생하지만 그 양이 너무 적어 실제로 악티늄을 얻을 때는 ^{226}Ra(라듐-226)을 원자로 속에서 중성자와 충돌시키는 방법을 이용한다. 입자에 충격을 받은 ^{226}Ra은 ^{227}Ra(라듐-227)로 바뀌고 42분의 반감기가 지난 후에는 악티늄의 동위원소 중 수명이 가장 긴 ^{227}Ac(악티늄-227)로 붕괴된다.

이렇게 한 원소를 다른 원소로 바꾸는 핵 연금술은 오늘날 유용한 원소들과 동위원소들을 합성시킬 때 보편적으로 사용한다. 연금술사들이 기본 원소들을 황금으로 바꾸려고 했던 시도가 잘못된 것이 아니었다. 단지 그때는 아직 원자로 같은 기술이 없었을 뿐이다.

악티늄은 실험에 필요할 때 외에는 만들어지거나 쓰이는 경우가 거의 없다. 반면, 토륨은 모든 방사성 원소들 중 가장 많이 쓰이는 원소다.

◁ 이탈리아 트레 크로치의 비바 단지에 있는 이 바이카나이트. 즉, (Ca,Ce,La,Th)$_{15}$As(AsNa)FeSi$_6$B$_4$O$_{40}$F$_7$의 샘플에는 분명히 지금 당장은 아무 악티늄도 없지만 어쩌다 원자 한두 개가 생길 수 있다.

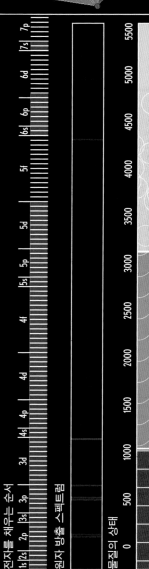

전자를 채우는 순서
1s 2s 2p 3s 3p 3d 4s 4p 4d 4f 5s 5p 5d 6s 6p 6d 7s 7p

원자 방출 스펙트럼

물질의 상태
0 500 1000 1500 2000 2500 3000 3500 4000 4500 5000 5500

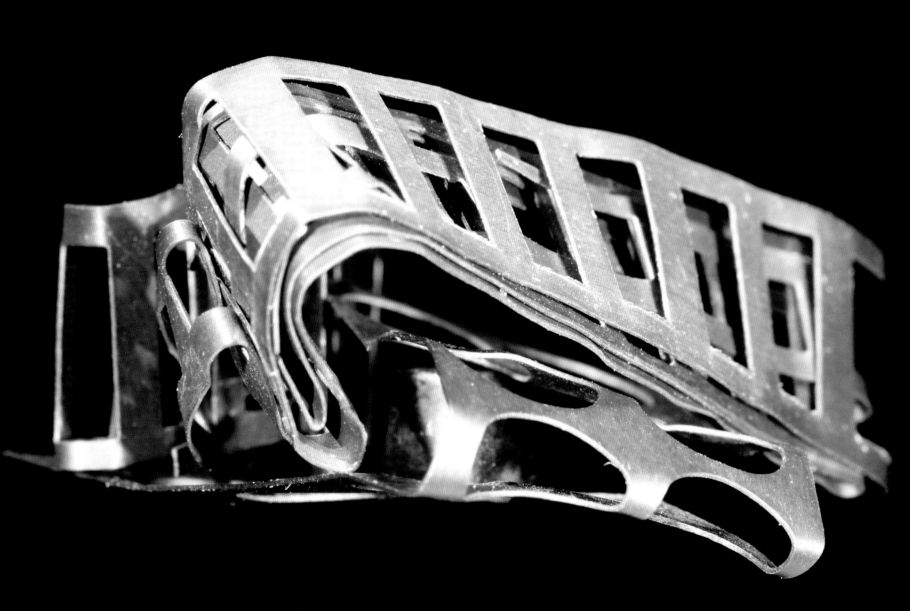

토 륨 (Thorium)

▶ 순수한 **토륨** 금속 조각들.

Elemental

원자량
232.0381
밀도
11.724
원자의 반지름
180pm
결정구조

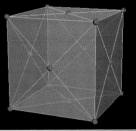

지구 지각에 있는 토륨의 양은 주석(50)의 약 세 배다. 또한, 우라늄(92)보다도 거의 세 배가 량 많다. 그래서 사람들은 토륨 원자로를 개발 하기 위한 연구에 상당한 노력(수십억 달러)을 투자했다. 연구원들이 원소 수집가들의 사랑을 한 몸에 받는 고순도의 토륨을 무지막지하게 많은 양으로 만들어내기 전까지 이 연구는 계 속되었다.

사람들은 토륨의 풍부한 양에는 관심을 가 지면서도 방사성이 있다는 사실은 무시한 채 수 년 동안 오직 토륨의 화학적 속성만 고려해 이용했다. 산화토륨은 최근까지 가스불로 달구 어졌을 때 밝게 빛난다는 점 때문에 캠핑 랜턴 덮개에 쓰였다. 다른 산화물들도 토륨만큼 잘 반응하지만 산화토륨은 저렴하고 상대적으로 낮은 토륨의 방사성 덕분에 오랜 시간 동안 문 제를 겪은 적이 없었기 때문이다. 오늘날에도 토륨이 2% 정도 들어간 토륨 텅스텐 용접봉을 구할 수 있다.

상당한 양의 라듐과 토륨이 들어간 라디돌 (Radithor)이라는 건강 음료는 1932년 엉터리 방사성 건강 제품 열풍을 완전히 종식시켰다. 에덴 바이어스라는 사업가는 부유한 난봉꾼이 었는데 라디돌을 하루에 석 잔 마셨다. 그의 죽 음에 대해 〈월스트리트 저널〉은 '라듐 용액은 바이어스 씨의 턱이 떨어져 나갈 정도로 탁월 한 효과를 보여주었다.'라는 헤드라인을 실었 다. 그 사건으로 인해 미용제와 의료장비들에 대한 식품의약국(FDA)의 통제가 강화되었다. 그런데 토륨과 관련된 이야기 중에는 이보다 더 황당한 것도 있다.

제2차 세계대전이 한창일 때 연합군 정보 부대는 아우에르게젤샤프트라는 독일군 군수

업체가 어마어마한 토륨 재고를 점령지인 파리 에서 압류해 독일로 가져갔다는 정보를 입수하 고 기겁했다. 연합군 측 핵과학자들은 독일에 게 토륨이 필요한 이유가 틀림없이 독일의 핵 폭탄 개발이 상당히 진행되었기 때문이라고 생 각했다. 실제로 당시 독일에서 핵폭탄에 대한 연구는 진전이 거의 없었다. 아우에르게젤샤프 트의 비밀 계획은 단지 전쟁 후 토륨제 치약 브 랜드를 출시하겠다는 것이었다. 그들은 그 브 랜드가 라듐제 치약만큼 인기를 얻길 기대했기 때문에 충분한 양의 토륨을 확실히 손에 넣고 싶었던 것이다.

그러나 프로탁티늄(프로트악티늄)에 대해 서는 이런 계획들이 전혀 없었다.

▲ 골동품 랜턴 덮개에는 가스로 열을 가하면 아름 다운 빛을 발하는 산화토 륨이 들어 있다.

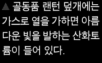

▶ 견고한 **토륨** 금속 시트 는 구하기가 매우 어렵다. 소유하는 것은 불법은 아 니지만 누구든 이 녀석을 팔 생각을 하는 사람이 있 는지 찾아보라.

▲ 다행히 **토륨제** 치약은 더는 만들지 않는다.

▼ 이 빈 라디돌 병의 코르크는 가이거 계수기(방 사능 측정기)로 분당 1,000계수가 넘는 카운트가 여전히 확인되고 있다.

▶ 2%의 **토륨**이 함유된 용접용 전 극은 오늘날에도 폭넓게 이용되고 있다.

RADITHOR
REG. U.S. PAT. OFF.
CERTIFIED
Radioactive Water
Contains
Radium and Mesothorium
in Triple Distilled Water

◀ 아크 용접기로 구멍을 낸 순수한 **토륨** 호일.

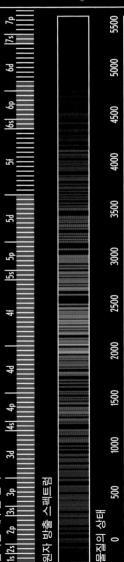

Pa

91

프로탁티늄 프로트악티늄(Protactinium)

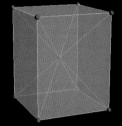

원자량
231.03588
밀도
15.370
원자의 반지름
180pm
결정구조

프로탁티늄은 자연적으로 발생하는 원소 중 마지막이며 원소 수집가들을 곤란하게 만들기도 한다. 아스타틴(85), 프랑슘(87), 악티늄(89)과 달리 프로탁티늄의 반감기는 32,788년으로 매우 길기 때문에 눈으로 볼 수 있을 정도로 충분히 큰 덩어리를 이루고 있다. 위험하지만 납 성분이 선을 이루어 아름다운 자태를 뽐낸다. 하지만 이는 프로탁티늄을 손에 넣을 수 없다는 사실 때문에 절망감을 안겨줄 뿐이다.

1960년대 프로탁티늄의 활용 방법을 연구하기 위해 연구실에 약 125g의 프로탁티늄이 배포되었다. 그 연구는 확실히 잘 진행되지 못했다. 지금까지 아무 결과가 없는 걸 보면 말이다. 나는 아직도 조금이라도 남아 있는 프로탁티늄이 이베이에 나타나기를 기다리고 있다.

수명이 매우 짧은 동위원소 형태인 $^{234}Pa_m$(프로탁티늄-234m)(반감기 1.17분)은 1913년 카시미르 파얀스(Kasimir Fajans)와 고링(O. H. Gohring)이 발견했다. 수명이 매우 긴 동위원소 ^{231}Pa(프로탁티늄-231)은 1918년 프레더릭 소디(Frederick Soddy)와 존 크랜스튼(John Cran-

ston)이 스코틀랜드에서, 오토 한(Otto Hahn)과 리제 마이트너(Lise Meitner)가 독일에서 각각 발견했다. 이들에 대해서는 마이트너륨(109)에서 더 이야기할 것이다. 그러나 우리가 전혀 다른 동위원소에 대해 이야기할 수 있는 것은 다른 팀 멤버 프레더릭 소디 덕분이다.

소디는 같은 원소의 다른 원자들이 다른 질량 수를 가질 수 있다는 것을 발견했고 이것에 대해 평생 후회했다.

원소는 핵 속에 특정 수의 양성자를 갖는 물질로 정의된다(이 수가 바로 모든 주기율표에서 볼 수 있는 원자 번호다). 그러나 모든 핵(^1H는 제외)은 양성자뿐만 아니라 중성자도 많이 포함하고 있다. 같은 원소의 동위원소들은 같은 수의 양성자를 갖지만 중성자 개수는 다르다. 예를 들어, 동위원소 ^{234}Pa(프로탁티늄-234)는 91개의 양성자(프로탁티늄은 91번 원소이므로)와 234에서 91을 뺀 143개의 중성자를 포함한다.

사실 중성자 수는 원자의 화학적 작용과 아무 상관 없지만 핵의 안정성에 결정적인 역할

을 하는 것으로 밝혀졌다. 적당한 수의 중성자가 없는 핵은 불안정한 경향이 있다. 그래서 결국 방사성 붕괴를 일으켜 산산이 흩어진다.

원자들이 붕괴될 때(이를 핵분열이라고 한다) 거대한 양의 에너지가 방출된다. 이 에너지가 원자력 발전소와 핵폭탄의 바탕이 된다. 프레더릭 소디는 이 방법으로 얼마나 많은 에너지가 생성될지 깨달았고 인류가 이제 무한한 에너지로 깨끗하고 아름다운 미래를 바라볼 수 있을 거라고 설명하기 시작했다. 하지만 그는 과학자들이 제1차 세계대전의 참혹한 학살에 가담한 것을 보고 핵과학에 등을 돌리고 핵 연구를 계속하면 끔찍한 결과가 있을 거라고 경고했다.

더 이상 그는 여기에 흥미를 느끼지 못했지만 그중에서도 가장 끔찍한 악몽이 실현된 것은 1945년 8월 6일 '리틀 보이'라는 이름의 원자폭탄이 일본 히로시마에 떨어지는 것을 본 것이었다.

그 폭탄은 우라늄으로 제작되었다.

◀ 인동우라늄석$[Cu(UO_2)_2(PO_4)_2 \cdot ^{8-12}H_2O]$은 도저히 구할 수 없는 프로탁티늄을 설명하기 위해 고른 사랑스러운 초록색 우라늄 광물이다. 진짜 프로탁티늄을 얻거나 사진을 찍을 실질적인 방법은 없지만 이 암석에는 몇 개의 프로탁티늄 원자가 들어 있을 것이다.

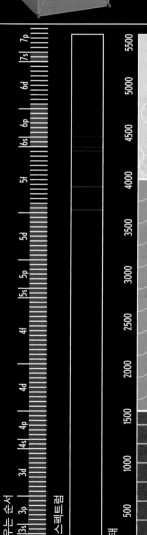

209

U

92

우라늄 (Uranium)

우라늄에 대해 이야기하려면 뉴멕시코 사막의 비밀 기지에서 분노 속에 몰래 만들어져 전혀 예측하지 못했던 일본 히로시마에 떨어진 첫 원자무기가 우라늄 핵분열 폭탄이라는 사실을 빼놓을 수 없다. 중국 만리장성과 아폴로 계획은 대단한 사건이다. 그러나 이 행성에게 되돌릴 수 없는 결과와 실험에 대한 맹목적 믿음으로 평가해보았을 때 인간의 손으로 이룬 것 중 맨해튼 프로젝트의 끔찍함에 비할 수 있는 것은 없다.

우라늄 폭탄을 만든 과학자들은 이 우라늄 폭탄이 제대로 작동할 것으로 확신했기에 시험할 시도조차 하지 않았다(또한, 그들은 단지 폭탄 하나에 들어갈 충분한 양의 ^{235}U[우라늄-235]만 갖고 있었다). 폭탄 투하 21일 전 뉴멕시코 주 도시 앨러모고도(Alamogordo)에서 진행된 트리니티 실험은 히로시마 원자폭탄 투하 사흘 후 나가사키에 떨어질 더 복잡한 플루토늄 폭탄 '팻 맨(Fat Man)'이 가능하다는 것을 증명했다.

원자폭탄이 발명된 이 세계에서 인류가 생존할 수 있을지는 의문으로 남아 있다.

핵무기가 전쟁에 쓰인 것은 두 번뿐이지만 우라늄 자체는 근래 세계 곳곳에서 일어나는 전쟁에서 이용되어 왔다. 자연적으로 발생한 우라늄은 ^{238}U(우라늄-238)이 99.28%이고 ^{235}U가 0.71%다. 두 동위원소 모두 방사성이 있지만 ^{235}U만 핵분열 폭탄을 만드는 데 이용될 수 있다. 우라늄이 폭탄으로 만들어지는 과정에서 전체 ^{235}U의 약 2/3가 소모되었을 때 남은 것을 '열화우라늄(depleted uranium)' 또는 DU라고 부른다.

DU는 남아 있는 방사능을 사용하기 위해서가 아니라 단지 매우 단단하고 밀도가 매우

높은 금속이기 때문에 훌륭한 갑옷을 만드는 데 사용된다. 비슷한 밀도의 텅스텐(74)도 충분히 쓰일 수 있지만 핵을 소유한 정부라면 폭탄을 만들고 남은 DU를 매우 많이 갖고 있을 것이다. 또한, DU는 충격으로부터 오는 화재를 막을 수 있다는 이점도 있다.

이제 죽음과 관련 없는 이야기들을 해보자. 우라늄은 이베이와 전 세계 골동품 수집가들의 부엌에서 찾아볼 수 있다. 1942년 이전에 만들어진 오지그릇(붉은 진흙으로 만든 질그릇)과 사발 중 특히 오렌지색을 띠는 것들은 약 1m 떨어진 가이거 계수기(방사능 양 측정 장치)로 측정하면 유약 속에 엄청나게 많은 양의 우라늄이 들어있음을 알 수 있다. 이 그릇에 음식을 담아 먹는 것은 방사능 때문에 좋지 않은 생각이다. 이 그릇의 방사능은 비교적 무해한 알파 타입이지만 납처럼 우라늄도 독성을 띤 중금속이기 때문에 산성 식품을 만나면 유약으로부터 새어나올 수 있다.

개인이 천연 우라늄을 6.8kg까지 소지하는 것은 지극히 합법이다. 그래서 방사능이 있는 오지그릇을 널리 팔고 수집하고 사용하는 것도 가능하다. 이와 관련된 실화가 있다. 내 소프트웨어 회사의 동료는 부엌 가득 오지그릇을 갖고 있었고 매일 상을 차릴 때 사용했다. 그리고 내 가이거 계수기를 빌려간 후 사발세트들은 싱크대에서 조금 먼 곳에 보관하고 있다.

우라늄 편을 마무리하면서 자연적으로 발생하는 원소들에게 작별을 고한다. 이후 원소들은 오직 인류의 즐거움 때문에 지구상에 존재하는 것이다. 이제 핵 반응기로 원소들을 만들어내야 한다. 첫 번째 새로운 개량종은 넵투늄이다.

Elemental

원자량
238.02891
밀도
19.050
원자의 반지름
175pm
결정구조

▲ 히로시마 원자폭탄의 모습을 우라늄염 인화지에 인쇄한 모습. 이 인쇄물은 실제로 방사성이 있다.

▲ 아트 데코 초등학교 학생들과 저자가 만든 식수대 타일. 상당한 양의 우라늄이 유약에 함유되어 있다. 밝은 색 타일에서는 분당 1,000계수가 측정된다.

▲ 금색 질화티타늄 코팅은 이 작은 탄환 속의 열화 우라늄이 산화되지 않도록 보호한다.

순수한 우라늄 금속을 소유하는 것은 (한 번에 6.8kg까지는) 완전한 합법이다. 실제로 일부 회사들은 원소 수집가

Uranium 92

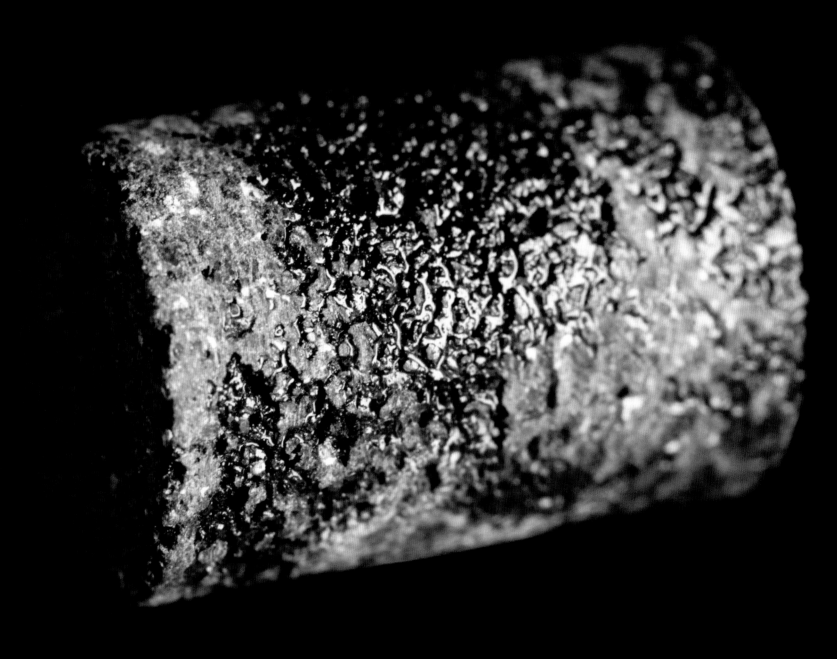

△ 이 원자로 원료는 ^{235}U가 풍부한 우라늄을 함
유하고 있기 때문에 특별한 자격증 없이는 소유
할 수 없다.

▼ 직접 측정하는 방사능 측정기. 방사능 위험 수준에서는 스크린에서 빛을 발한다.

▶ 버려진 탄저판의 안에 보이는 우라늄 심과 버려진 우라늄 탱크 관통자.

▲ 초록색 우라늄 '바셀린' 유리는 수집품으로 유명하며 방사성이 약간 있다. 바셀린 유리와 전화기 절연체를 결합시키면 이베이에서 히트칠 수 있다.

▶ 오늘날 스핀더리스코프는 우라늄 광석으로 만들어지므로 이것을 파는 것은 합법이다.

◀ 1942년 무렵 만든 붉은색 오지그릇은 방사성이 있는 것으로 유명하다. 다른 색상이나 다른 브랜드도 마찬가지다.

☢ United Nuclear ☢
Nuclear Spinthariscope
Allow eyes to become accustomed to total darkness for at least 5-10 minutes before viewing.
v2.2
www.unitednuclear.com

Np

93

넵투늄 (Neptunium)

지금까지 살펴본 원소 중 마지막 아홉 가지 원소들의 경향을 눈치챘을지 모른다. 이 원소들은 모두 방사성이 있는데 홀수 번호 원소의 반감기는 매우 짧은 반면, 짝수 번호 원소들의 반감기는 10억 년이나 되는 경우도 있을 만큼 훨씬 길다. 이런 경향은 버클륨(97)까지 나타난다. 이것은 양성자와 중성자가 그들 스스로 핵 속에 묶여 있기 때문이다. 불활성 기체만 화학적으로 안정적인 것은 최외각 전자를 완성시키는 데 딱 알맞은 개수의 전자를 가지기 때문이다. 마찬가지로 여기서 짝수 원소의 핵들은 유리한 배열을 만들기 때문에 딱 맞는 개수의 양성자와 중성자를 갖는다.

또 다른 경향은 더 짧게 나타나지만 92, 93, 94번 원소 모두 행성 이름에서 따왔다는 것이다. 첫 번째로 해당되는 우라늄(92)은 1789년 이 원소보다 8년 전 발견된 천왕성(Uranus)의 이름에서 따왔다(우라늄은 1789년 발견되었는데 그보다 100년도 훨씬 더 지난 1895년까지도 방사성이 발견되지 않았다는 사실은 정말 놀랍다. 그동안 사람들은 다른 원소들과 매우 다른 우라늄의 특징에 대해 별 신경을 쓰지 않았다. 잘 알려진 다른 원소들과 달리 우라늄은 용기에서 새어나와 사람을 해칠 수도 있는데 말이다).

넵투늄은 1940년 캘리포니아주립대 버클리캠퍼스에서 발견된 최초의 초우라늄 원소였다(즉, 우라늄 이후의 원소였다). 우라늄은 보통 자연적으로 만들어진 마지막 원소로 여겨지지만 사실 핵붕괴로 인한 부산물인 넵투늄이 소량으로 우라늄 원석 광물에 존재하고 있다.

넵투늄은 흔히 이용되는 원소는 아니지만 당신 집에서 분명히 찾을 수 있을 것이다. 가정용 표준 화재경보기에는 연기 입자들과 상호작용해 화재를 탐지하는 알파 소립자를 만들기 위해 소량의 아메리슘(95)이 사용된다. 이때 쓰이는 아메리슘의 동위원소인 ^{241}Am(아메리슘-241)은 반감기가 432년이고 이것이 붕괴하면 반감기가 2,145,500년 이상인 넵투늄의 동위원소 ^{237}Np(넵투늄-237)이 된다. 오래된 화재경보기에서는 더 많은 양의 축적된 넵투늄을 발견할 수 있다. 수천 년 후에는 더 많은 양의 넵투늄이 생겨날 것이다(수천만 년이 지난 후에는 거의 안정적인 81번 원소 탈륨이 될 것이다).

행성 이름 이어가기는 계속되고 있다(명왕성이 행성 자리에서 물러났으므로 '과거에 행성이었던 소행성 이름'이 될지도 모르겠다). 다음으로 우리는 오늘날 죽음과 멸망의 강력한 상징이자 무자비한 '죽음의 신' 플루토늄에 다다른다.

◀ 노르웨이 몰랜드의 에스키나이트[Aeschynite, (Y,Ca, Fe,Th)(Ti,Nb)$_2$(O,OH)$_6$]. 넵투늄이 정말 들어 있는지는 모르지만 실제로 방사성이 있는 넵투늄은 얻기 어렵다.

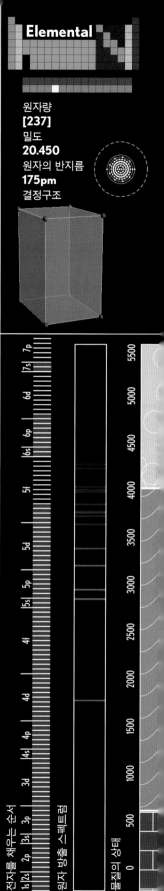

Elemental

원자량
[237]
밀도
20.450
원자의 반지름
175pm
결정구조

Plutonium **Pu** 94

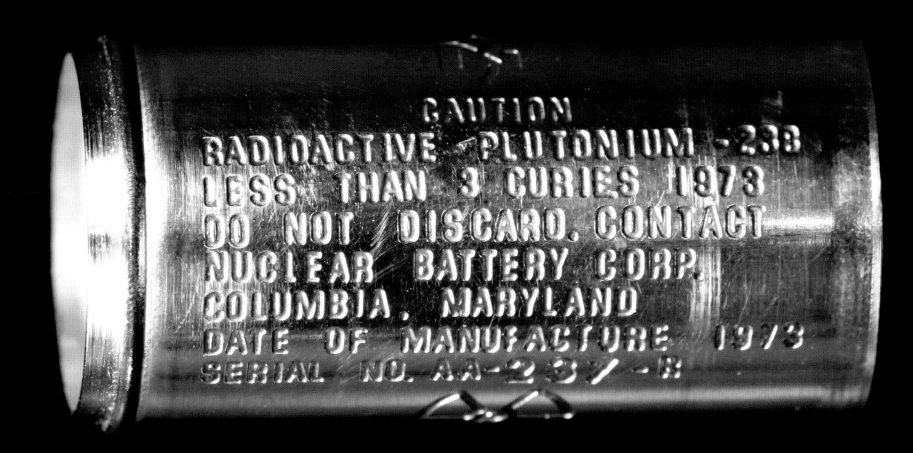

CAUTION
RADIOACTIVE PLUTONIUM-238
LESS THAN 3 CURIES 1973
DO NOT DISCARD. CONTACT
NUCLEAR BATTERY CORP.
COLUMBIA, MARYLAND
DATE OF MANUFACTURE 1973
SERIAL NO. AA-237-R

플루토늄 (Plutonium)

원자량
[244]
밀도
19.816
원자의 반지름
175pm
결정구조

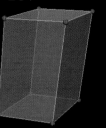

원자폭탄을 만들기 매우 어렵다는 것은 엄청나게 운이 좋은 일이다. 쉬웠더라면 지금까지 얼마나 많은 집단에서 이것을 만들었을까?

매우 많은 양으로 별 이용가치 없이 자연에 존재하는 ^{238}U(우라늄-238)에서 폭탄에 필요한 ^{235}U 동위원소를 분리하는 과정에 천문학적인 돈이 들기 때문에 우라늄(92) 원자폭탄을 만들기 어려운 것이다. 너무 비싸 '선진국 정부가 아니면 이것을 해낼 여유'가 없다. 그러나 필요한 만큼의 ^{235}U를 손에 넣는다면 폭탄을 만드는 것은 꽤 쉬운 일이다. 당신은 별 문제가 되지 않는 질량의 우라늄 덩어리를 발사하는 근본적인 대포 제작법을 방금 전 배웠다. 쾅!

플루토늄 폭탄을 만드는 것은 더 쉬워 보인다. 충분한 양의 플루토늄을 얻는 것이 어렵지 않기 때문이다. 물론 핵 반응기가 필요하지만 동위원소를 분리하는 것에 비하면 아이들 장난이다(실제로 어린이 한 명이 진지하게 시도한 적이 있다. 1995년 데이비드 한(David Hahn)은 자신의 이글 스카우트 프로젝트로 증식로를 연구했는데 사람들이 이것이 단순한 모델이 아니라는 것을 눈치챌 무렵 큰 문제가 되었다. 몇몇 사람들은 소년의 소형 증식로가 정말 작동했을지도 모른다고 생각했다).

플루토늄을 얻는 것이 비교적 쉬움에도 불구하고 정말 다행스럽게도 이를 폭탄으로 만드는 과정은 매우 어렵다. 플루토늄은 ^{235}U보다 훨씬 더 쉽게 쪼개진다. 당신이 두 덩어리를 서로에게 던지면 그들이 충돌해 그들 스스로 밀어내기 전에, 심지어 작은 조각들이 핵분열하기 전부터 반응하기 시작한다. 그럼 실패다. 넓은 지역에 방사선을 퍼뜨리기는 하겠지만 예정된 목표 도시를 녹이진 못할 것이다.

플루토늄 폭탄 효과를 만들기 위해서는 폭발성의 '렌즈'를 이용해 구 안쪽으로 폭파시키면서 이 엄청난 양을 모아야 한다. 이 렌즈는 거의 완벽해야 한다. 충격파의 비대칭은 플루토늄을 가장자리 밖으로 움직이게 한다. 심지어 오늘날 플루토늄 분열 폭탄은 최신 금속공학, 점화장치, 조립 기술을 필요로 한다. 아마추어 플루토늄 폭탄은 거의 분명히 실패할 것이다.

플루토늄은 종종 독성이 가장 강한 원소로 불린다. 미국 플루토늄의 주생산지인 로스앨러모스(Los Alamos) 사람들은 이로 인한 도시 이미지 피해가 커 불공정한 평판으로부터 벗어나기 위해 플루토늄을 지지하는 논문을 쓰기도 했다. 그럴 만도 하다. 그렇지 않은가?

분명한 것은 플루토늄의 개인 소유권은 한 가지 예외만 남겨두고 절대적으로 금지되었다는 것이다. 오늘날 심장박동 조절장치는 주로 리튬 전지를 이용하지만 소수는(몇 명인지는 아무도 모른다) 여전히 플루토늄 열전기 전지 모델을 사용하고 있다. 이 모델을 갖고 있다면 죽을 때까지 간직해도 좋다. 실제로 나는 기업가에게서 심장박동 조절장치를 가진 고객을 어떻게 해야 할지 모르겠다는 이메일을 받았다. 내 수집품을 위해 그들을 찾아가 플루토늄을 받고 싶은 유혹이 생겼지만 나는 법에 의해 모든 플루토늄은 반드시 그들을 사랑하고 보살펴 줄 고향 로스앨러모스로 돌아가야 한다고 정중히 대답했다.

플루토늄이 모든 원소 중에서 가장 심한 규제 속에서 감시받고 있다고 해서 핵반응으로 만들어지는 모든 합성 방사성 원소들이 그런 것은 아니다. 그 예로 아메리슘이 있다.

▲ 플루토늄 열전기 전지(왼쪽)가 장착된 심장박동 조절장치의 외부와 내부.

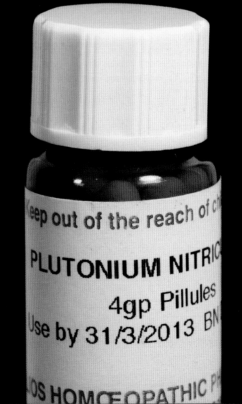

◁ 플루토늄 심장박동 조절장치 전지통은 다행히 비어 있다. 채워져 있다면 몸 어디에 두든 범죄가 될 것이다.

▷ 유사 치료제는 표기된 성분들을 함유하지 않은 사기 물품이다. 유사 플루토늄 알약은 당연히 해가 되지 않을 것이다.

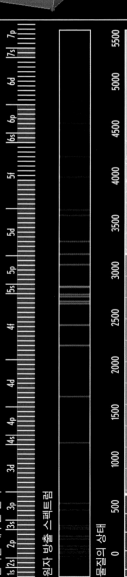

전자를 채우는 순서

원자 방출 스펙트럼

물질의 상태

Am

95

아메리슘 (Americium)

당신은 매우 짧은 반감기를 가진 플루토늄(94) 같은 합성 방사성 물질은 초고성능 폭탄 물질이며 오직 비밀 실험실의 과학자들만 이용하는 것이라고 생각할지도 모른다. 미친 과학자는 은신처 어딘가에서 아메리슘을 연구 중일지도 모르지만 당신 스스로 구하고 싶다면 근처 공구상, 슈퍼마켓, 대형마트에서 묻지도 따지지도 않고 쉽게 구할 수 있다.

왜 그럴까? 아메리슘이 본질적으로 주변 다른 원소들보다 덜 위험하기 때문이 아니다. 사실 일반적으로 이용 가능한 동위원소 ^{241}Am (아메리슘-241)은 무기 수준의 플루토늄보다 눈에 띄게 방사성이 많지만 독성은 적다. 아니, 유용한 곳에 필요한 아메리슘의 양은 지극히 적고 이 사실을 받아들이는 회사는 그 예외를 찾으려고 할 뿐이다.

이온화 타입의 연기탐지기는 폴로늄(84)에서 다루었던 정전기 제거 솔 안의 박막과 꽤 비슷해 보이는 작은 박막 버튼을 가지고 있다. 아메리슘 안에는 공기층에 떠다니고 다른 층에서는 전류처럼 보이는 안정적인 흐름의 알파 입자들이 흐르고 있다. 방 안에 매우 적은 양의 연기 입자들만 있어도 흐름을 감지하고 경보음을 울린다.

우리는 모든 방 안의 방사성 버튼을 신경 써야 할까? 이런 종류의 연기탐지기가 일상의 다른 화재감지기들보다 상당히 빠르고 많은 생명을 구한다는 데 의심할 여지가 없다. 그리고 정전기 제거 솔의 폴로늄과 연기탐지기 버튼의 아메리슘은 금(79)층으로 잘 보호되어 있다. 좋은 예는 아니지만 사람들이 그 버튼을 삼

켜도 부작용은 없다. 고귀한 금속인 금은 위산의 공격을 잘 견디며 버튼이 원래대로 긁히지 않고 배출되도록 해주므로 아메리슘을 연기탐지기로 사용하지 않는 것은 매우 어리석다.

아메리슘으로 우리는 원소 수집품의 마지막 종착역에 다다르고 있다. 이것은 특별한 허가증 없이 합법적으로 가질 수 있는 최후의 원소다(일반적으로 원소가 필요한 합법적인 이유를 증명할 수 있어야 얻을 수 있다).

아메리슘은 또한, 최근 이름이 지어진 원소의, 그리고 아직 이름이 붙여지지 않은 모든 원소들까지 이어지는 트렌드의 시작이다. 아메리슘부터 시작되는 원소의 이름은 특정 장소나 사람의 이름에서 따오기 시작한다.

마리와 피에르 퀴리에서 시작되어 초고위층 과학자들만 제한된 영광을 누리게 된다.

Elemental
원자량
[243]
밀도
N/A
원자의 반지름
175pm
결정구조

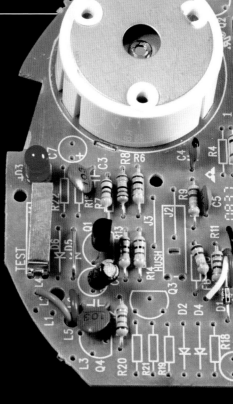

▼ 흔히 볼 수 있는 이온화 연기탐지기는 근처 공구상이나 상점에서 저렴하게 구할 수 있으며 많은 생명을 구했다.

▲ 이온화 연기탐지기 내부의 전기회로판. 금속 구멍은 곧 사라질 이온화층을 둘러싸고 있고 안쪽에 아메리슘 버튼이 보인다.

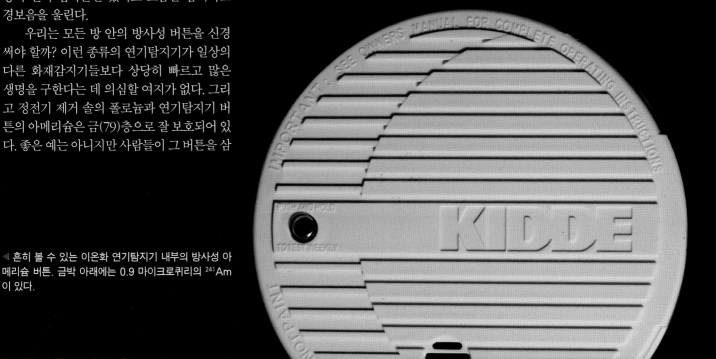

◀ 흔히 볼 수 있는 이온화 연기탐지기 내부의 방사성 아메리슘 버튼. 금박 아래에는 0.9 마이크로퀴리의 ^{241}Am이 있다.

전자를 채우는 순서
원자 방출 스펙트럼
물질의 상태

Cm

96

퀴륨 (Curium)

특이하게도 퀴륨은 퀴리 부부가 발견하지 않았다. 마리와 피에르 퀴리, 이 정열적인 2인조는 폴로늄과 라듐을 발견했지만 퀴륨을 발견하지는 않았다.

사실 사람 이름에서 따온 원소라고 해서 모두 그 사람들이 발견한 것은 아니다. 당신이 '발견했다'라는 말을 어떻게 정의하느냐에 따라 시보귬(106)은 예외가 될 수도 있다.

첫 번째 이유는 그것이 크리켓(11명으로 이뤄진 두 팀이 벌이는 야구와 비슷한 경기)이 아니기 때문이다. 과학자들이 다른 분야의 전문가들처럼 엄청난 자부심을 가지고 있고 성공하기 위해 뭐든 할 것처럼 그들이 실제로 그렇다는 뜻은 아니다. 부동산 재벌 도널드 트럼프(Donald Trump)는 자신의 이름을 붙인 건물을 가질 수 있었지만, 과학자들은 멋대로 자기 이름을 원소에 붙이는 것이 불가능하다. 원소들의 이름은 국제 순수응용화학연합(IUPAC, International Union of Pure and Applied Chemistry)의 엄격한 심의를 거쳐 승인되기 때문이다.

게다가 마리 퀴리처럼 한 사람이 실험실에서 비커와 깔때기가 어둠 속에서 빛날 때까지, 그리고 실험 노트와 심지어 요리책까지 그 물질에 오염되어 오늘날 납 상자에 보관해야 할 지경이 되기까지 알려지지 않은 물질(라듐) 하나에 매달리는 일은 이제 먼 옛이야기가 되어버렸다. 제2차 세계대전의 맨해튼 프로젝트로 태동한 거대과학(big science)의 출현 이후 어떤 원소도 단 한 사람에 의해 발견되지 않았다. 몇몇 연구기관들에서 일하는 수십 명 규모의 연구팀이 협업해 이루어낸 공동 발견이었다. 이제 단 한 사람의 이름으로 원소의 이름을 짓는 것은 불가능하다.

퀴륨은 버클리에 있는 캘리포니아주립대의 글렌 시보그, 랠프 제임스, 앨버트 기오소가 이끄는 팀이 1.5m의 대형 사이클로트론을 사용해 발견했다. 이 원소는 주로 아주 강한 방사선이 필요한 경우에 사용된다. 예를 들어, 이동식 알파 입자 공급원이나 인간이나 우주 탐사선 등과 같은 다른 동력원으로부터 오랫동안 떨어져 작동해야 하는 기기에서 방사성 붕괴에 의해 발생하는 열을 이용해 전력을 공급하는 RTG(Radioisotope Thermoelectric Generator) 등에 사용된다.

만약 새로운 원소의 이름을 한 사람의 이름에서 따와야 한다면 그 해결 방법은 퀴리 부부처럼 이미 세상을 떠난 중요 인물을 선택하는 것이다. 새로운 원소는 그것들이 발견된 장소 이름에서 따오기도 하는데 일종의 자기 홍보다. 만약 당신이 캘리포니아주립대 버클리 캠퍼스에 있는 중요한 핵과학자라면 모든 이가 그 사실을 알게 될 것이다. 그리고 당신이 97번 원소를 발견해서 버클륨이라는 명칭을 붙여준다면 자기 이름으로 짓는 방식보다 더 좋은 방법이라고 할 수 있겠다. 사실 이것이 정확히 버클륨에서 볼 수 있는 예다.

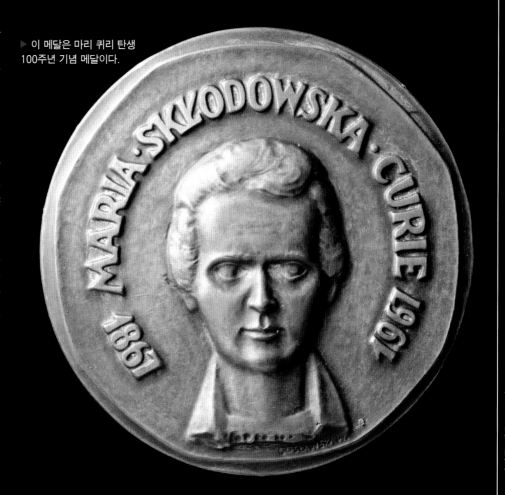

▶ 이 메달은 마리 퀴리 탄생 100주년 기념 메달이다.

◀ 퀴륨은 마리 퀴리의 이름에서 따왔다.

원자량
[247]
밀도
13.510
원자의 반지름
N/A
결정구조

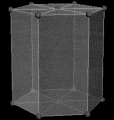

전자를 채우는 순서

원자 방출 스펙트럼

물질의 상태

Bk

97

버클륨 (Berkelium)

수명이 가장 긴 버클륨의 동위원소 ^{247}Bk(버클륨-247)은 반감기가 무려 1,379년이다. 이 말은 당신이 약 0.45kg의 버클륨 덩어리를 1,379년 동안 놓아두어도 반밖에 줄지 않는다는 뜻이다. 그것을 다시 1,379년 동안 놓아둔다면 약 0.1kg의 버클륨이 남을 것이고 계속 그렇게 진행될 것이다.

버클륨은 그냥 사라지기만 하는 것이 아니라 아메리슘(95)으로, 특히 반감기가 7,388년인 동위원소 ^{243}Am(아메리슘-243)으로 변한다. 1만 년 후 정도면 그 덩어리는 거의 아메리슘이 되어 있겠지만 그것도 일시적이다. 심지어 그 와중에도 ^{243}Am은 ^{239}Np(넵투늄-239)로 붕괴하고 나서 다시 빠른 속도로 반감기가 24,124년인 ^{239}Pu(플루토늄-239)로 붕괴된다.

수십만 년 후에는 ^{239}Pu의 대부분이 ^{235}U(우라늄-235)로 붕괴하고 그 상태로 오랫동안 머문다. ^{235}U가 7천만 년의 반감기를 가지고 있기 때문이다. 그러나 몇 단계를 더 붕괴하고 나서 결국 0.37kg의 안정적인 납인 ^{207}Pb(납-207)로 결말을 맺는다.

나머지 0.08kg은 어디로 갔을까? ^{247}Bk부터 ^{243}Am까지의 첫 번째 붕괴를 생각해보자. 아메리슘은 버클륨보다 양성자를 두 개 덜 가지고 있다. 아메리슘의 질량수가 네 개 적은데(243 대 247) 이는 두 개의 양성자와 두 개의 중성자를 잃어버린 것을 의미한다. ^{247}Bk이 붕괴할 때 두 개의 양성자와 두 개의 중성자를 알파 입자 형태로 내보내는데 이로 인해 질량 손실이 일어난다(물리학자들이 알파 입자라고 부르는 것은 화학자들에게는 헬륨 원자핵이다).

^{239}Np에서 ^{239}Pu로 붕괴할 때 원소의 양성자 수는 바뀌지만 질량이 바뀌지는 않는다. 질량수가 바뀌지 않기 때문에 ^{239}Pu 원자가 ^{239}Np 원자와 무게가 같을 거라고 짐작할 수 있는데 사실 그렇지 않다. ^{239}Pu는 아주 약간만 가벼워지는데 줄어든 ^{239}Np의 추가 질량은 아인슈타인의 유명한 공식 $E=mc^2$(에너지는 질량과 빛의 속도의 제곱을 곱한 것과 같다)에 의해 바로 에너지로 전환된다. 빛의 속도인 c는 매우 큰 숫자이므로 매우 작은 양의 질량이 엄청나게 거대한 양의 에너지로 바뀔 수 있다는 것이다.

따라서 잃어버린 0.08kg은 알파 입자로 방출된 헬륨(2)과 순수한 에너지의 합으로 바뀐 것이다(그리고 그 에너지는 당신이 실제 0.45kg의 버클륨을 책상에 절대로 둘 수 없다는 것을 의미한다. 너무 위험하기 때문이다).

사실 버클륨이 실용적으로 사용되지는 않는다. 그러나 원자번호가 매우 높다는 것을 감안하면 캘리포늄이 조금이라도 사용되는 곳이 있다는 사실이 매우 놀랍다.

▶ 본문에서 자세히 설명한 ^{247}Bk의 붕괴 사슬. 주어진 동위원소는 대부분 거의 전부 하나의 새로운 동위원소로 붕괴하지만 때때로 하나 이상의 붕괴 경로가 있는 것도 있다. 사진에서는 단 1%라도 일어나는 경로를 모두 나타냈다. 붕괴 사슬은 안정적인 원소에 도달할 때까지 멈추지 않으며 이 경우, 거의 모든 물질은 궁극적으로 납 동위원소인 ^{207}Pb에서 끝난다. 그렇다. 이것이 바로 값비싼 것만 추구하는 연금술사들이 꿈꾸던 것처럼 원소가 바뀌는 경우다.

◀ 글렌 시보그가 버클륨과 함께 다른 많은 원소를 발견한 장소인 버클리 캘리포니아주립대의 인장.

Elemental

원자량
[247]
밀도
14.780
원자의 반지름
N/A
결정구조

247 ☢ Bk
Berkelium

243 ☢ Am
Americium

239 ☢ Np
Neptunium

239 ☢ Pu
Plutonium

235 ☢ U
Uranium

231 ☢ Th
Thorium

231 ☢ Pa
Protactinium

227 ☢ Ac
Actinium

227 ☢ Th
Thorium

223 ☢ Fr
Francium

223 ☢ Ra
Radium

219 ☢ Rn
Radon

215 ☢ Po
Polonium

211 Pb
Lead

211 ☢ Bi
Bismuth

207 Tl
Thallium

211 ☢ Po
Polonium

207 Pb
Lead

전자를 채우는 순서

원자 방출 스펙트럼

물질의 상태

Cf

98

EUREKA

THE GREAT SEAL OF THE STATE OF CALIFORNIA

캘리포늄 (Californium)

Elemental

원자량
[251]
밀도
15.1
원자의 반지름
N/A
결정구조

글렌 시보그는 주기율표의 이 부근에서 자주 만나는 이름이다. 그는 캘리포늄의 발견에도 공이 있지만 플루토늄(94), 아메리슘(95), 퀴륨(96), 버클륨(97), 아인슈타이늄(99), 페르뮴(100), 멘델레븀(101), 노벨륨(102), 시보귬(106)의 발견에 기여한 인물 목록에도 있다.

시보귬은 매우 흥미로운데 원소를 발견하는 작업에 참여한 사람이자 아직 살아 있는 사람의 이름을 딴 유일한 경우이기 때문이다. 이 이름에 대한 논란이 많았는데 1997년 버클리 캘리포니아주립대에 있는 시보그의 동료들이 최대 라이벌이었던 러시아 두브나(Dubna)의 합동핵연구소가 105번 원소의 이름을 고를 수 있도록 타협한 후에야 비로소 합의가 이루어졌다. 당시 105번 원소는 두 연구팀 모두 자신들이 발견했다고 주장하고 있었기 때문이다. 그리고 그것이 우리가 지금 시보귬과 더브늄(105) 모두를 갖게 된 경위다. 하지만 오늘날에도 버클리의 몇몇 사람들은 105번 원소를 공식적인 이름으로 부르는 것을 거부한다.

아인슈타이늄과 페르뮴의 이름도 비슷한 논란이 있었을지도 모른다. 하지만 냉전으로 인해 이 원소들이 발견되고 이름이 생겼다는 사실은 비밀에 부쳐졌다. 오랜 기간 동안 비밀이었던 두 원소가 알려졌을 때 다행인지 불행인지 알버트 아인슈타인(Albert Einstein)과 엔리코 페르미(Enrico Fermi)는 이미 세상을 떠난 뒤였다.

나는 어떤 형태로든 세상에서 사용되고 있는 원소 중 마지막인 캘리포늄이 응용되는 사례를 알려주겠다고 약속했다. 캘리포늄은 극도로 힘이 센 중성자 방사체이며 이 성질은 엄청나게 위험하면서도 유일무이한 유용성을 가지고 있다.

방사능의 모든 형태 중에서 가장 위험한 것이 중성자 방출이다. 중성자는 어떤 전하도 이동시키지 않기 때문에 음전하를 띤 전자나 양전하를 띤 양성자에 의해 밀려나지 않는다. 이런 성질 덕분에 중성자들은 상대적으로 쉽게 고체 물질을 통과할 수 있다. 중성자가 핵과 부딪힌다면 안으로 파고들면서 핵을 불안정하게 만들 수 있을 것이다. 중성자 빔은 지극히 평범한 물질을 방사성 동위원소로 바꾸는 무서운 성질이 있다. 중성자에 노출되면 당신 자신도 방사성을 띨 수 있다(원자번호 11번 나트륨의 동위원소인 ^{24}Na(나트륨-24)로부터 시작되며 반감기는 15시간이다).

중성자의 방사가 유용하게 쓰일 때는 어떤 원소가 방사성을 띠고 붕괴될 때 발생하는 그 유형과 에너지의 수준이 원소의 특징을 잘 담고 있을 때다. 예를 들어, 중성자를 돌 조각에 쏘았을 때 특정한 에너지의 감마선이 방출되었다면 그 돌 안에 있는 것은 금(79)이라고 말할 수 있다.

이 기술은 중성자 방사화 분석법이라고 불리고 금 추출 외에도 유정 바닥의 오일이나 선박의 컨테이너나 여행가방 속을 열어보지 않고도 폭발물을 찾아낼 수 있다. 중성자는 철로 이루어진 배의 선체 안을 투시할 수 있다. 캘리포늄은 간편하고 매우 작고 휴대하기 쉬우면서도 엄청나게 많은 중성자들의 원천을 제공하는 역할을 한다. 그것은 유정 바닥으로 내려 보내는 이동 가능한 점검 기구 등에 효율적으로 사용된다. 이제 어떤 형태로든 쓸모 있는 원소들과 작별을 고하자. 캘리포늄 이후에 남아 있는 원소들은 원소 그 자체보다 이름 붙여진 인물들과 지명들이 더 중요하고 흥미롭다. 다음 원소 아인슈타이늄이 그 대표적인 예다.

◀ 캘리포늄이라는 이름을 따온 캘리포니아 주 인장.

전자를 채우는 순서

원자 방출 스펙트럼

물질의 상태

아인슈타이늄 (Einsteinium)

원자량
[252]
밀도
N/A
원자의 반지름
N/A
결정구조
N/A

자신의 이름을 따 만든 원소를 갖는다는 것은 쉬운 일이 아니다. 노벨상 수상은 이에 비하면 사소한 일이다. 노벨상의 경우, 수상자가 800명이 넘고 해마다 추가된다. 그러나 지금까지도, 그리고 앞으로도 극소수 사람들만 원소에 이름이 붙여질 수 있다. 그러나 아인슈타인이라면 말할 것도 없다. 그는 살아 있는 동안에도 역사적인 훌륭한 과학자였고 그가 세상을 떠난 지 반세기가 지난 후에도 여전히 그의 이미지를 관리해주는 할리우드 에이전트가 있을 정도다.

누구나 아인슈타인을 알고 있지만 그가 20세기의 가장 중요한 편지를 보냈다는 것을 아는 사람은 거의 없다. 아마도 지금까지 쓴 편지들 중 가장 중요할 것이다. 그러나 이 편지는 그의 생각이 아니며 내용의 대부분을 쓰지 않았다는 것을 아는 사람은 더더욱 적다. 바로 이것이 원자폭탄을 가능케 했던 편지다.

핵분열은 하나의 커다란 원자핵(92번 원소 우라늄 원자핵이라고 해보자)이 더 가벼운 두 개의 원자핵으로 쪼개지면서 발생한다. 이 현상은 자연스럽게 발생하지만 중성자가 그에 맞는 핵에 부딪히면 즉각적으로 분열할 수도 있다. 핵분열이 일어나면 다량의 에너지가 방출되며 그 외에 한 개 이상의 중성자도 방출된다.

한 개 '이상'이라는 부분에서 레오 실라르드(Leo Szilard)는 곧 불안한 미래를 예감했다. 그가 1933년 9월 12일 런던 사우샘프턴에 이르렀을 때 누군가가 핵분열을 하는 하나의 원자를 두 개의 중성자로 방출하고 계속 부딪히게 해 원자 두 개가 또 분열해 네 개의 중성자를 방출하고 다시 네 개의 원자들이 또 분열하고 이렇게 여덟 개, 16개로 늘어나는 장치를 고안한다면 인류는 지옥행 급행열차를 탄다는 것을 깨달았다.

이 단순한 계산에서 보면 당신이 핵 연쇄반응을 개시하고 그것을 지속시킬 때 방출되는 에너지의 양은 지금까지 경험한 그 무엇보다 커 그것이 어떻게 될지 상상하는 것조차 힘들 것이다. 불행히도 제1차 세계대전이 끝나고 실라르드 자신은 이런 일들을 반대하겠다고 다짐했다.

얼마 지나지 않아 실라르드는 두 가지 사실을 깨달았다. 첫째, 매우 불길한 일이 독일 사회에서 일어나고 있고 둘째, 가장 우수한 핵물리학자들 중 많은 이들이 독일에서 연구하고 있다는 사실이다. 전쟁에 사용되는 핵 연쇄반응보다 그에게 더 끔찍한 것은 독일 나치당이 최초로 그 가능성에 매우 근접했다는 것이다.

그는 루스벨트 대통령에게 편지를 쓰겠다는 중대한 결정을 내렸다. 그 편지는 독일보다 미국이 먼저 무엇이든 가능한 것을 만들어 실행할 필요가 있다는 경고성 내용이었다. 그러나 그런 편지를 쓸 수 있는 사람이 과연 누구겠는가?

그래서 알버트 아인슈타인이 자신의 이름을 편지에 적게 된 것이다. 그 편지는 그를 위해 레오 실라르드가 작성하고 신뢰하는 친구가 개인적으로 루스벨트에게 전해주기로 했다. 5년 11개월 14일 후 '트리니티'라는 핵무기가 뉴멕시코 주 앨라모고도에 있는 사막의 하늘에서 불타올랐다.

독일은 근처까지 따라오지도 못했다. 폭탄 프로젝트를 위해 독일에서 일하는 과학자들은 자신들의 최고 지휘자의 주목을 제대로 끌지 못해 대학에서 많은 예산을 받지 못했기 때문이다. 또한, 나치는 아리아인의 순수 혈통을 중시했기 때문에 엔리코 페르미와 같은 물리학자를 놓치고 말았다.

◀ 알버트 아인슈타인은 역사상 가장 유명한 과학자이므로 그의 이름을 딴 원소가 있는 것은 당연하다.

전자를 채우는 순서
원자 방출 스펙트럼
물질의 상태

Fm

100

페르뮴 (Fermium)

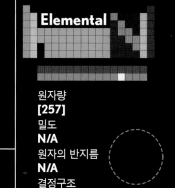

Elemental

원자량
[257]
밀도
N/A
원자의 반지름
N/A
결정구조
N/A

모든 것에는 전설이 있다. 그것들은 신화의 바람에 휘말릴 때까지 계속 구설수에 오른다. 그 중 하나가 엔리코 페르미(Enrico Fermi)가 시카고대 운동장의 라켓 코트에서 지속되는 핵 연쇄반응을 최초로 탄생시킨 사건이다. 1942년 12월 2일 오후 3시 25분 그의 시카고 파일 1(CP-1)은 매우 중요해졌다.

아인슈타이늄(99)에서 설명한 것처럼 핵 연쇄반응은 중성자가 무거운 원자에 부딪혀 그것을 쪼개고 더 많은 중성자를 방출하면서 일어나고 방출된 중성자가 더 많은 원자를 쪼개는 과정이 계속 반복된다. 그러나 이 단순한 연산과 우라늄(92) 덩어리 속에서 실제로 일어나는 연쇄반응 사이에서는 많은 요인들이 간섭한다.

우라늄 분열로 생겨난 중성자들은 매우 빠른 속도로 방출되지만 우라늄 원자는 느리게 움직이는 중성자들에 의해서만 효율적으로 쪼개진다. 또한, 우라늄 덩어리가 충분히 크지 않다면 중성자는 뭔가와 부딪히기도 전에 빠져나갈 것이다.

우라늄 분열이 두세 개의 중성자들을 방출하는 반면, 대부분의 이런 중성자들은 더 이상 분열을 진행하지 않는다. 중성자가 생성되는 효과적인 비율은 1:1도 안 된다. 이 비율을 증가시키기 위해서는 톤 단위의 우라늄이나 특별히 민감한 동위원소를 사용하거나 감속재를 사용해 중성자의 속도를 늦춰야 한다. 또는 이런 조건들을 적당히 조합시켜야 한다.

페르미는 큰 직사각형 몇 톤의 우라늄 더미와 매우 훌륭한 중성자 감속재인 고순도의 흑연과 번갈아가며 섞은 우라늄 산화물을 모았다. 그는 이 더미가 완성되면 중성자 생성비는 1보다 커지고 더미는 기하급수적인 연쇄반응이 가능하다는 신중한 계산을 내놓았다. 페르미의 실험 장소가 인구가 밀집된 도시에 위치하지 않았더라도 이는 매우 신중한 관리가 필요했다. 더미는 중성자들을 강하게 흡수할 수 있도록 카드뮴으로 된 제어봉으로 만들어졌다. 더미에 끼워 넣은 막대와 함께 카드뮴은 중성자의 생산비를 1 아래로 유지할 수 있을 만큼 충분한 중성자를 흡수했다.

12월, 페르미 연구팀이 제어봉을 당기는 순간은 매우 긴장된 시간이었다. 그들은 더미에서 나오는 중성자의 개수를 검사하고 그들이 제어봉을 다시 밀어넣으면 중단되는지 계속 반복 실험했다. 그들이 실제로 실험하지 않았던 유일한 한 가지는 비상 제어봉을 필사적으로 붙잡은 남자였다.

더미는 오후 3시 25분 1.0006의 비율까지 도달했고 0.5와트의 에너지를 발산하면서 28분 동안 지속되었다. 많은 양은 아니지만 엔리코 페르미의 이름이 원자력의 전설로 영원히 남기에는 충분했다.

물론 이런 일들은(남아 있는 18개 원소들과 마찬가지로) 페르뮴이 실용적으로 사용되지 않는다는 것과는 관련이 없다.

◀ 페르뮴의 이름을 따온 엔리코 페르미.

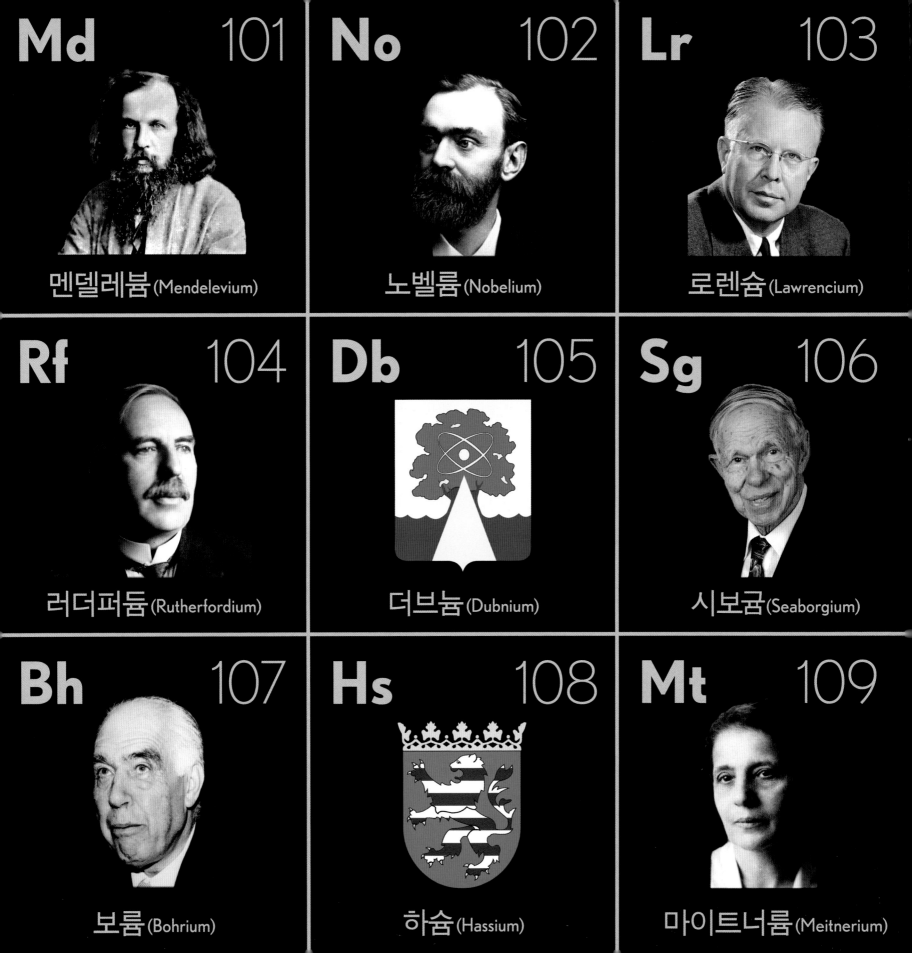

Md 101	**No** 102	**Lr** 103
멘델레븀 (Mendelevium)	노벨륨 (Nobelium)	로렌슘 (Lawrencium)
Rf 104	**Db** 105	**Sg** 106
러더퍼듐 (Rutherfordium)	더브늄 (Dubnium)	시보귬 (Seaborgium)
Bh 107	**Hs** 108	**Mt** 109
보륨 (Bohrium)	하슘 (Hassium)	마이트너륨 (Meitnerium)

101번부터 109번까지의 원소는 "활용 분야는 없지만 적어도 눈에 보일 만큼의 양이 만들어졌다."에서부터 "만들어진 양이 얼마인지, 언제 만들어진 것인지 정확히 알 수 있다."라고 말할 수 있는 범위의 원소들이다.

원자번호 109번인 마이트너륨에 다다를 때까지, 우리는 다 합쳐서 20개 정도도 안 되는 원자들에 대해 이야기하고 있다. 주기율표에서도 이 부분에 위치한 원자의 핵은 너무나 크고 복잡해서 일관성이 거의 없다. 멘델레븀의 반감기는 74일로 가장 길지만, 그 다음으로 긴 러더퍼듐은 고작 19시간이다. 가장 짧은 반감기는 43분으로 리제 마이트너(Lise Meitner)가 발견한 원소, 마이트너륨이다.

초우라늄 원소에 이름이 붙여진 사람들 대부분이 노벨상을 수상했지만 모두가 받은 것은 아니다. 드미트리 멘델레예프가 주기율표를 발명했을 때에는 노벨상이 아직 존재하지 않았기 때문에 노벨상을 수상하지 못했다. 알프레드 노벨(Al-fred Nobel) 역시 노벨상 창설자이기에 노벨상을 받지 못했다. 그리고 리제 마이트너 역시 노벨상을 받지 못했는데, 가장 큰 이유는 그녀가 여성이었기 때문이다.

하지만 마이트너는 최후의 승리를 얻었다. 많은 사람들이 핵분열을 발견한 공로로 1944년 노벨물리학상을 받은 오토 한(Otto Hahn)과 함께 그녀가 영광을 차지해야 한다고 생각했지만 노벨상은 그녀의 이름을 따서 명명된 원소에 비하면 값싼 장신구에 지나지 않았다. 오토 한의 이름을 딴 '하늄(hahnium)'은 원소번호 105번의 유력한 후보였지만 이제는 그 이름이 사용되지 않는다. 마이트너는 자신의 이름을 딴 원소를 가질 수 있었지만, 오토는 조용히 물러나야 했다.

1944년, 노벨위원회에서 한에게만 노벨상을 주기로 결정했을 때 마이트너는 명백히 어디 있는지 알 수 있었지만 한은 어디 있는지 도대체 알 수 없었다. 그들은 아무라도 좋으니 그가 어디 있는지 알려줘서 상을 줄 수 있게 해 달라고 청원했다(그들은 한이 유럽에서 일어난 전쟁의 끝 무렵에 동맹국들에 의해 잡혀서 독일에서 최고 핵물리학자들과 함께 비밀리에 멀리 떨어져 있는 팜 홀[Farm Hall]이라 불리는 안전가옥으로 끌려갔다는 사실을 알지 못했다. 어떤 기자가 한을 찾기 위한 정보를 입수하고 나서 벽 경계 너머를 엿보고 있었는데 베르너 하이젠베르크[Werner Heisenberg]가 알몸으로 정원에서 운동을 하고 있는 모습까지도 보았을지 모른다. 안 그랬다면 알아내지 못했을 것이다).

캘리포늄(98), 더브늄, 시보귬은 앞에서 언급했듯이 엄청난 논쟁 후에 이름이 정해졌다. 반면 로렌슘의 경우에는 후에 수많은 새 원소를 발견하는 데 사용된 사이클로트론의 발명자 어니스트 로렌스(Ernest Lawrence)의 이름을 따 아무 논쟁 없이 명명되었다. 더 이전으로 되돌아가 어니스트 러더퍼드(Ernest Rutherford)는 처음으로 원소가 핵을 가지고 있다는 사실을 발견했다. 닐스 보어(Niels Bohr)는 전자궤도의 관점으로 주기율표가 어떻게 이해될 수 있는지 보여주었다.

이제는 하슘에 대한 설명만 남았다. 하슘은 처음 발견된 독일의 헤세(Hesse)주에서 이름을 따왔다. 이것은 독일의 '캘리포늄'과 같다. 이제 독일의 버클륨(97)이라고 할 수 있는 다름스타튬을 살펴보도록 하자.

Ds 110

다름스타튬 (Darmstadtium)

Rg 111

뢴트게늄 (Roentgenium)

Cn 112

코페르니슘 (Copernicium)

Nh 113

니호늄 (Nihonium)

Fl 114

플레로븀 (Flerovium)

Mc 115

모스코븀 (Moscovium)

Lv 116

리버모륨 (Livermorium)

Ts 117

테네신 (Tennessine)

Og 118

오가네손 (Oganesson)

이제 우리가 다다른 원소 영역에서는 원소들이 실제로 존재하지 않는다고 말할 수 있다. 이들 중 한 원소를 제외하고 모두 발견되었는데도 말이다. 무슨 말이냐고? 누군가가 중입자 가속기를 가동시켜 이 원자들을 만들어내려 하지 않는 한, 어느 것도 지구상에 존재하지 않는다는 것이다.

다름스타튬은 다름슈타트 중이온 연구소(GSI:Gesellschaft für Schwer-ionenforschung)가 위치한 독일의 다름슈타트를 따서 명명되었다.

빌헬름 뢴트겐은 X선을 발견했다. 아이러니하게도, 실제 이름이 붙여진 마지막 원소가 그의 이름을 딴 것인데도 생성된 후 붕괴할 때 X선을 방출하지 않는다.

1996년에 발견되었지만 2010년 초까지 공식적인 이름이 아니었던 코페르니슘은 화학이나 핵물리학과 별 관계가 없는 사람의 이름에서 따온 노벨륨과는 또 다르게 이름이 붙은 유일한 원소라는 특징이 있다. 니콜라우스 코페르니쿠스의 중요한 업적은 위대한 천문학자라는 것이다.

2012년 5월까지 우눈쿼듐(Ununquadium)으로 알려진 114번 원소 플레로븀은 1998년 러시아 두브나에 있는 러시아 합동핵연구소 팀에 의해 발견되었고, 연구소의 설립자인 물리학자 게오르기 플료로프의 이름을 따서 명명되었다. 사실 공식적으로는 플료로프 핵반응 연구소의 이름을 딴 것이다. 원칙적으로 사람의 이름보다 기관의 이름을 따서 명명하는 것이 문제의 소지가 적다.

116번 원소 리버모륨은 로렌스 리버모어 국립 연구소의 이름을 따서 명명되었다. 그 연구소도 플레로븀과 비슷하게 로버트 리버모어라는 사람의 이름을 딴 것이다. 원소에 자기 이름이 붙여진 사람으로서는 다소 이례적인 일이지만 리버모어는 물리학자가 아닌 목장주였으며, 원소가 발견되기 142년 전인 1858년, 원소 이름이 지어지기 154년 전에 사망했다.

2016년 12월, 공식적으로 명명된 마지막 4개의 원소는 일본의 일본어 발음인 니혼에서 따온 113번 니호늄, 모스크바와 테네시 주에서 따온 115번 모스코븀과 117번 테네신, 그리고 과학자 유리 오가네시안에서 따온 118번 오가네손(살아있는 사람의 이름을 딴 두 번째 원소)이다.

이것은 정말 획기적인 사건이다. 표준 주기율표에 있는 118개의 원소 하나하나가 이제 이름을 갖게 되었다! 드디어 끝이다! 주기율표의 새로운 버전은 이제 더는 필요 없을 것이다.

원소 번호가 118번에서 끝나야 할 이유는 딱히 없다. 그것은 주기율표의 표준 배열을 기준으로 한 마지막 번호일 뿐이다. 아직 더 높은 번호의 원소가 발견되지 않았기 때문에 구태여 새로운 행을 추가할 필요가 없는 것이다.

이론적 계산에 따르면 120번 운비닐륨(unbinilium) 또는 122번 운비빌륨(unbibium) 부근에 안정한 구조의 원소가 모여 있는 구간인 "안정성의 섬"이 존재할 수 있다.

그리하여 우리는 비록 화려하지는 않지만 과학자들과 함께 주기율표 여행의 끝을 장식하게 되었다.

원소 수집의 즐거움

나는 2002년에 원소 수집을 본격적으로 시작했고, 30년 안에 끝낼 것이라 생각했다. 이베이에 깊은 감사를 드린다. 그리고 나의 광적인 열정 덕분에 2009년까지 각 원소를 나타내는 2,300개에 이르는 물건들을 모을 수 있었다. 물론 이들을 소유하는 것은 물리 법칙이나 사람의 법으로도 금지가 되지 않는 것들이다. 이미 당신은 이 책을 통해서 볼 수 있었다.

아바(ABBA)는 "정말 즐거워요, 정말 멋진 세상이에요, 정말 꿈같은 행운이죠."라고 노래를 불렀다. 음, 그럴지도 모르겠다. 세계적인 팝스타가 되는 것이 원소 수집가가 되는 것보단 말이다. 하지만 각자 나름의 인생이 있는 법이다.

나는 예상하지 못한 장소에서 별난 원소들을 찾는 데 특별한 재미를 느꼈다. 누가 순수한 나이오븀(41)을 가게를 나오는 것으로도 스스로 소독한 것 같은 느낌을 주는 비위생적인 피어싱 가게에서 찾을 수 있다고 생각했겠는가. 또한 월마트에서는 평평할 대로 평평하게 만든 직사각형 모양의 순수 마그네슘(12) 금속을 팔고 있었다. 단지 마그네슘이 인화성이 있다는 것을 증명하는 것 외에는 별다른 쓸모가 없었지만 말이다. (이는 캠핑 코너에서 찾을 수 있었다. 사냥칼로 표면을 얇게 깎아낸 다음 부착된 부싯돌로 불을 밝힐 수 있고, 따라서 캠프파이어도 가능하다.)

몇몇 원소들은 대량으로 접할 수 있다. 사람들이 걸려 넘어지게 할 목적으로 사무실에 보관한 135파운드의 공 모양 철(26)처럼 말이다. 다른 것은 책임감과 절제 속에서 즐길 수 있는 것들이다. 엄청난 양의 우라늄(92)을 사무실에 보관하고 있을 때 사람들이 그것에 대해 질문하기 시작했다. (15파운드 정도로, 연방수사관은 왜 그것을 가지고 있냐고 내게 질문을 하기 시작했다.)

원소 수집은 취미라고 볼 수 없다. 화학 성분(광물)이나 중합체(비니 베이비 인형)나 기타 다른 끝내주는 금속(동전)을 모으는 사람들에 비해서, 우리 원소 마니아들은 흔치 않다. 수집물들을 안전하게 저장하기 위해서라도 어느 정도의 화학 지식이 필요하다. 나트륨+축축한 지하실=펑! 결과는 뻔하다. 하지만 당신이 각각의 특별한 원소들에 대해 자세히 배우고 싶은 자세가 되어 있다면 그들을 수집하는 것이 매우 큰 도움이 될 것이다. 나의 원소 수집에 관해서는 홈페이지(periodictable.com)에서 확인해보라. 분명 재미있을 것이다.

▲ 저자와 그의 원소 수집물들. 사진에서 보이는 세계적으로 유명한 주기율표 나무 탁자는 저자가 수집한 2,300여 개의 원소와 관련 샘플들 중 작은 일부분이다.

Bernstein, Jeremy.
Hitler's Uranium Club: The Secret Recordings at Farm Hall.
New York: Copernicus Books, 2001.

Emsley, John.
The Elements of Murder: A History of Poison.
New York: Oxford University Press, 2006.

Emsley, John.
Nature's Building Blocks: An A–Z Guide to the Elements.
New York: Oxford University Press, 2003.

Emsley, John.
The 13th Element: The Sordid Tale of Murder, Fire, and Phosphorus.
New York: John Wiley & Sons, 2000.

Eric Scerri.
The Periodic Table: Its Story and Its Significance.
New York: Oxford University Press, 2007.

Eric Scerri.
Selected Papers on the Periodic Table.
London: Imperial College Press, 2009.

Frame, Paul, and William M. Kolb.
Living with Radiation: The First Hundred Years.
Self-published, 1996.

Gray, Theodore W.
Theo Gray's Mad Science: Experiments You Can Do at Home—But Probably Shouldn't.
New York: Black Dog & Leventhal Publishers, 2009.

Rhodes, Richard.
The Making of the Atomic Bomb.
New York: Simon & Schuster, 1995.

Sacks, Oliver.
Uncle Tungsten: Memories of a Chemical Boyhood.
New York: Vintage Books, 2002.

Silverstein, Ken.
The Radioactive Boy Scout: The True Story of a Boy and His Backyard Nuclear Reactor.
New York: Random House, 2004.

Sutcliff, W. G., et. al.
A Perspective on the Dangers of Plutonium.
Livermore, CA: Lawrence Livermore National Laboratory, 1995.

감사의 말

원래 나는 창고에 쌓인 가돌리늄(64) 가루를 청소하기 위해 닉 만(Nick Mann)을 고용했었다. 그러나 그는 곧 조수가 되어 과학 잡지인 《파퓰러사이언스(Popular Science)》에 싣기 위한 독가스나 동전 표면 연마기를 촬영하기도 했고 이는 나의 책 《매드 사이언스(Mad Science)》에도 인용되었다.

원소들을 촬영하는 일은 힘든 작업이었고 상당한 기술이 필요했지만 그는 원고 마감일까지 3개월 간 사회생활을 기꺼이 포기했다. 그는 공저자로서 전혀 부족함이 없다.

이 책에 사용된 사진들의 주요 출처는 '시어도어 그레이(Theodore Gray) 스튜디오'이지만 사실 닉이 촬영을 맡았다. 그의 노고, 기술, 헌신이 없었다면, 아마도 이 책은 지금이 아닌 내년에라야 빛을 볼 수 있었을 것이다.

이 사진들을 사랑스럽고 완벽하게 배치한 북디자이너 매튜 코클리, 함께 작업한 편집자 베키 코의 인내에 감사드린다. 그들은 인쇄소에서 책이 한 트럭 나왔는데도, 모든 것을 수정하길 원하는 저자의 까다로움을 잘 견뎌주었다. 500장에 달하는 사진을 깨끗하게 편집해준 히로키 테다에게도 고마운 마음을 전한다. 덕분에 카메라를 통해 보는 아름다운 원소들의 생김새가 거짓 없이 진솔하게 소개되었다. 그리고 정확하게 측정된 원자 발광 스펙트럼 자료를 제공해준 니노 큐틱에게도 감사드린다.

데이비드 아이젠만은 책에 있는 글자 하나하나를 교열해주었는데, 사실성이나 문체 부분에서 많은 향상이 있었다. 데이비드의 엄격한 편집은 (좋은 의미로) 마치 세무 조사를 받는 느낌이었다.

맥스 휘트비는 나의 견실한 파트너로 수년 동안 원소 사업들을 함께 하며 진정한 원소 왕국을 건립했다. 이 책은 그와 함께한 일들 중의 하나이다. 원고에 대한 그의 소중한 조언과 제안에 감사드린다.

티모시 브룸리브는 원소의 화학적 성분에 대해 더욱 과학적인 관점에서, 특히 희토류에 관하여 많은 전문적 조언을 제공해주었다.

폴 프레임은 엉터리 방사성 의약품들에 대한 충고와 이야기들을 들려주었고, 오크리지 국립연구소에 있는 그의 특별한 방사성 박물관의 사진을 찍는 것을 기꺼이 허락해주었다. 그의 동료 윌리엄 콜브는 또한 수년 동안의 경험이 쌓인 방사성 물질들에 대한 충고와 조언을 해주었다.

원소에 있어 세계적인 권위자인 존 엠슐리와 에릭 스케리는 이 프로젝트를 위해 많은 귀중한 조언과 지지를 아끼지 않았다.

이제 우리는 원소에 대한 개개의 기부자들을 기억하고자 한다. 너무나 많아서 다 언급하기에는 무리인 것 같지만 몇몇 분들에게 대표로 감사를 드리고 싶다. 테크네튬(43)을 나타내는 데 사용되는 광물을 찾고 있을 때 블레즈 트루스델은 1962년 아프리카 역청 우라늄광에서 발견된 테크네튬에 대해 알려주었다. 전통적인 방법은 아니지만 자연산으로 확인할 수 있었다. 반면 크리스 캔터는 모든 알칼리 금속과 염소의 화합물을 시음했는데, 죽지 않고 살아서 우리에게 어떤 것이 가장 맛있었는지(염화나트륨) 생생히 설명해주었다. 이 책에 도움을 준 수백 명의 분들에게 모두 감사를 드리고 싶으나, 생략할 수밖에 없었음에 심심한 사과를 드린다.

이 책의 초고는 이베이 판매자에서부터 원소 수집을 하는 교수에 이르기까지 엄청나게 넓은 범위의 사람들에게 검토를 받았다. 다시 말하지만 이들 모두를 언급하기에는 종이가 모자랄 정도이다. 다행히도 나의 웹사이트(periodictable.com)에는 상세하게 적을 수 있었다. 이 책에 사용된 모든 사진 또한 출처와 함께 웹사이트에 올라가 있으며 몇몇 경우는 원한다면 개인 소장도 할 수 있다.

물론, 나의 존재를 가능케 한 부모님도 빼놓을 수 없다. 특히 능망간석의 작은 결정에 대해 감사드린다. 이는 망간(25)에서 찾아볼 수 있을 것이다. 광물 판매상인 시모네 키톤이 매우 탐내던 것이었는데 아버지의 허락을 받고 이 책에서 볼 수 있는 수많은 것들과 이 결정을 교환했다. 나머지 광물들은 대부분 젠센 사이언티픽의 새러 케네디에게 도움을 받았다. 새러와 시몬 모두 광물 원소를 어떻게 표현할지에 대해 소중한 충고를 해주었다.

이 책이 나오기까지 끝까지 힘이 되어준 나의 가족 제인과 에디, 코너, 엠마에게도 고마운 마음을 전한다. (키 순서로 에디가 계속 자라고 있다면 아마 이 순서는 곧 바뀔 것이다.) 약속한다. 더 이상의 책은 없을 것이다.

시어도어 그레이

찾아보기

찾아보기